南京水利科学研究院出版基金资助

水电站厂房组合框架结构整体服役性态

喻 江　明 攀　白传贞　著
孙 飞　肖仕燕　张卫云

·南京·

图书在版编目(CIP)数据

水电站厂房组合框架结构整体服役性态 / 喻江等著
. -- 南京：河海大学出版社，2022.6(2023.7重印)
ISBN 978-7-5630-7535-5

Ⅰ.①水… Ⅱ.①喻… Ⅲ.①水电站厂房－组合结构－框架结构－研究 Ⅳ.①TV731

中国版本图书馆CIP数据核字(2022)第094095号

书　　名	水电站厂房组合框架结构整体服役性态
书　　号	ISBN 978-7-5630-7535-5
责任编辑	王　敏
特约校对	吴　淼
封面设计	槿容轩
出版发行	河海大学出版社
地　　址	南京市西康路1号(邮编：210098)
网　　址	http://www.hhup.cm
电　　话	(025)83737852(总编室)　(025)83786652(编辑室) (025)83722833(营销部)
经　　销	江苏省新华发行集团有限公司
排　　版	南京布克文化发展有限公司
印　　刷	广东虎彩云印刷有限公司
开　　本	718毫米×1000毫米　1/16
印　　张	14.5
字　　数	289千字
版　　次	2022年6月第1版
印　　次	2023年7月第2次印刷
定　　价	89.00元

前言

PREFACE

水电站厂房主体结构整体服役性能是高烈度地震区水工混凝土结构安全运行及评估领域研究的热点和难点。其中，水电站地面厂房结构的安全运行有明显区别于其他工业厂房结构运行的特征，主要表现在：其一，直接影响到机组的稳定运行，严重则导致设备停机中断生产；其二，直接受到大坝局部失稳、漫顶甚至垮塌等威胁；其三，为工作人员直接作业源地，振动会使人的消化系统、神经系统、内分泌系统等功能紊乱，甚至导致工作人员出现疲惫、恐慌等心理伤害。因此，亟须对高烈度地震区的水电站厂房结构的静动力性能进行分析与安全评估，更需进行系统的、全面的、深入的研究，以达到精准、高效地评估高发频率、高烈度地震区水电站厂房等建筑物结构的安全工作性能（包括正常使用性能、结构抗震性能、环境舒适度性态等）以及抗风险灾变的目的。

在历时5年多的研究过程中，获得国家重点研发计划项目"枢纽运行安全多因素耦联监测检测新技术与装备"（2016YFC0401902）和"水工建筑物损害诊断评估与结构韧性修复技术"（2021YFB2600700），国家杰出青年科学基金"水工混凝土结构工程"（51325904），"水工结构服役安全与性能提升创新团队"（Y417015），国家自然科学基金项目（52109160、52171270、52171272），中央级公益性科研院所基本科研业务费专项项目"水电站厂房组合框架结构体系研究"（Y417012）和中央级公益性科研院所基本科研业务费专项青年项目"水电站厂房组合楼板激励响应振动特性研究"（Y419009）的资金资助。本书的研究得到了长江学者胡少伟教授、陆俊正高级工程师和范向前正高级工程师的理论指导与大力支持，基于现有的技术标准与规程规范，提出"水电站厂房组合框架全结构模型"，研究了水电站厂房组合框架结构的静力整体性能、动力整体特性，以及舒适度性态，为提出的组合结构运用于大型水电站厂房结构的设计提供了理论依托和借鉴意义，为发挥综合效益提供了技术支撑。

本书主要内容包括：第1章绪论，主要介绍了钢-混凝土组合结构在水电站厂房体系中的研究现状、工程运用情况以及存在的主要问题；第2章水电站厂房组合框架静力整体性能研究，主要提出了以CFRSTC、CFCSTC、HRSTC和HCSTC4种类型为承载柱单元，以焊接式、铆接式牛腿模型为传力节点单元，装配式桁车梁为承载梁单元的水电站厂房三榀组合框架全结构模型，采用应力应变测试设备、非接触式WinCE远程测试手段、分布式光纤监测方法完成了水电站厂房组合框架全结构模型静力整体性能研究；第3章水电站厂房组合框架全过程静力整体性能分析，介绍了采用全过程分析方法进行的静力整体性能研究，详细探析了水电站厂房组合框架承载水平与静力整体性能参数关系；第4章水电站厂房组合框架高性能组合楼板激励响应特性，介绍了基于研发的空气调频激励系统，从瞬态阶段、稳态阶段和衰减阶段对水电站厂房高性能组合楼板进行的激励响应特性试验及榀-榀互相关分析；第5章水电站厂房组合框架服役性态响应谱分析，完成了水电站厂房组合框架全结构服役期间的OMA和RSA行为特征服役性态响应谱分析；第6章水电站厂房组合框架全结构抗震动力性能研究，主要介绍了水电站厂房组合框架全结构抗震动力特性研究，找到了模拟真实环境下组合框架整体的抗震动力特性分析方法与评价参数指标；第7章水电站厂房组合框架高性能组合楼板舒适度性态，建立了考虑时间效应与结构空间效应的高性能组合楼板加速度解析解，完成了舒适度性态试验研究与敏感参数分析，通过舒适度性态评估找到了舒适性能的改良举措与评价方法；第8章为本书的研究总结与展望。

书稿编写过程中，南京水利科学研究院明攀工程师、南水北调江苏水源公司白传贞工程师和孙飞工程师作为参与人员对水电站厂房组合框架静力整体性能、全过程静力整体性能、组合楼板激励响应特性和服役性态响应谱进行了性能分析与研究总结，长江水利委员会长江科学院肖仕燕工程师和南京市水利规划设计院股份有限公司张卫云工程师作为参与人员对水电站厂房组合框架结构抗震动力性能和组合楼板舒适度性态等进行了性能研究总结，并对全书的表格和插图进行了整理与校对。在此对上述人员表示衷心感谢！

历时五年，数易其稿，完成本书。限于作者水平，不当之处在所难免，敬请读者不吝赐教！感谢南京水利科学研究院专著出版基金的资助。

喻 江

2022年02月

目 录
CONTENTS

第1章 绪 论 ·· 001
 1.1 引言 ··· 001
 1.2 组合结构在水电站厂房体系中的研究现状 ······················ 002
  1.2.1 水电站厂房动力特性研究 ·································· 002
  1.2.2 水电站厂房体系中组合结构研究 ························· 003
  1.2.3 存在的主要问题 ·· 005
 1.3 研究的总体思路及主要内容 ·· 005
  1.3.1 研究目标 ··· 005
  1.3.2 总体思路 ··· 006

第2章 水电站厂房组合框架静力整体性能研究 ···················· 009
 2.1 水电站厂房三榀组合框架全结构模型的提出 ··················· 009
  2.1.1 全结构模型的建立 ··· 009
  2.1.2 全结构模型材料参数 ·· 012
 2.2 水电站厂房三榀组合框架全结构整体性能测试及分析 ······· 013
  2.2.1 整体性能试验概况 ··· 013
  2.2.2 榀一静力整体性能分析 ····································· 016
  2.2.3 榀三静力整体性能分析 ····································· 021
  2.2.4 榀二静力整体性能分析 ····································· 025
 2.3 水电站厂房三榀组合框架非接触式 WinCE 测试与分析 ····· 030
  2.3.1 非接触式 WinCE 远程测试概况 ·························· 030
  2.3.2 榀一非接触式测试与分析 ·································· 032
  2.3.3 榀三非接触式测试与分析 ·································· 034

001

2.3.4　榀二非接触式测试与分析 ································· 035
　2.4　基于 BOTDA 技术水电站厂房三榀组合框架分布式光纤监测分析 ··· 037
　　　2.4.1　松套光纤监测原理 ··· 037
　　　2.4.2　榀二分布式光纤监测与分析 ································· 038
　2.5　本章小结 ··· 041

第3章　水电站厂房组合框架全过程静力整体性能分析 ··············· 043
　3.1　概况 ··· 043
　3.2　水电站厂房三榀组合框架本构模型的建立 ························· 044
　　　3.2.1　核心混凝土优化模型 ······································· 044
　　　3.2.2　钢材双线性及二次流塑模型 ································· 049
　3.3　水电站厂房三榀组合框架全过程分析技术研究 ····················· 050
　3.4　水电站厂房三榀组合框架全过程分析 ······························· 051
　　　3.4.1　榀一荷载-位移特征全过程分析 ···························· 051
　　　3.4.2　榀三荷载-位移特征全过程分析 ···························· 055
　　　3.4.3　榀二荷载-位移特征全过程分析 ···························· 058
　3.5　本章小结 ··· 061

第4章　水电站厂房组合框架高性能组合楼板激励响应特性 ············· 063
　4.1　概况 ··· 063
　4.2　空气调频激励系统 ··· 064
　　　4.2.1　激励系统的提出 ··· 064
　　　4.2.2　检测模块最优布置数学模型 ································· 065
　　　4.2.3　激励模式的建立 ··· 066
　4.3　水电站厂房三榀高性能组合楼板激励响应试验与分析 ············· 068
　　　4.3.1　榀一激励响应试验研究与响应特性分析 ····················· 069
　　　4.3.2　榀二激励响应试验研究与响应特性分析 ····················· 080
　　　4.3.3　榀三激励响应试验研究与响应特性分析 ····················· 090
　4.4　水电站厂房三榀高性能组合楼板榀-榀互相关分析 ················· 100
　　　4.4.1　榀一激励响应榀-榀互相关分析 ···························· 103
　　　4.4.2　榀二激励响应榀-榀互相关分析 ···························· 107
　　　4.4.3　榀三激励响应榀-榀互相关分析 ···························· 111
　4.5　本章小结 ··· 115

目 录

第5章 水电站厂房组合框架服役性态响应谱分析 … 118
- 5.1 概况 … 118
- 5.2 响应谱理论模型的研究 … 120
  - 5.2.1 设计反应谱理论研究 … 120
  - 5.2.2 加速度人工反应谱模型的建立 … 122
  - 5.2.3 多自由度组合框架反应谱耦合模型的建立 … 123
- 5.3 水电站厂房组合框架结构响应谱参数研究 … 131
  - 5.3.1 混凝土材料响应谱参数研究 … 131
  - 5.3.2 钢材料响应谱参数研究 … 135
  - 5.3.3 水电站厂房组合框架结构响应谱参数研究 … 135
- 5.4 水电站厂房组合框架结构服役性态响应谱分析 … 143
  - 5.4.1 水电站厂房组合框架结构模态分析(OMA) … 143
  - 5.4.2 水电站厂房组合框架结构响应谱分析(RSA) … 143
- 5.5 本章小结 … 146

第6章 水电站厂房组合框架全结构抗震动力性能研究 … 148
- 6.1 概况 … 148
- 6.2 人工地震波模型的建立 … 148
  - 6.2.1 人工地震波生成程序开发 … 149
  - 6.2.2 分析模式研究 … 150
- 6.3 水电站厂房组合框架全结构模型动力特性研究 … 151
  - 6.3.1 自振特性分析 … 151
  - 6.3.2 水电站厂房组合框架全结构 x 向动力特性分析 … 153
  - 6.3.3 水电站厂房组合框架全结构 y 向动力特性分析 … 159
  - 6.3.4 水电站厂房组合框架全结构组合效应影响分析 … 165
- 6.4 本章小结 … 174

第7章 水电站厂房组合框架高性能组合楼板舒适度性态 … 175
- 7.1 概况 … 175
- 7.2 水电站厂房高性能组合楼板振动机理研究 … 176
  - 7.2.1 单人跳跃集中动荷载激励模型(HJ-CDLEM) … 176
  - 7.2.2 考虑时间效应与空间效应的高性能楼板加速度解析解 … 177
- 7.3 水电站厂房高性能组合楼板舒适度性态研究 … 182
  - 7.3.1 水电站厂房高性能组合楼板舒适度性态试验研究 … 184

        7.3.2　水电站厂房高性能组合楼板性能敏感参数评估 ………… 201
        7.3.3　水电站厂房高性能组合楼板舒适度性态参数评估 ……… 205
    7.4　本章小结 ……………………………………………………………… 209

第 8 章　研究总结与展望 …………………………………………………… 211
    8.1　研究总结 ……………………………………………………………… 211
    8.2　展望 …………………………………………………………………… 213

参考文献 …………………………………………………………………………… 215

第 1 章

绪 论

1.1 引言

2008年"5·12"汶川地震后的灾后大量调查发现[1-3]，对于水工建筑物而言，诸如混凝土大坝等大体积混凝土结构的震害损失小，而以混凝土梁、混凝土柱以及混凝土墙体结构为主的附属建筑物设施的损失反而严重，许多电站在受灾后不能开机运行，进一步导致受灾区灾后水源、电力供给等能源保障支援工作受到严重影响，不能正常运转[4]。由大量钢筋混凝土梁、钢筋混凝土柱、混凝土墙体组成的水电站厂房结构（主要包括地下厂房结构和地面厂房结构）是水电站生产电能的核心部位[5]。其中，水电站地面厂房结构的安全运行有明显区别于其他工业厂房结构运行的特征，主要表现在：其一，水电站厂房结构属于动力厂房，水轮发电机组是水电站厂房中的核心设备，如同其他动力机械一样，其在运行过程中，不可避免产生振动，如果振动超过一定范围，将直接影响到机组的安全稳定运行，严重时导致整个厂房的振动，以致不能生产；其二，普遍采用坝后式地面厂房结构布置型式，受到大坝局部失稳、漫顶甚至垮塌等直接威胁，后果严重；其三，为工作人员直接作业源地，振动会使人的消化系统、神经系统、内分泌系统等功能紊乱，甚至导致工作人员出现疲惫、恐慌等心理伤害。因此，亟须对高发频率、高烈度地震区的水电站厂房结构的优化设计及其工作性能进行全面评估，更需进行系统、深入的研究，以达到准确、高效地评估高发频率、高烈度地震区水电站厂房结构等建筑物抵抗风险损害的能力和提高结构安全工作性能（包括正常使用性能、结构抗震性能、环境舒适度性态）的目的。

1.2 组合结构在水电站厂房体系中的研究现状

水电站厂房结构是水工建筑物的重要组成部分，是机械设备、电气设备的综合体，是水利枢纽建筑物的构成部分，是将水能转换为电能的主要生产场所，也是水电站内工作人员进行工作、生产活动的场所。

水电站厂房结构根据不同地质条件、开发方式以及枢纽布置，其型式多种多样。按照其布置特点，分为河床式厂房结构、坝后式厂房结构、岸边式厂房结构、坝内式厂房结构、厂顶溢流式厂房结构，以及厂前挑流式厂房结构、地下式厂房结构等。其中，坝后式厂房结构又是目前最广泛采用的一种厂房型式。对于水电站厂房结构，考虑到机组运行等综合因素的影响，受力方式有其自身的特点，特别是溢流式厂房，其结构布置和受力条件更加复杂，设计中许多技术问题需要进行深入研究。为了能够全面掌握各种正常运行工况下厂房应力、位移状态，极端灾变条件下应力、位移状况，以及失稳状况，有必要对水电站厂房进行静动力研究。

1.2.1 水电站厂房动力特性研究

机组运行工况下的振动问题不仅会降低机组运作效率，缩短检修周期，严重时还会引起整个厂房结构发生振动，甚至共振[6]。随着水利事业的发展，水轮机及其蜗壳尺寸也在不断增大，导致主厂房结构跨度增加，排架柱间距增大，强度和刚度减小，加剧了厂房结构的振动。已有大量研究表明，水电站振动问题相当复杂，既有机组和厂房结构耦合振动问题，又有流体与固体耦合问题，深入研究其机理显得较困难[7-9]。

水电站厂房结构振动问题是一个多源耦合、多振共激综合问题，根据文献[10]介绍，其振源可分为机械振源、水力振源和电磁振源。机械振源一般为水轮机组运行所引起，其振动频率以转频形式表现；水力振源主要由带有水势的水流流经蜗壳而导致，表现出不稳定性；电磁振源由不均衡电磁力导致。文献[11]和文献[12]研究表明水力振源是导致厂房结构振动的主要振源。

水电站厂房结构自振特性分析是其动力研究的基本问题。根据最新《水电站厂房设计规范》(SL266—2014)[13]规定"机墩自振频率与强迫振动频率之差和自振频率之比值应大于20%～30%，以防共振"的章程，有必要对整体厂房结构体系开展全面评价、系统评估振动研究。

2002年，沈可[14-15]结合工程"岩滩水电站厂房结构振动试验"，提出了一种简谐振动模型，对楼板结构进行了模态分析，以及水力激振动力响应分析。2004年，大连理工大学孙万泉[16]结合十三陵电站厂房结构，建立动态识别法，对水电站厂房结构进行了有限元分析。陈婧等[17]基于宜兴抽水蓄能电站,从振动位移、速度、加速度和动应力出发,对地下厂房水力振动加以复合评价研究。2011年,河海大学张燎军等[18]基于泸定水电站厂房结构,建立了水电站厂房非定常湍流、机组、混凝土结构流固耦合振动法,进行了厂房全流道湍流流固耦合仿真分析。赵玮[19]根据烟岗水电站地面厂房结构,提出了厂房自振和共振解决方案,该方案对厂房结构的设计和研究具有借鉴作用。张夔等[20]以厂顶溢流布置式厂房结构为对象,建立有限元模型,采用小波分析法,研究了厂房结构的自振特性。尚银磊等[21]从振源、结构自振特性、动力响应3个方面概括了水电站厂房结构振动研究以及应用成果。李志龙等[22]以引水式水电站厂房结构为对象,建立三维有限元模型,分析了该结构的固有频率与共振特性。

与地震作用相比,水力机械导致的振动问题一般不至于破坏结构物本身,主要是对运行的仪器设备和在内的工作人员人体健康产生不良影响,因此有必要进行水电站厂房结构振动安全评价。

1.2.2　水电站厂房体系中组合结构研究

相比于建筑领域,组合结构在国内水利工程上的研究起步较晚,经验也不多,缺乏工程实际经验。据统计,当前我国大多数水电站厂房结构还在采用传统的钢筋混凝土结构,钢管混凝土组合结构在我国首个水电站厂房中的运用是2004年底建成的乌江洪家渡水电站厂房排架结构[23-24],如图1.1所示。其后,四川甘孜州泸定水电站厂房设计采用了钢管混凝土组合柱排架结构,新疆柳树沟水电站上部厂房采用了钢管混凝土组合柱排架结构,如图1.2~图1.3所示。

2005年,卢羽平等[25]借助ANSYS软件,对洪家渡水电站厂房钢-混凝土叠合排架柱进行了模态分析和共振校核。2011年,覃丽钠等[26]进行了矩形钢管混凝土柱在水电站厂房中的应用研究。2013年,张冬等[27]根据钢管混凝土组合排架柱中钢管和核心混凝土的受力特点和损伤规律,进行了三维有限元静、动力仿真分析,研究了静力、动力条件下钢管、混凝土的塑性损伤规律。吴军中等[28]采用有限元软件ADINA进行了空心钢管混凝土组合柱抗震性能研究。结果表明,矩形空心钢管混凝土组合柱比实心钢管混凝土组合柱的抗震性能更好。周烨[29]进行了钢管混凝土柱在水电站厂房结构中的应用研究。接着,方鹏飞[30]以某水电站厂房钢管混凝土新型组合结构为研究对象,研究了钢管混凝土排架结构动力特性。

但是,组合框架结构中诸多组成构件、组合节点的受力性能直接影响着整个结构的受力性能,很大程度上限制了该类结构的工程运用及推广。

图 1.1　乌江洪家渡水电站厂房排架结构

图 1.2　四川甘孜州泸定水电站厂房排架结构

图 1.3　新疆柳树沟水电站厂房排架结构

回顾国内外节点形式的研究,可追溯到 20 世纪 80 年代,Krahl 等[31]、Lamport 等[32]先后进行了 pile-sleeve 节点性能研究。Elnashai 等[33]通过建立焊接组合节点模型,进行了非线性分析。李惠等[34]开展了钢管高强混凝土叠合节点试验,研究了其核心部分的破坏特征。蔡健等[35]对钢管混凝土柱节点的受力特性、破坏过程以及形态进行了试验研究。李学平等[36]通过开展联结面试件的抗剪试验,对方钢管混凝土柱外置式环梁节点进行了测试,试验表明,这种联结面传力方式可用于工程实践。张莉若等[37]借助商业软件 ANSYS 对套筒式钢管混凝土梁柱节点进行了模拟分析,同时开展低周反复荷载试验进行测试。

2009年,赵媛媛等[38]通过概括国内外灌浆套管节点发展历程,详细介绍了该种节点的生产及应用进展。李龙仲等[39]基于某水电站厂房钢管混凝土排架结构,利用ADINA进行了节点对排架结构受力性能的影响研究。任宏伟等[40]对单卡槽和双卡槽连接节点进行了试验测试,测试结果表明,该种节点装置连接可靠,具有较好的受力性能。陈茜等[41]对异形钢管混凝土节点进行了试验,并对节点破坏模式和滞回曲线进行了详细分析。

1.2.3 存在的主要问题

水电站厂房结构中的组合结构是由混凝土、钢筋混凝土、钢材材料所组成的组合构件,自身力学性能比较复杂。目前,虽然国内外学者对其进行了静动力结构分析、抗震性能研究、数值模拟等研究,但是仍存在许多问题没有解决,也缺少相应的技术标准与规程规范,严重影响了该类组合结构在水电站厂房结构中的发展与工程运用。其存在的主要问题如下:

(1) 水电站厂房中涉及的组合结构由不同材料组成,钢管材与混凝土之间由混凝土收缩膨胀导致的力学作用机理、组合作用贡献目前没有较完善的理论,待进一步研究,以便更加精确地评估该类组合结构的组合力学特性。

(2) 组合梁柱节点的力学特性和优化设计是该类组合结构运用于水电站厂房中又一核心问题,其受力机理、抗震性能、节点设计值得进一步研究。

(3) 当前大多研究从数值模拟手段出发,如何结合现场试验的测试结果,加以反演整个水电站厂房框架结构的力学特性、动力特性,值得深入探讨。

(4) 由于水电站厂房内运行过程中因电磁振动、机械振动、水力振动三个方面导致的振动问题不可避免,而且直接影响工作人员作业,所以由结构振动引起的激励响应特性及舒适度性态待进一步研究。

1.3 研究的总体思路及主要内容

1.3.1 研究目标

深入认识水电站厂房主体结构的工作原理、各部件力学特性,以及服役性态特征,对营造安全舒适的工作环境具有重要意义。该种结构体系的优点如图1.4所示。

为了满足水电站厂房主体结构大跨度、大宽度的发展需求,适应规范规程高要求、高标准的发展理念,以及提升人文舒适度的服务品质,基于当前我国水电站厂房主体结构所采用的结构构件状态及现有研究与应用不足之处,本书将围绕水电站厂房组合框架结构开展一系列静动力整体性态研究,研究目标主要包括：

（1）弥补水电站厂房主体结构建设中涉及的各个构件、各个组合节点研究的不足，揭示各组合构件单元对框架静力整体性能的贡献差异，实现组合结构受力特性试验由构件层次上升到结构体系、由节点单元提升到框架整体的突破。

（2）深入剖析水电站厂房由于核心设备的运行导致的结构激励响应机理，建立评估水电站厂房组合框架高性能组合楼板动力特性方面的力学参数评价指标，进一步完善水电站厂房主体结构的优化设计、性能提升。

（3）建立考虑结构空间效应和时间效应的舒适度评价指标，着重解决振动导致的人的消化系统、神经系统、内分泌系统紊乱等生理问题及疲惫、恐慌等心理伤害问题。

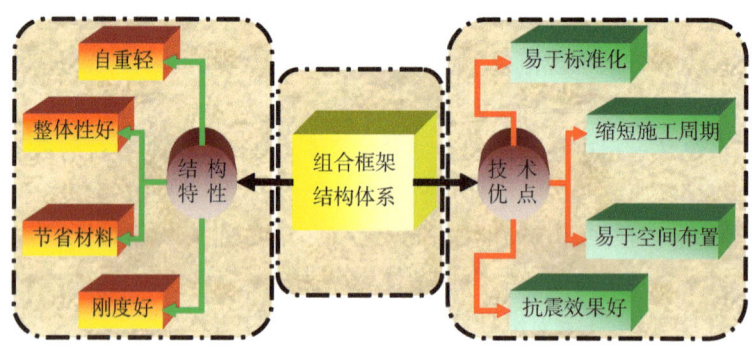

图 1.4　组合框架结构体系优点

1.3.2　总体思路

为了有效解决高发频率、高烈度地震区水电站厂房主体结构由于大坝局部失稳、漫顶等威胁而导致的结构损伤破坏等问题，充分利用钢材料优越的抗拉性能，以及混凝土材料所具有的独特抗压特性，将二者进行更加合理、更加有效的组合，形成共同承担外部作用的受力整体，并以结构的安全性能、使用性能、舒适性能为理念，提出"水电站厂房组合框架全结构模型"，对其进行静动力整体性能方面的研究。本书的研究技术路线如图 1.5 所示。

在国家杰出青年科学基金"水工混凝土结构工程"（51325904），国家重点研发计划项目"枢纽运行安全多因素耦联监测检测新技术与装备"（2016YFC0401902），中央级公益性科研院所基本科研业务专项基金（Y417012）资助下，在总结国内外学者对水电站厂房结构的静动力力学性能、抗震性能等研究所存在薄弱环节的基础上，基于现有的技术标准与规程规范，提出"水电站厂房组合框架全结构模型"，对其开展整体的、全面的、系统的研究。本书总体研究思路及研究内容如图 1.6 所示。

第1章 绪 论

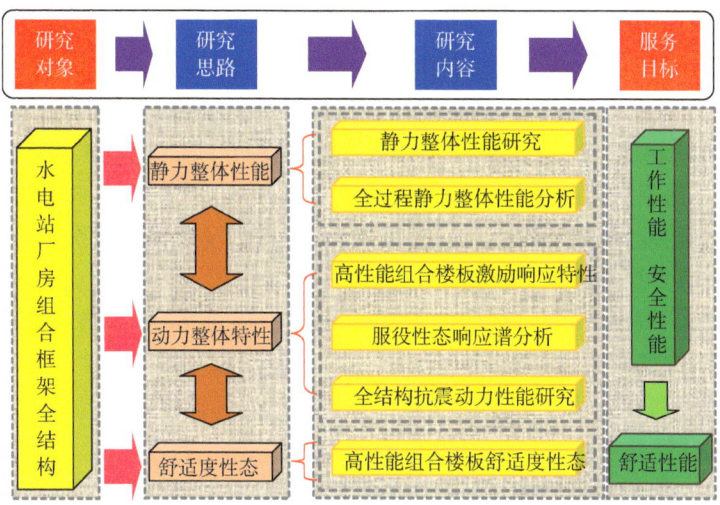

图 1.5　研究技术路线

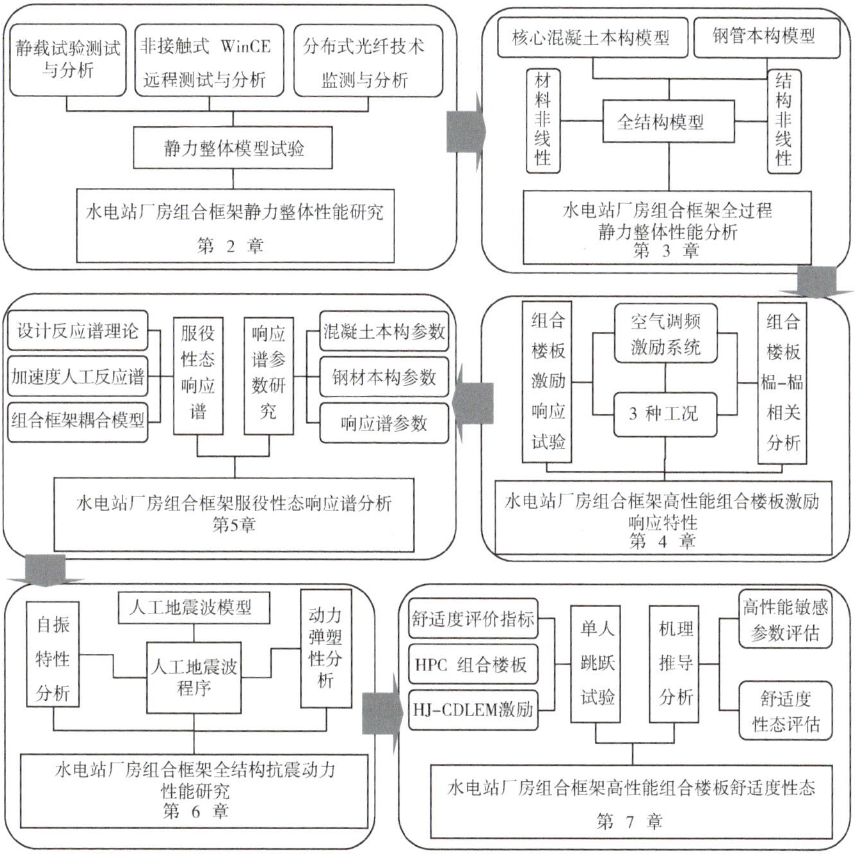

图 1.6　总体研究思路及研究内容

首先，采用应力应变测试设备、非接触式 WinCE 远程测试手段及分布式光纤监测方法，通过室内试验对提出的水电站厂房组合框架全结构模型进行静力整体性能试验研究与分析。在此基础上，通过优化核心混凝土本构、钢材双线性模型及二次流塑模型，改进考虑材料非线性、结构非线性的全过程分析技术，进行水电站厂房组合框架整体特性的全过程反演分析，旨在提升水电站厂房主体结构的安全性能，保障相关水电设备的安全运行，实现由构件层次上升到结构体系，由单元节点提升到框架整体的研究突破。

其次，为了解决水电站厂房由于核心设备的运行而导致的结构振动问题，基于研发的空气调频激励系统，开展水电站厂房组合框架高性能组合楼板瞬态阶段、稳态阶段和衰减阶段的振动性能试验，研究其振动性能参数及反馈参数指标，旨在建立评估水电站厂房组合框架高性能组合楼板动力特性方面的力学参数评价指标，实现对高发频率、高烈度地震区水电站厂房等建筑物准确、高效的安全评估。

再次，以提出的水电站厂房组合框架全结构模型为研究基础，针对水电站厂房结构建立多自由度组合框架反应谱耦合模型，开发出加速度人工反应谱程序，研究多自由度组合框架反应谱耦合模型的模态分析（OMA）和响应谱分析（RSA）行为特征，旨在解决高发频率、高烈度地震区水电站厂房等建筑物在运营服役期间的响应谱动力特性等问题。在此基础上，进一步开发人工地震波生成程序包，以此作为地震动输入参数，模拟在真实环境地震荷载作用下提出的水电站厂房组合框架全结构模型的抗震动力性能行为，旨在甄别地震波作用下水电站厂房等建筑物的自振特性与位移响应、层间侧移响应、组合效应等动力参数指标，为进一步完善水电站厂房主体结构的优化设计、性能提升提供参考与借鉴。

最后，研究水电站厂房组合框架全结构模型的工作性能、安全性能，结合人们对工作环境、工作质量、工作品质愈美愈善的需求，解决水电站运行过程中电磁振动、机械振动、水力振动三个方面导致的工作人员身体健康受损、心理伤害等问题，有效改善结构的使用性能。通过建立单人跳跃集中动荷载激励模型（HJ-CDLEM），求解出同时考虑时间效应和结构空间效应的水电站厂房组合框架结构高性能组合楼板加速度解析表达式，结合试验研究，详细探究激励加速度在组合楼板中的响应传播特性及空间分布特征，旨在优化高发频率、高烈度地震区水电站厂房等建筑物的使用性能，并有效改善由于结构振动导致的舒适度性态。

通过对水电站组合框架全结构模型体系的研究，旨在真实反映水电站厂房结构的静动力特性，精确评估结构整体性能，弥补设计规范不足，对结构进行进一步性能提升，为该类组合结构运用于水电站厂房的设计、建造、维修、加固提供理论依托和借鉴意义。

第 2 章

水电站厂房组合框架静力整体性能研究

本章作为水电站厂房组合框架结构体系研究的基础和起点,通过设计室内试验模型,提出以矩形钢管混凝土柱(CFRSTC)、圆形钢管混凝土柱(CFCSTC)、空心矩形钢管柱(HRSTC)和空心圆形钢管柱(HCSTC)4种承载柱类型为承载柱单元,以焊接式、铆接式牛腿模型为传力节点单元,装配式桁车梁为承载梁单元的足尺寸三榀水电站厂房组合框架全结构模型,制作并完成室内试验试件,对提出的水电站厂房组合框架全结构模型进行静力整体性能试验研究与分析,对全书的研究起到提纲挈领的作用。

2.1 水电站厂房三榀组合框架全结构模型的提出

根据国内外专家、学者的研究成果,以结构的安全性能、使用性能、工作性能为研究核心,提出"水电站厂房组合框架全结构模型",开展室内水电站厂房三榀组合框架模型试验,探究水电站厂房组合框架结构不同组合节点的力学特性,以及在水平向施加约束(组合楼板作用)后组合框架柱的组合影响,为水电站厂房组合框架的合理性、安全性、可靠性推广运用,以及检修、维护、加固提供参考。

2.1.1 全结构模型的建立

依据《水电站厂房设计规范》(SL 266—2014)[42]、《钢管混凝土结构技术规范》(GB 50936—2014)[43]、《矩形钢管混凝土结构技术规程》(CECS 159:2004)[44],以及《组合楼板设计与施工规范》(CECS 273:2010)[45],设计和制作了水电站厂房组合框架全结构模型,包括三榀钢-混凝土组合框架模型,以及三榀二层组合楼板模型。模型整体长度为 7 500 mm,宽度为 5 000 mm,高度为 4 000 mm,其中三榀钢-混凝土组合框架模型尺寸为 7 500 mm×3 000 mm× 4 000 mm,三榀二层组合楼板模型尺寸为 7 500 mm×2 000 mm×3 000 mm。其中,钢管混凝土柱分别采用 CFRSTC、CFCSTC,以及对比组 HRSTC 和 HCSTC。核心混凝土材料采用膨胀混凝土,强度等级为 C60,其配合比为:水泥∶沙∶石∶水=1.00∶1.20∶1.92∶0.40,膨胀剂为 UEA 型膨胀剂,根据相关研究成果,掺量取为 10%[46-47]。钢管材料强度等级为 Q235 管材,管壁厚 $t=$ 3 mm,对于 CFRSTC,含钢率为 0.088 2;对于 CFCSTC,含钢率为 0.083 9。组合柱分组编号为:CFRSTC1、CFCSTC3、CFCSTC6、CFCSTC8、CFRSTC9、CFRSTC10、CFRSTC11、CFRSTC12;对比组空心柱分组编号为:HCSTC2、HRSTC4、HRSTC5、HCSTC7。桁车梁为工字形截面连续梁,强度等级为 Q235,编号为 TG1、TG2。L 形截面钢、T 形截面钢作为水电站厂房三榀组合框架的构造部件,强度等级仍然为 Q235。几何参数如表 2.1~表 2.3 所示,组合柱与组合节点的组合模式如表 2.4 所示,模型构造如图 2.1 所示。

表 2.1 组合节点模型几何参数

构件编号	组成类别	长度 L_{CJ}(mm)	宽度 B_{CJ}(mm)	高度 H_{CJ}(mm)	连接形式
N1	顶板	200	200	10	与柱采用焊接形式进行连接
	加劲肋板	40	10	200	
	腹板	200	200	10	
N2	顶板	200	200	10	与柱采用焊接形式进行连接
	加劲肋板	30	10	200	
	中腹板	180	10	200	
	边腹板	250	10	200	
N3	顶板	200	200	10	与柱采用栓钉铆接形式进行连接
	加劲肋板	40	10	200	
	腹板	200	200	10	
	连接板	206	20	200	

表 2.2 桁车梁及连接部件几何参数

构件编号	强度等级	组成类别	长度 L(mm)	宽度 B(mm)	高度 H(mm)	连接形式
TG1 TG2	Q235	顶板	7 700	100	10	与牛腿采用栓钉铆接形式进行连接
	Q235	腹板	7 700	10	80	
	Q235	底板	7 700	100	10	

续表

构件编号	强度等级	组成类别	长度（mm）	宽度（mm）	高度（mm）	连接形式
L型钢	Q235	底板	3 100	50	8	与柱采用焊接形式进行连接
	Q235	竖板	3 100	8	50	
T型钢	Q235	顶板	2 400	100	8	与柱采用焊接形式进行连接
	Q235	腹板	2 400	8	50	

表2.3 不同类型组合柱模型几何参数

构件编号	高度H（mm）	长度L（mm）	宽度B（mm）	外直径D（mm）	壁厚t（mm）	含钢率（α_s）	组合形式
CFRSTC1	4 000	200	100	—	3	0.088 2	组合方柱
HCSTC2	4 000	—	—	140	3	0.083 9	空心圆柱
CFCSTC3	4 000	—	—	140	3	0.083 9	组合圆柱
HRSTC4	4 000	200	100	—	3	0.088 2	空心方柱
HRSTC5	4 000	200	100	—	3	0.088 2	空心方柱
CFCSTC6	4 000	—	—	140	3	0.083 9	组合圆柱
HCSTC7	4 000	—	—	140	3	0.083 9	空心圆柱
CFRSTC8	4 000	200	100	—	3	0.088 2	组合方柱
CFRSTC9	3 000	200	100	—	3	0.088 2	组合方柱
CFRSTC10	3 000	200	100	—	3	0.088 2	组合方柱
CFRSTC11	3 000	200	100	—	3	0.088 2	组合方柱
CFRSTC12	3 000	200	100	—	3	0.088 2	组合方柱

表2.4 组合柱与组合节点组合模式

柱编号	节点编号	组合模式	牛腿编号	类型	柱编号	节点编号	组合模式	牛腿编号	类型
CFRSTC1	N3	栓钉铆接	CFRSTC-CJ1	无约束	HRSTC5	N3	栓钉铆接	HRSTC-CJ5	水平向约束
HCSTC2	N2	电焊焊接	HCSTC-CJ2	无约束	CFCSTC6	N2	电焊焊接	CFCSTC-CJ6	水平向约束

续表

柱编号	节点编号	组合模式	牛腿编号	类型	柱编号	节点编号	组合模式	牛腿编号	类型
CFCSTC3	N2	电焊焊接	CFCSTC-CJ3	无约束	HCSTC7	N2	电焊焊接	HCSTC-CJ7	水平向约束
HRSTC4	N1	电焊焊接	HRSTC-CJ4	无约束	CFRSTC8	N1	电焊焊接	CFRSTC-CJ8	水平向约束

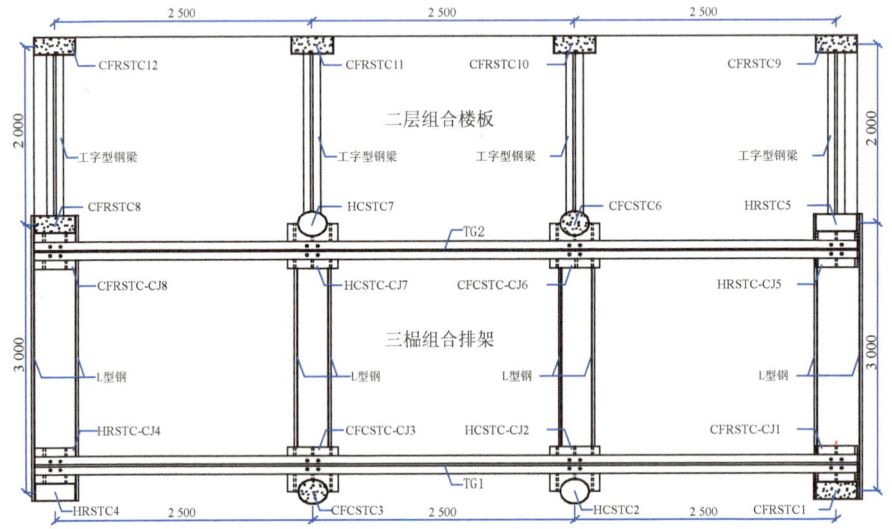

图 2.1 组合框架平面布置(单位:mm)

2.1.2 全结构模型材料参数

根据厂家提供材料参数,以及试验现场测试结果,所有材料的力学指标见表2.5和表2.6。

表 2.5 钢材力学性能参数

名称	类型	钢材材性	密度 (kg·m^{-3})	弹性模量 (GPa)	泊松比	剪切模量 (GPa)	屈服应变 ($\mu\varepsilon$)	屈服强度 (MPa)	极限强度 (MPa)
圆柱	空心截面	Q235	7 830	206.4	0.265	82.56	1 235	263	412
方柱	空心截面	Q235	7 830	206.1	0.262	82.44	1 235	263	412

第 2 章 水电站厂房组合框架静力整体性能研究

续表

名称	类型	钢材材性	密度 (kg·m^{-3})	弹性模量 (GPa)	泊松比	剪切模量 (GPa)	屈服应变 ($\mu\varepsilon$)	屈服强度 (MPa)	极限强度 (MPa)
桁车梁	工字型	Q235	7 850	205.9	0.261	82.36	1 463	310	448
	倒T型	Q235	7 850	205.4	0.261	82.16	1 394	295	416
	角钢	Q235	7 850	204.3	0.260	81.72	1 374	273	387
牛腿	钢块	Q235	7 850	206.0	0.259	79.25	1 165	240	400

表 2.6 混凝土力学性能参数

名称	强度	泊松比	抗压弹性模量 (MPa)	剪切模量 (MPa)	立方体抗压强度 (MPa)	轴心抗拉强度 (MPa)
混凝土	C60	0.21	38.25	16.86	68.22	2.62
			36.28	12.58	67.33	2.68
			38.16	13.76	65.96	2.62
		均值	37.56	14.4	67.17	2.64

2.2 水电站厂房三榀组合框架全结构整体性能测试及分析

2.2.1 整体性能试验概况

本次试验主要采集数据包括：荷载 P(MPa)、八种类型组合节点的水平位移 HD(mm)和竖向位移 VD(mm)，桁车梁的竖向位移 VW(mm)，以及组合节点关键位置的应变 ε。

3 种工况（榀一、榀三、榀二）下的荷载及各个测点的测试采用江苏东华测试公司提供的 DH-3816 静态采集箱及其系统软件进行分级数据采集。其中，荷载采用压力传感器 JHBU-30（量程：0～300 kN）进行测量，应变采集则采用预先粘贴在牛腿关键部位表面的电阻应变片 BR120-20AA 进行，水平位移采集采用位移传感器 CWC-A（量程：0～30 mm）。牛腿关键部位表面测点及水平位移、竖向位移测点布置如图 2.2 所示。

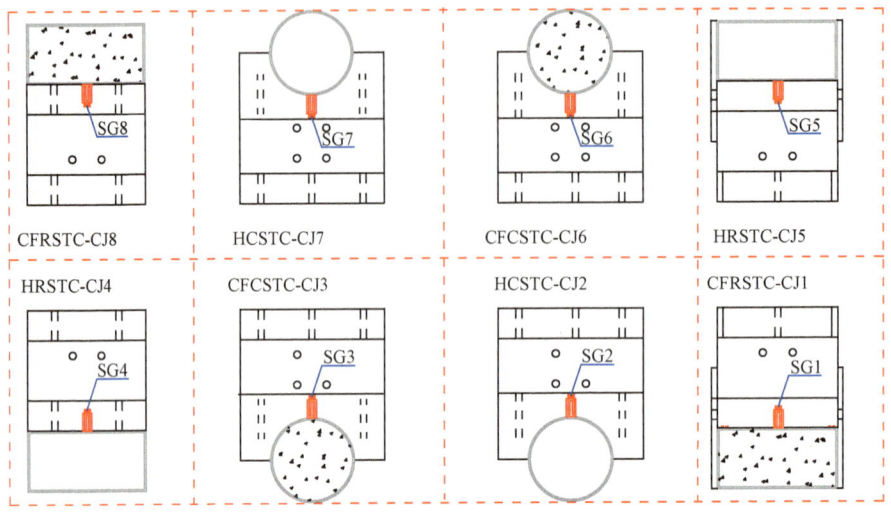

(a) 牛腿关键部位表面测点布置

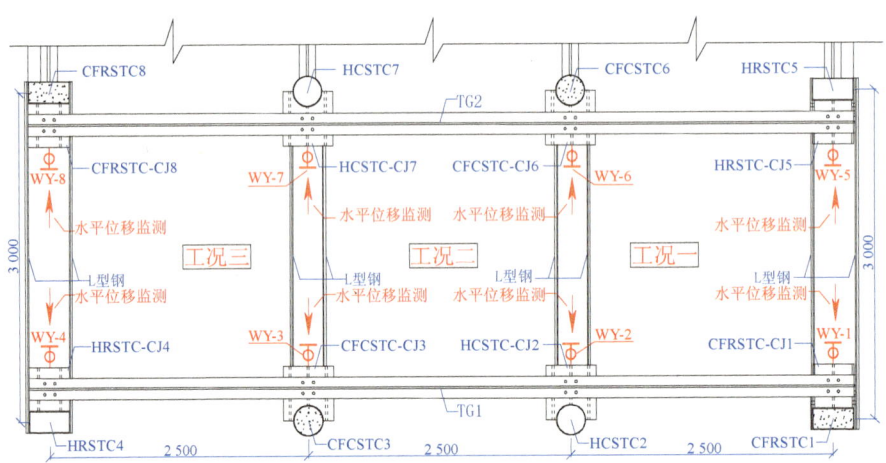

(b) 水平位移测点布置

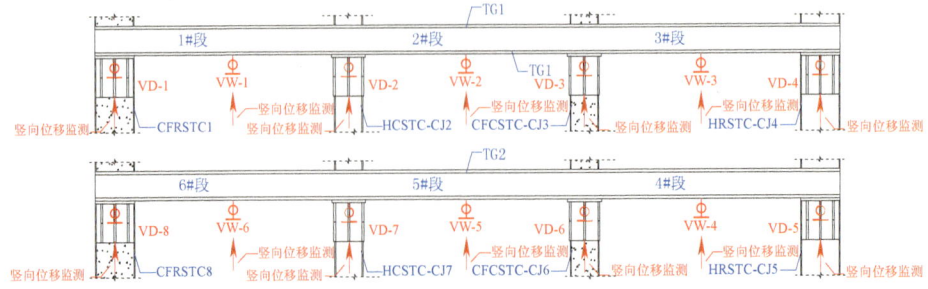

(c) 竖向位移及应变测点布置

图 2.2　关键部位测点布置

通过 MTS 液压伺服系统控制 300 kN 油压千斤顶(量程：0～300 kN)对 3 种不同工况下组合框架模型进行分级加载，测试顺序为：先测试三榀框架的两边部位，即榀一和榀三，最后测试三榀框架中间的榀二，测试方案细节见表 2.7。

表 2.7　加载及测试方案

测试方案				参与测试项目		
测试顺序	测试工况	桁车梁		组合柱	牛腿关键部位	
1	榀一	1#段	VW-1	CFRSTC1	WY-1、VD-1	CFRSTC-CJ1	SG1
				HCSTC2	WY-2、VD-2	HCSTC-CJ2	SG2
		4#段	VW-4	HRSTC5	WY-5、VD-5	HRSTC-CJ5	SG5
				CFCSTC6	WY-6、VD-6	CFCSTC-CJ6	SG6
2	榀三	2#段	VW-2	CFCSTC3	WY-3、VD-3	CFCSTC-CJ3	SG3
				HRSTC4	WY-4、VD-4	HRSTC-CJ4	SG4
		5#段	VW-5	HCSTC7	WY-7、VD-7	HCSTC-CJ7	SG7
				CFRSTC8	WY-8、VD-8	CFRSTC-CJ8	SG8
3	榀二	3#段	VW-3	HCSTC2	WY-2、VD-2	HCSTC-CJ2	SG2
				CFCSTC3	WY-3、VD-3	CFCSTC-CJ3	SG3
		6#段	VW-6	CFCSTC6	WY-6、VD-6	CFCSTC-CJ6	SG6
				HCSTC7	WY-7、VD-7	HCSTC-CJ7	SG7

试验开始时，按照预先加载制度，由 MTS 液压伺服系统通过 300 kN 竖向千斤顶施加竖向荷载，初始加荷速率控制在每 10 min 加载 0.5 MPa，稳定加荷至桁车梁屈服后，按每 5 min 2.5 MPa 进行卸荷，直至卸荷完为止，以进行全过程测试。当加载临近结构破坏时，一般情况下出现如下规律：荷载量不再增大，而位移量持续增长。因此，设定加载终止条件，当达到下列任意条件之一即停止加载：

（1）当施加荷载降低到峰值荷载的 70% 以下时；
（2）传力部件桁车梁明显扭曲变形或失稳或断裂；
（3）任一牛腿节点发生明显鼓曲变形或拉裂或失稳；
（4）任一组合柱失稳或折断。

2.2.2 楹一静力整体性能分析

楹一静力整体性能试验加载装置布置及现场布置如图 2.3 所示。

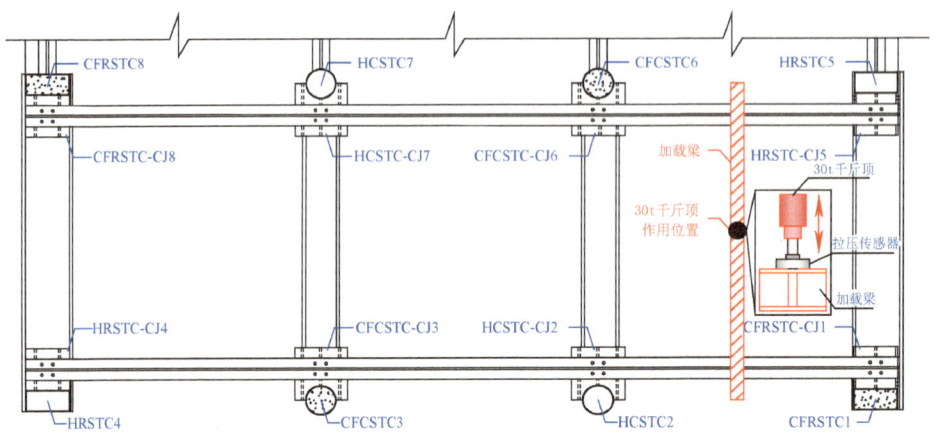

(a) 加载装置示意图

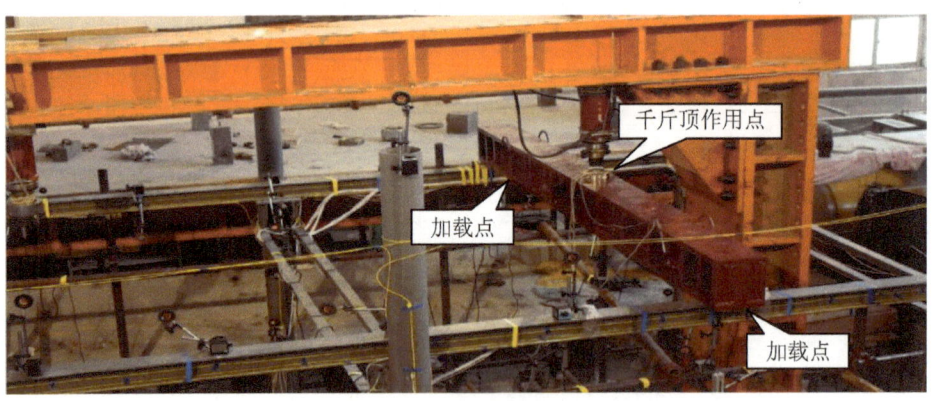

(b) 加载装置实物图

图 2.3　楹一静力整体性能试验加载装置布置及现场布置

通过 MTS 伺服加载系统对水电站厂房三楹组合框架进行加载，并通过 DH3816 测试系统采集并记录各个测点的测试数据，进行统计分析整理，破坏特征如图 2.4 所示。

得到水电站厂房三楹组合框架在楹一作用下 TG1 和 TG2 桁车梁由于不同组合作用导致的竖向变形沿其长度方向的竖向位移分布特性，如图 2.5 所示。

第 2 章 水电站厂房组合框架静力整体性能研究

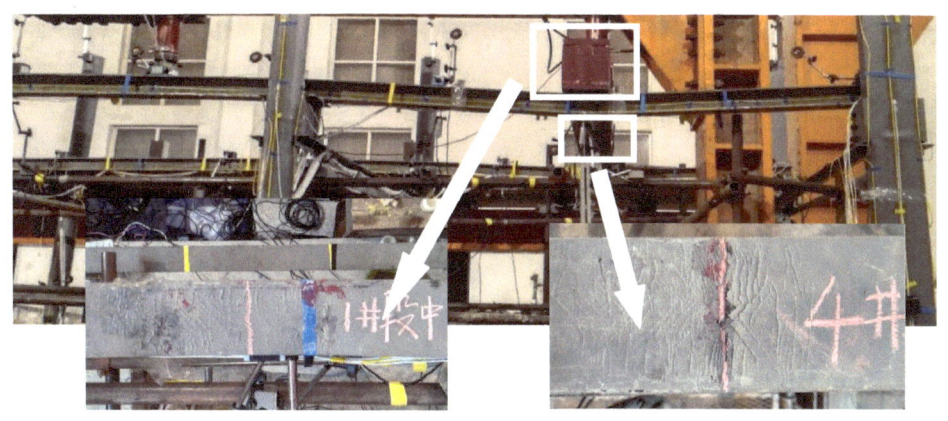

图 2.4 榀一静力整体性能试验之桁车梁特征点试验现象

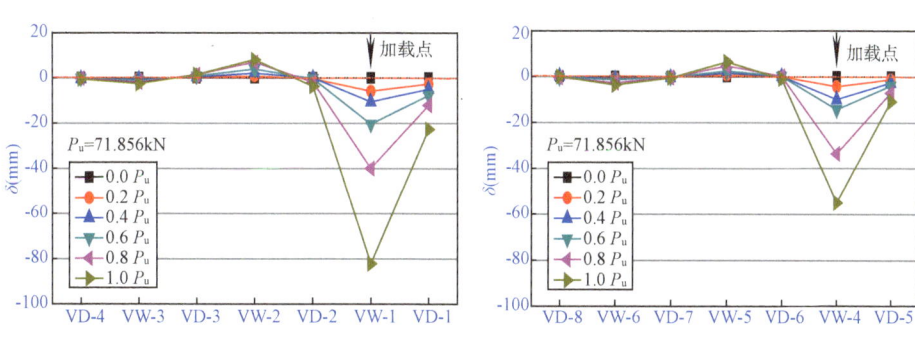

（a）TG1 竖向位移分布曲线　　（b）TG2 竖向位移分布曲线

图 2.5 榀一静力整体性能试验之桁车梁竖向变形分布特性

从图 2.5 可以看出，本次试验所测水电站厂房三榀组合框架中 TG 桁车梁竖向变形曲线饱满，呈标准"药勺"形均匀分布，曲线上没有明显的突变或捏缩现象发生，这与低碳钢 Q235-B 所构成的连续梁的力学属性非常吻合。在加载荷载达到极限荷载（P_u=71.856 kN）之前，TG 桁车梁受力及变形特性稳定，没有明显的刚度退化或强度退化产生。进一步可以看出，TG 桁车梁与各个组合柱的牛腿节点连接部位，均出现不同程度的异向竖向变形，但其整体连续性能完好，这也非常符合钢材的特点。以上这些特征充分说明水电站厂房三榀组合框架具有很好的整体受力性能，并建立了自身的耗能机理，表现出完美的协同组合特性。

抽取图 2.5 中屈服状态（$0.5P_u$）和极限状态（$1.0\ P_u$）2 种荷载条件下的 TG1、TG2 各个测点的竖向变形进行对比，如图 2.6 和图 2.7 所示。

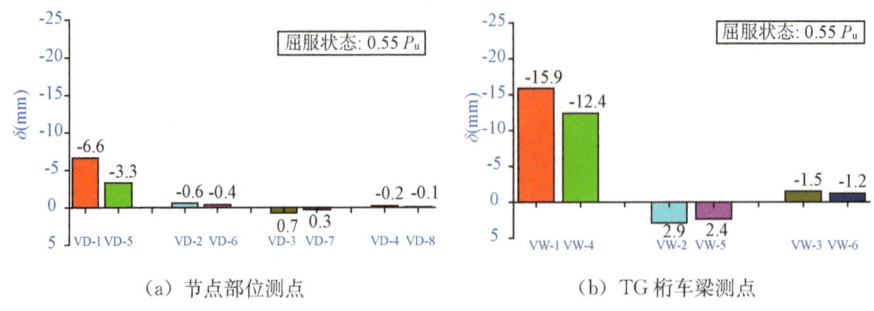

(a) 节点部位测点　　　　　　(b) TG 桁车梁测点

图 2.6　楹一静力整体性能试验之屈服状态竖向变形对比分析

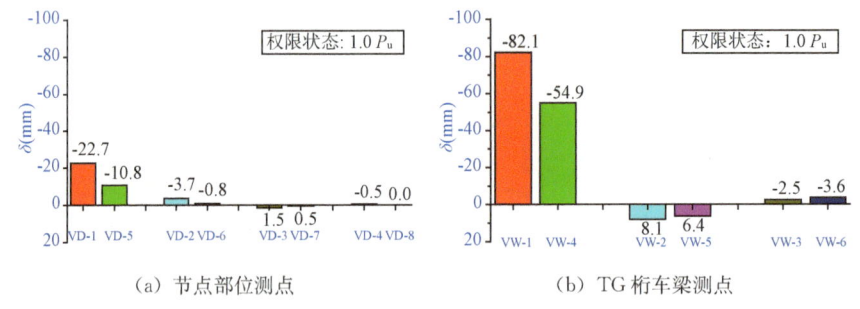

(a) 节点部位测点　　　　　　(b) TG 桁车梁测点

图 2.7　楹一静力整体性能试验之极限状态竖向变形对比分析

通过对比图 2.6 和图 2.7，可以得到水电站厂房三楹组合框架在楹一作用下的组合特性影响规律：

(1) 通过对比图 2.6(a) 和图 2.7(a) 中 TG1 和 TG2 各个测点（VD 系列）竖向位移变化特征可以看出，不论屈服状态还是极限状态，TG2 中各个测点的竖向位移量普遍小于 TG1 中各个测点的竖向位移量（屈服状态：−6.6→−3.3，−0.6→−0.4，0.7→0.3，−0.2→−0.1；极限状态：−22.7→−10.8，−3.7→−0.8，1.5→0.5，−0.5→−0.0），其原因在于：TG2 受到三楹二层组合楼板的约束作用，限制了 TG2 中各个测点的竖向位移，使其竖向位移量变小，进一步能够说明组合楼板对水电站厂房三楹组合框架的受力承载变形具有一定贡献。

(2) 通过对比图 2.6(b) 和图 2.7(b) 中 TG1 和 TG2 各个测点（VW 系列）竖向位移可以看出，同样存在与 VD 系列类似的规律，TG2 中 3 个测点的竖向位移量小于 TG1 中 3 个测点的竖向位移量（屈服状态：−15.9→−12.4，−2.9→−2.4，−1.5→−1.2；极限状态：−82.1→−54.9，8.1→6.4，−2.5→−3.6），但是没有 VD 系列差距大。其主要原因在于：一方面 TG2 受组合楼板影响，在一定条件下限制了其变形；另一方面是受到不同类型组合柱的影响，在受力过程中，不同类型组合柱表现出不同的变形特征。

(3) 通过对比图 2.6 和图 2.7 竖向位移大小分布趋势可以得出，TG 桁车梁在加载梁两边呈现相差较大的不对称分布规律（屈服状态：−6.6→−0.6，−3.3→−0.4；极限状态：−22.7→−3.7，−10.8→−0.8）。分析其原因在于：水电站厂房三榀组合框架的 2#段、3#段、5#段、6#段吸收了外荷载传递的能量，使得 VD-2、VD-6 处变形相比于 VD-1、VD-5 处小。充分体现出组合框架的组合特性优势。

测点 WY-1、WY-2、WY-5、WY-6 处竖向荷载（P）-水平位移（δ）关系曲线如图 2.8 所示。组合框架榀一 SG1、SG2、SG5、SG6 处的 P-ε 曲线对比关系如图 2.9 所示。

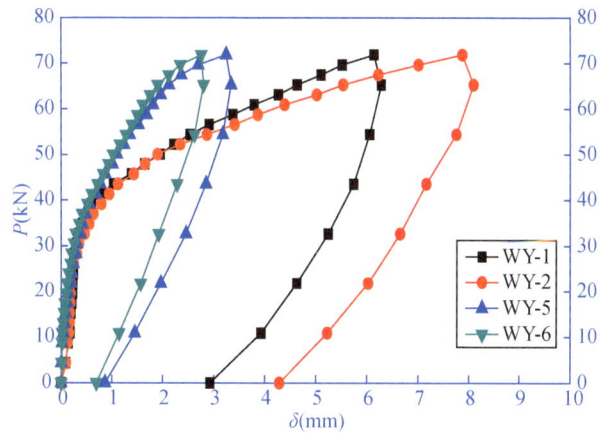

图 2.8　榀一静力整体性能试验之组合节点 P-δ 曲线关系

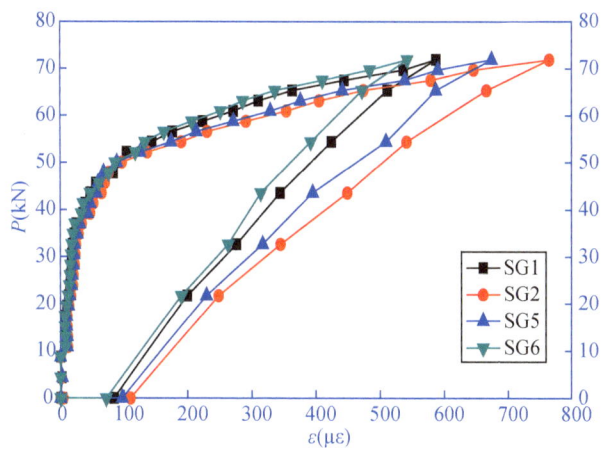

图 2.9　榀一静力整体性能试验之组合节点 P-ε 曲线关系

通过图 2.8 中 4 个测点的 P-δ 曲线可以看出，不同类型组合柱在外荷载作用下，各个测点的水平位移表现出不同的特征。其变化过程主要分为三个阶段。在加载的初始阶段，HCSTC2 和 CFRSTC1 表现出同步的线性分布特征，HRSTC5 和 CFCSTC6 也表现出同步的线性分布特征。随着荷载的不断增加，当荷载增加到屈服荷载（P_y=39.210 kN），水平位移增长曲线开始进入非线性阶段，CFRSTC1、HCSTC2 较 HRSTC5、CFCSTC6 增长率更快。当加载到极限荷载（P_u=71.856 kN），不同类型组合柱的水平位移表现出不同的特征（WY-1：6.138 mm；WY-2：7.875 mm；WY-5：3.251 mm；WY-6：2.763 mm）。CFRSTC1 和 HCSTC2 测点处水平位移量远大于 HRSTC5 和 CFCSTC6 处的水平位移量。在卸载阶段，4 个测点规律基本保持一致，但残余位移量不同。

通过图 2.9 分析表明，应变随荷载增长曲线可分为三个阶段：弹性阶段、非线性阶段、卸载阶段。在加载初始阶段，4 个测点的应变基本保持一致。当荷载加载到屈服荷载时（P_y=39.210 kN），节点部位应变开始进入非线性阶段，增长率不断变大，直到达到极限荷载（P_u=71.856 kN）。此时开始卸载，应变以一定速率减小，并伴随有残余应变留下，4 个测点处的残余应变基本保持一致。

将图 2.8 和图 2.9 中屈服状态和极限状态的特征点提取进行对比分析，见表 2.8。

表 2.8　楦—静力整体性能试验之组合节点 P-δ 曲线上特征点

测点	荷载 屈服状态 P_y (kN)	荷载 极限状态 P_u (kN)	P_u/P_y	水平位移 屈服状态 δ_y (mm)	水平位移 极限状态 δ_u (mm)	δ_u/δ_y	节点应变 屈服状态 ε_y ($\mu\varepsilon$)	节点应变 极限状态 ε_u ($\mu\varepsilon$)	$\varepsilon_u/\varepsilon_y$
WY-1	39.210	71.856	1.833	0.595	6.138	10.316	36	587	16.306
WY-2	39.210	71.856	1.833	0.796	7.875	9.893	47	765	16.277
WY-5	39.210	71.856	1.833	0.558	3.251	5.826	43	674	15.674
WY-6	39.210	71.856	1.833	0.522	2.763	5.293	33	542	16.424

由表 2.8 分析表明，本次加载测试极限荷载是屈服荷载的 1.833 倍，4 个测点处的极限状态位移分别是屈服状态位移的 10.316、9.893、5.826、5.293 倍，4 个测点处的极限状态应变分别是屈服状态的 16.306、16.277、15.674、16.424 倍。进一步说明了不同类型组合柱表现出的不同组合特性。

2.2.3 榀三静力整体性能分析

榀三试验加载布置如图 2.10 所示。此工况仍然采用 30 t 千斤顶进行加载，与榀一不同在于，此工况建立在榀一试验测试完成的基础上进行，当完成各个测点测试之后，所有测点残余数据清零进行该工况试验。

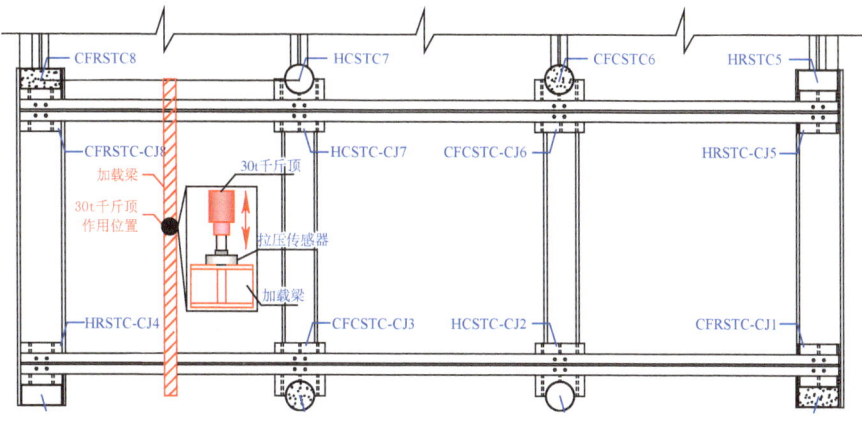

(a) 加载装置示意图

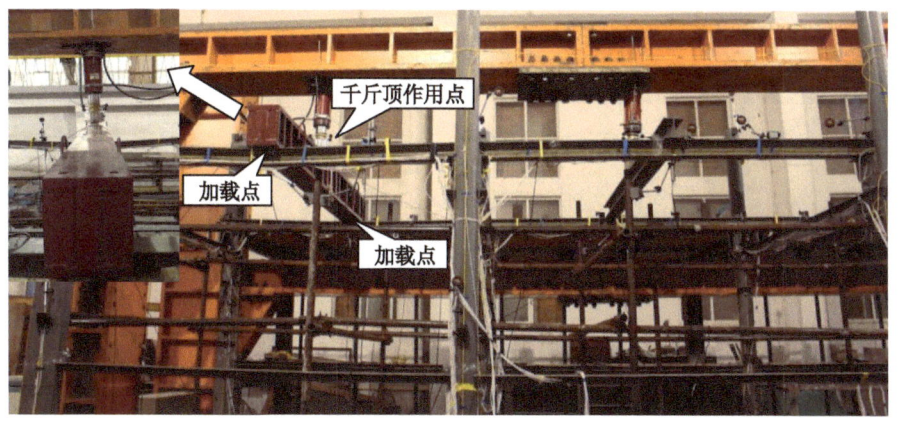

(b) 加载现场

图 2.10 榀三静力整体性能试验加载装置布置及现场布置

与榀一一样，通过 MTS 伺服系统加载及 DH3816 测试系统采集各个测点的数据，破坏特征如图 2.11 所示。得到水电站厂房三榀组合框架在榀三作用下 TG1 和 TG2 桁车梁由于不同组合作用导致的竖向变形沿其长度方向的竖向位移分布特性，如图 2.12 所示。从中看出，本次加载到极限荷载（$P_u=71.840$ kN）的过程中，TG1 和 TG2 桁车梁竖向变形曲线分布均匀，呈现"北斗星"分布特性。在加载点附近,竖向变形变化显著,尤其是两节点之间的部分;在远离加载点的地方,竖向变形逐渐减弱,并趋于零,这与连续桁车梁构件的变形特征十分相似,体现出钢构件良好的延性和刚度特征。榀三的水电站厂房三榀组合框架受力变形分布特征表明,其余两榀组合框架对加载段组合框架具有一定的耗能协助,能够吸收一部分能量,降低其由于受力过度集中而导致的结构破坏。进一步证明,该种组合框架具有良好的整体性能,充分展现出其完备的协同组合特性。

图 2.11　榀三静力整体性能试验之桁车梁特征点试验现象

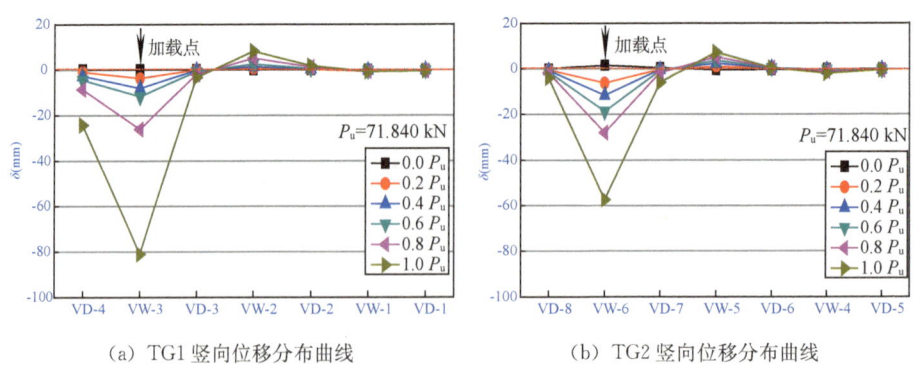

(a) TG1 竖向位移分布曲线　　　　(b) TG2 竖向位移分布曲线

图 2.12　榀三静力整体性能试验之桁车梁竖向变形分布特性

选择图 2.12 中屈服状态($0.6P_u$)和极限状态($1.0P_u$)两种荷载条件下的 TG1、TG2 各个测点的竖向变形进行对比分析,探究不同节点之间、不同桁车梁段的特性,如图 2.13 和图 2.14 所示。

第 2 章 水电站厂房组合框架静力整体性能研究

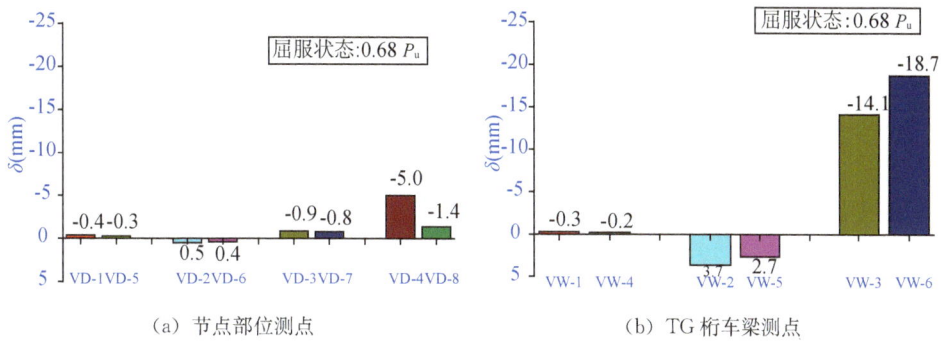

图 2.13 榀三静力整体性能试验之屈服状态竖向变形对比分析

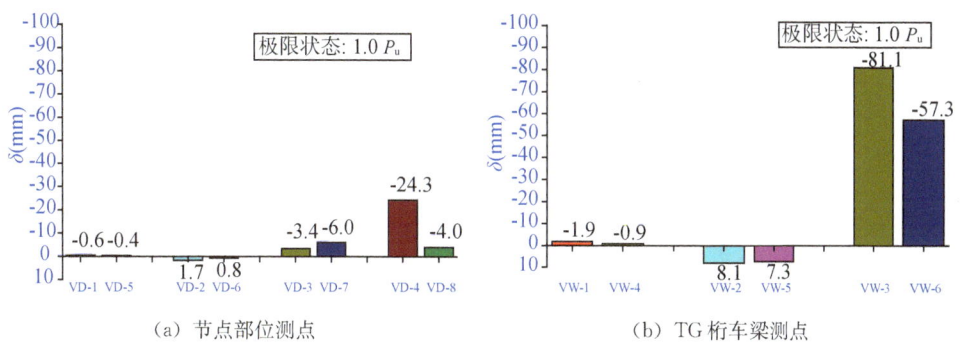

图 2.14 榀三静力整体性能试验之极限状态竖向变形对比分析

通过对比图 2.13 和图 2.14 中数据,得到水电站厂房三榀组合框架在榀三作用下的组合特性规律如下:

(1) 通过对比图 2.13(a)和图 2.14(a)中 TG1 和 TG2 各个测点(VD 系列)竖向位移变化特征可以看出,大多数 TG2 中各个测点的竖向位移量小于 TG1 中各个测点的竖向位移量[屈服状态:$-0.4 \rightarrow -0.3$,$0.5 \rightarrow 0.4$,$-0.9 \rightarrow -0.8$,$-5.0 \rightarrow -1.4$;极限状态:$-0.6 \rightarrow -0.4$,$1.7 \rightarrow 0.8$,$-3.4 \rightarrow -6.0$(规律相反),$-24.3 \rightarrow -4.0$],分析其原因在于:TG2 受到二层组合楼板的反向约束作用,限制了 TG2 中各个测点的竖向位移,使其竖向位移量变小。

(2) 通过对比图 2.13(b)和图 2.14(b)中 TG1 和 TG2 各个测点(VW 系列)竖向位移可以看出,TG2 中 3 个测点的竖向位移量小于 TG1 中 3 个测点的竖向位移量[屈服状态:$-0.3 \rightarrow -0.2$,$3.7 \rightarrow 2.7$,$-14.1 \rightarrow -18.7$(规律相反);极限状态:$-1.9 \rightarrow -0.9$,$8.1 \rightarrow 7.3$,$-81.1 \rightarrow -57.3$],其原因在于:其一,TG2 受组合楼板约束影响,在一定条件下限制了其变形;其二,受到不同类型组合柱的影响,在受力过程中,不同类型组合柱表现出不同的变形特征,导致 VD-3 和 VD-7、VW-3 和 VW-6 出现相反分布规律。

（3）通过对比图 2.13 和图 2.14 竖向位移量分布趋势可以得出，TG 桁车梁在加载点两边呈现相差较大的不对称分布规律（屈服状态：−0.9→ −5.0，−0.8→−1.4；极限状态：−3.4→ −24.3，−6.0→−4.0）。

测点 WY-3、WY-4、WY-7、WY-8 处竖向荷载（P）-水平位移（δ）关系曲线如图 2.15 所示，测点 SG3、SG4、SG7、SG8 处荷载（P）-应变（ε）关系曲线如图 2.16 所示。

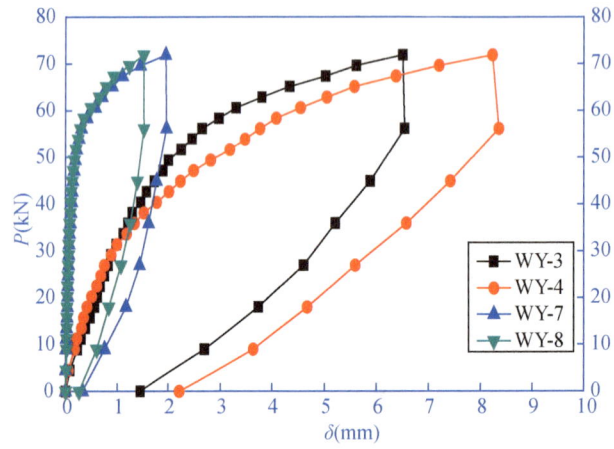

图 2.15 榀三静力整体性能试验之组合节点 P-δ 曲线关系

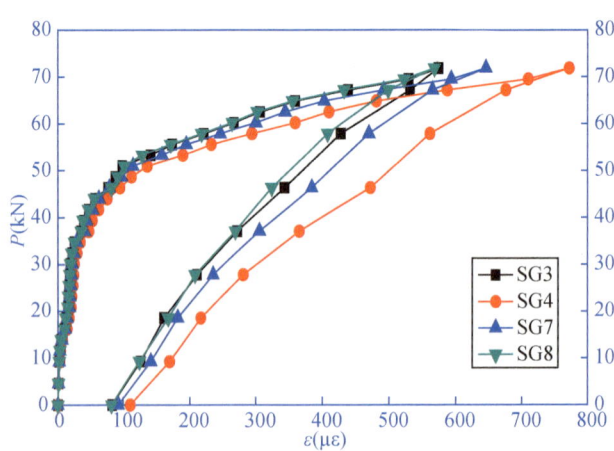

图 2.16 榀三静力整体性能试验之组合节点 P-ε 曲线关系

通过图 2.15 中 4 个测点的 P-δ 曲线看出，不同类型组合柱在外荷载作用下各个测点的水平位移变化过程主要分为三个阶段。在初始阶段，CFCSTC3 和 HRSTC4 表现出极度相关的线性分布特征，HCSTC7 和 CFRSTC8 也表现出同

第 2 章　水电站厂房组合框架静力整体性能研究

步的线性分布特征。随着荷载的不断增加,当荷载增加到屈服荷载(P_y = 49.390 kN),水平位移增长曲线开始进入非线性阶段,CFCSTC3、HRSTC4 较 HCSTC7、CFRSTC8 而言,其增长率不断变快。当加载到极限荷载(P_u = 71.840 kN)时,不同类型组合柱的水平位移表现出不同的特征(WY-3:6.510 mm;WY-4:8.234 mm;WY-7:1.960 mm;WY-8:1.518 mm)。CFCSTC3、HRSTC4 测点处水平位移量远大于 HCSTC7、CFRSTC8 处的水平位移量。在卸载阶段,4 个测点规律基本保持一致,残余位移量大小不同。

通过图 2.16 中应变特征分析表明,应变随荷载增长曲线大致可分为三个阶段:弹性阶段、非线性阶段、卸载阶段。在加载初始段,4 个测点的应变保持极度的一致。当荷载加载到屈服荷载(P_y = 49.390 kN),应变开始进入非线性阶段,其增长率变大,各个测点的增长率开始不一致,直到达到极限荷载(P_u = 71.840 kN)。在卸载阶段,应变以一定规律减小,并伴随有残余应变存留,4 个测点处的残余应变基本保持一致,集中在 100 $\mu\varepsilon$ 左右。

榀三静力整体性能试验之组合节点 P-δ 曲线上特征点见表 2.9。

表 2.9　榀三静力整体性能试验之组合节点 P-δ 曲线上特征点

测点	荷载 屈服状态 P_y (kN)	荷载 极限状态 P_u (kN)	P_u/P_y	水平位移 屈服状态 δ_y (mm)	水平位移 极限状态 δ_u (mm)	δ_u/δ_y	节点应变 屈服状态 ε_y ($\mu\varepsilon$)	节点应变 极限状态 ε_u ($\mu\varepsilon$)	$\varepsilon_u/\varepsilon_y$
CFCSTC-CJ3	49.390	71.840	1.455	2.013	6.510	3.234	87	575	6.609
HRSTC-CJ4	49.390	71.840	1.455	2.818	8.234	2.922	113	772	6.832
HCSTC-CJ7	49.390	71.840	1.455	0.194	1.960	10.103	97	646	6.659
CFRSTC-CJ8	49.390	71.840	1.455	0.176	1.518	8.625	91	569	6.253

由表 2.9 分析表明,极限荷载是屈服荷载的 1.455 倍,4 个测点处的极限状态位移分别是屈服状态位移的 3.234、2.922、10.103、8.625 倍,变化特征差异大;4 个测点处的极限状态应变分别是屈服状态的 6.609、6.832、6.659、6.263 倍,基本维持在一个水平。同样表明不同类型组合柱表现出不同组合特性。

2.2.4　榀二静力整体性能分析

水电站厂房三榀组合框架榀二加载装置布置及现场布置如图 2.17 所示。此工况在榀一和榀三两种工况试验测试完成的基础上进行,当完成各个测点测试之后,所有测点数据清零,重新平衡,进行试验。

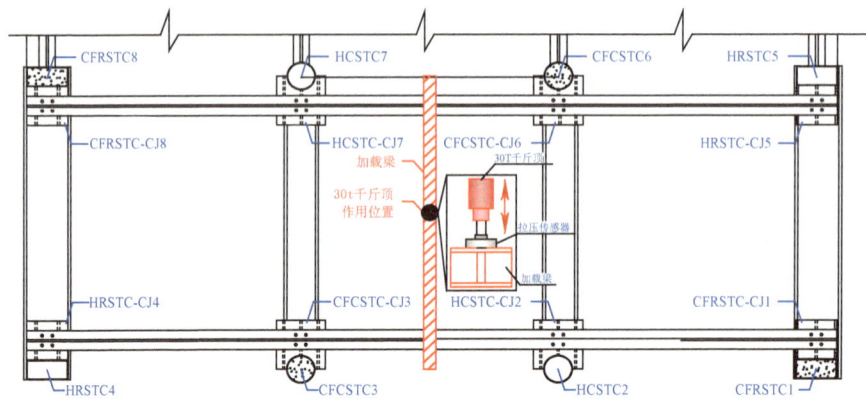

(a) 加载装置示意图

(b) 加载现场

图 2.17　榀二静力整体性能试验加载装置布置及现场布置

通过 MTS 伺服加载系统及 DH3816 测试系统采集，破坏特征如图 2.18 所示，TG 上各个测点的竖向位移分布如图 2.19 所示。

图 2.18　榀二静力整体性能试验之桁车梁特征点试验现象

第 2 章 水电站厂房组合框架静力整体性能研究

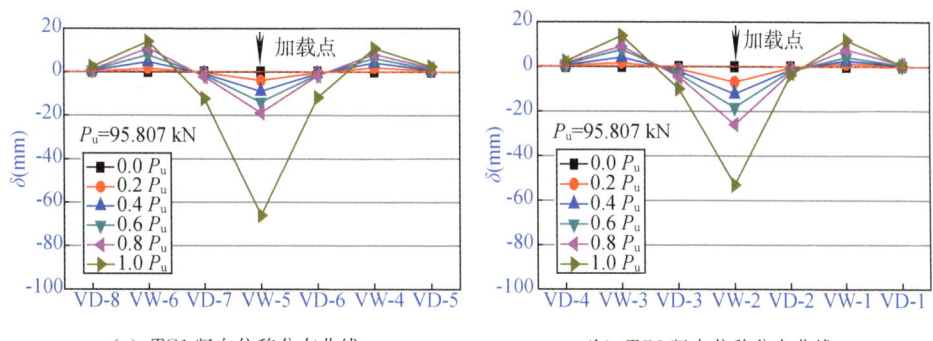

(a) TG1 竖向位移分布曲线　　(b) TG2 竖向位移分布曲线

图 2.19　榀二静力整体性能试验之桁车梁竖向变形分布特性

从图 2.19 中竖向位移分布看出,在本次加载到极限荷载(P_u=95.807 kN)的过程中,TG1 和 TG2 桁车梁竖向变形曲线分布均匀,呈现对称的"弓箭"分布特性,相比于榀一和榀三,极限荷载提升较大(榀一:71.856 kN;榀三:71.840 kN;本工况:P_u=95.807 kN)。此次加载在对称中心位置,在加载点附近,竖向变形量显著,尤其是两节点之间的桁车梁部分;远离加载点,竖向变形逐渐减弱,体现出 Q235 钢构件良好的延性和刚度特征。通过深入分析本榀二的水电站厂房三榀组合框架受力变形分布特征得出,与之相邻的两榀组合框架对加载段组合框架具有一定吸收能量能力,使得其不至于因受力集中而导致结构突然破坏。该种"弓箭"分布特征表明,水电站厂房三榀组合框架具有良好的整体性能,增大了整体延性与耗能能力。

以图 2.19 中屈服状态($0.8P_u$)和极限状态($1.0P_u$)两种荷载下的 TG1、TG2 各个测点的竖向位移量进行对比,如图 2.20 和图 2.21 所示。

与前面榀一和榀三两种工况分析类似,通过对比分析,由图 2.20 和图 2.21 中各个测点数据得出的水电站厂房三榀组合框架在榀二作用下的组合特性规律如下:

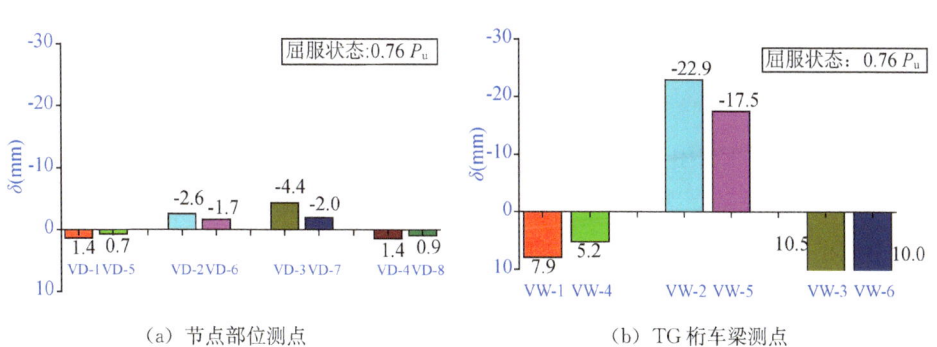

(a) 节点部位测点　　(b) TG 桁车梁测点

图 2.20　榀二静力整体性能试验之屈服状态竖向变形对比分析

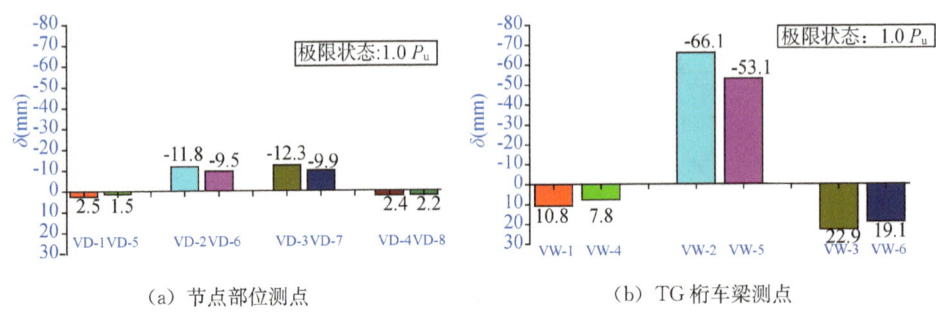

(a) 节点部位测点　　　　　(b) TG 桁车梁测点

图 2.21　榀二静力整体性能试验之极限状态竖向变形对比分析

(1) 通过对比图 2.20(a)和图 2.21(a)中 TG1 和 TG2 各个测点(VD 系列)竖向位移变化特征可以看出,所有 TG2 中各个测点的竖向位移量均小于 TG1 中各个测点的竖向位移量(屈服状态:1.4→0.7,−2.6→−1.7,−4.4→−2.0,1.4→0.9;极限状态:2.5→1.5,−11.8→−9.5,−12.3→−9.9,2.4→2.2),其原因同样在于:TG2 受到二层组合楼板的反向约束作用,限制了 TG2 中各个测点的竖向位移,使其竖向位移量变小。

(2) 通过对比图 2.20(b)和图 2.21(b)中 TG1 和 TG2 各个测点(VW 系列)竖向位移可以看出,TG2 中 3 个测点的竖向位移量小于 TG1 中 3 个测点的竖向位移量(屈服状态:7.9→5.2,−22.9→−17.5,10.5→10.0;极限状态:10.8→7.8,−66.1→−53.1,22.9→19.1)。

(3) 通过对比图 2.20 和图 2.21 竖向位移量分布趋势可以得出,TG 桁车梁在加载点两边呈现相差不大的对称分布规律(屈服状态:−2.6→−4.4,−1.7→−2.0;极限状态:−11.8→−12.3,−9.5→−9.9),这与实际情况吻合。

(4) 本次分析综合考虑了榀一和榀三加载后对本工况产生的反拱影响,因此,使得本工况极限荷载相比于榀一和榀三增大了约 24 kN,表明水电站厂房三榀组合框架各榀排架之间具有协同效应,有利于提升其组合性能。

测点 WY-2、WY-3、WY-6、WY-7 处竖向荷载(P)-水平位移(δ)关系曲线如图 2.22 所示,测点 SG2、SG3、SG6、SG7 处荷载(P)-应变(ε)关系曲线如图 2.23 所示。

通过图 2.22 和图 2.23 中 4 个测点的 P-δ 曲线可以看出,不同类型组合柱在外荷载作用下各个测点的水平位移变化过程仍然分为三个阶段。在初始阶段,HCSTC2、CFCSTC3 和 CFRSTC6、HCSTC7 均表现出线性分布特征。随着荷载的不断增加,当荷载增加到屈服荷载($P_y = 58.958$ kN),水平位移增长曲线开始进入非线性阶段,HCSTC2、CFCSTC3 较 CFRSTC6、HCSTC7 增长率更快。当加载到极限荷载($P_u = 95.807$ kN)时,不同类型组合柱的水平位移表现

第 2 章 水电站厂房组合框架静力整体性能研究

出不同的特征(WY-2:6.738 mm;WY-3:6.581 mm;WY-6:2.085 mm;WY-7:2.453 mm)。HCSTC2、CFCSTC3 测点处水平位移量远大于 CFRSTC6、HCSTC7 处的水平位移量。在卸载阶段,4 个测点残余位移量大小不同。

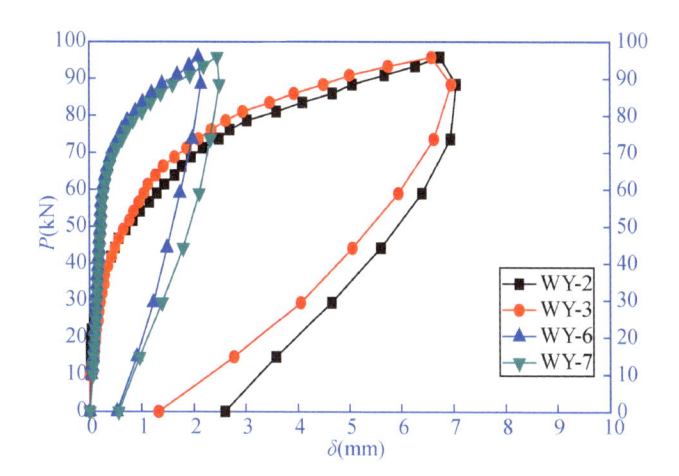

图 2.22 榀二静力整体性能试验之组合节点 P-δ 曲线关系

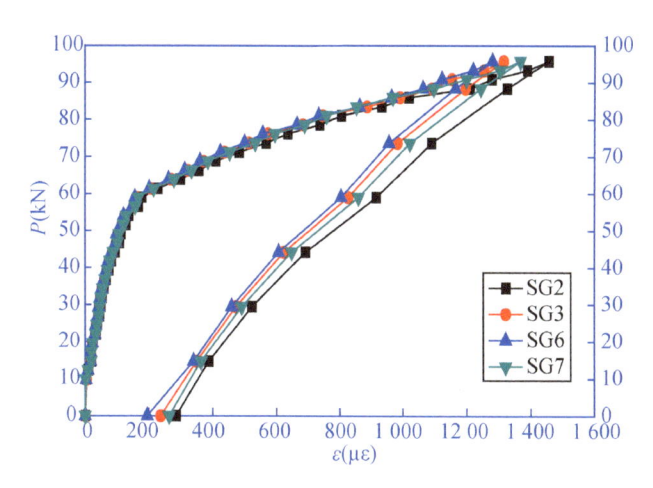

图 2.23 榀二静力整体性能试验之组合节点 P-ε 曲线关系

通过图 2.23 分析表明,应变随荷载增长过程分为三个阶段:弹性阶段、非线性阶段、卸载阶段。在加载初始段,4 个测点的应变保持极度的一致。当荷载加载到屈服荷载(P_y=58.958 kN),应变开始进入非线性阶段,其增长率变大,各个测点的增长率仍然保持一致,直到达到极限荷载(P_u=95.807 kN)。在卸载阶段,应变以一定规律减小,并伴随有残余应变存留,4 个测点处的残余应变基本保持一致,集中在 230 $\mu\varepsilon$ 左右。

榀二静力整体性能试验之组合节点 P-δ 曲线上特征点分析见表 2.10。

表 2.10 榀二静力整体性能试验之组合节点 P-δ 曲线上特征点

测点	荷载 屈服状态 P_y (kN)	荷载 极限状态 P_u (kN)	P_u/P_y	水平位移 屈服状态 δ_y (mm)	水平位移 极限状态 δ_u (mm)	δ_u/δ_y	节点应变 屈服状态 ε_y ($\mu\varepsilon$)	节点应变 极限状态 ε_u ($\mu\varepsilon$)	$\varepsilon_u/\varepsilon_y$
HCSTC-CJ2	58.958	95.807	1.625	2.485	6.738	2.711	569	1 458	2.562
CFCSTC-CJ3	58.958	95.807	1.625	2.089	6.581	3.150	513	1 315	2.563
CFRSTC-CJ6	58.958	95.807	1.625	0.549	2.085	3.798	500	1 280	2.560
HCSTC-CJ7	58.958	95.807	1.625	0.630	2.453	3.894	534	1 368	2.562

由表 2.10 分析表明，极限荷载是屈服荷载的 1.625 倍，4 个测点处的极限状态位移分别是屈服状态位移的 2.711、3.150、3.798、3.894 倍，变化差异不大；4 个测点处的极限状态应变分别是屈服状态的 2.562、2.563、2.560、2.562 倍，始终维持在 2.56 倍附近。

2.3 水电站厂房三榀组合框架非接触式 WinCE 测试与分析

为了实现对高发频率、高烈度地震区的水电站厂房中主体柱构件、主体梁构件及关键节点的受力变形进行非接触式 WinCE 无线监测与监控，便于对其进行结构优化设计及工作性能的全面评估，基于室内水电站厂房三榀组合框架模型，在进行静载试验的同时，引入自动照准 WinCE 智能全站仪及其数据分析系统，通过 WinCE 智能设备中的笛卡尔坐标系的动态曲线绘制技术，来研究水电站厂房三榀组合框架模型的结构力学性能。

2.3.1 非接触式 WinCE 远程测试概况

在进行非接触式 WinCE 无线智能监测试验过程中，通过预先布设的棱镜测试点，采用无线传输技术实时监测在加载过程中桁车梁特征点处的竖向变形以及水平变形，从而获取桁车梁整体承载水平及其变形情况，具体测点布置如图 2.24 所示。

结合水电站厂房三榀组合框架静载试验测试情况，从不同榀分别进行远程无线监测测试与分析。

第 2 章 水电站厂房组合框架静力整体性能研究

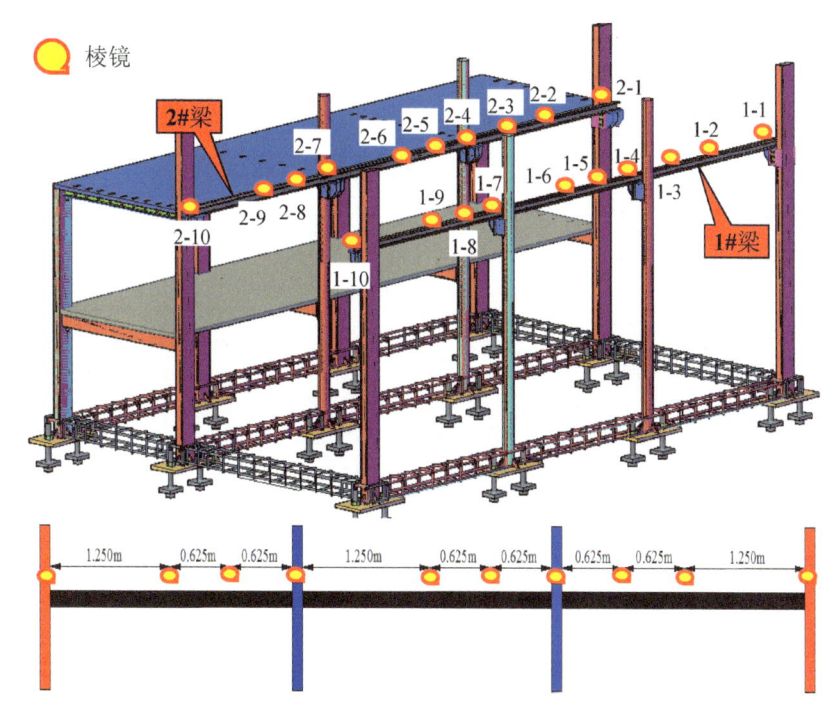

（a）棱镜布置及测点编号

（b）整体棱镜布置现场

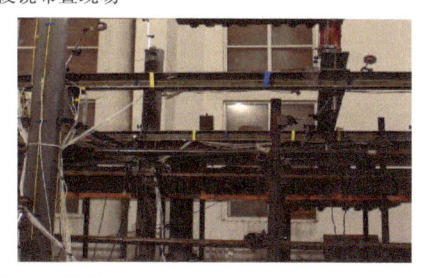

（c）局部棱镜布置现场

图 2.24 非接触式 WinCE 无线智能监测棱镜测点布置

2.3.2 榀一非接触式测试与分析

首先,通过 MTS 伺服加载系统对水电站厂房三榀组合框架进行加载,在使用 DH3816 测试系统采集分级加载测试数据的同时,通过 WinCE 智能全站仪进行远程无线智能监测测试,得到榀一条件下的 TG1 和 TG2 的竖向变形沿梁的纵向分布特征,如图 2.25 和图 2.26 所示。

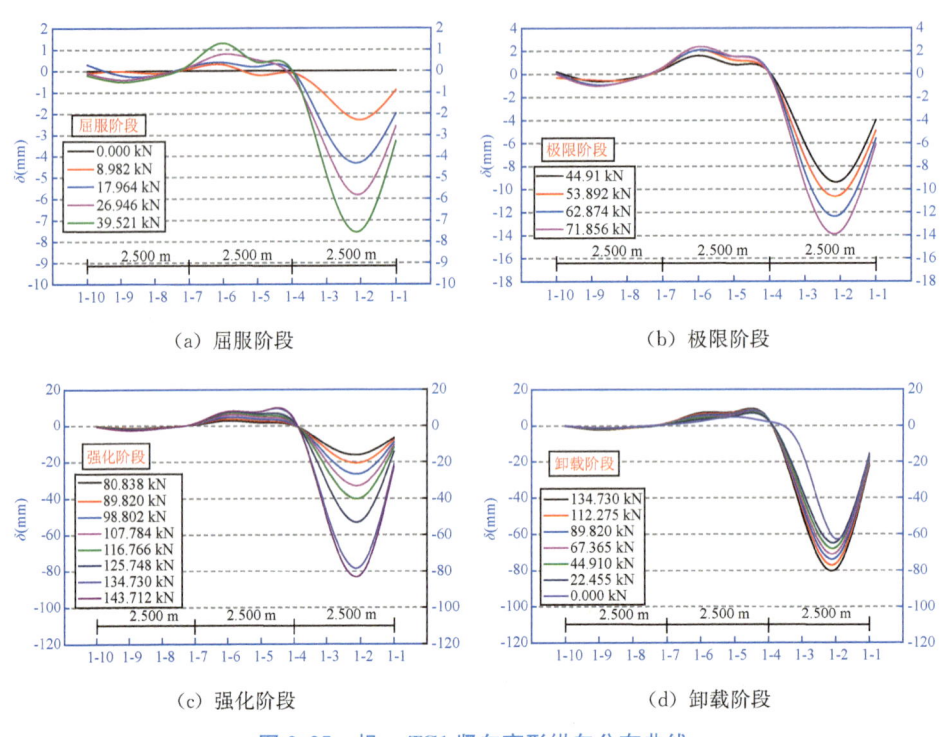

(a) 屈服阶段

(b) 极限阶段

(c) 强化阶段

(d) 卸载阶段

图 2.25 榀一 TG1 竖向变形纵向分布曲线

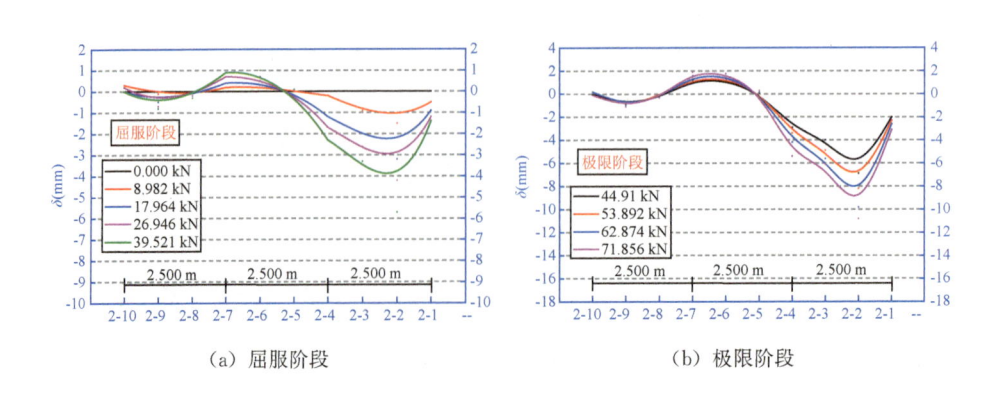

(a) 屈服阶段

(b) 极限阶段

第 2 章　水电站厂房组合框架静力整体性能研究

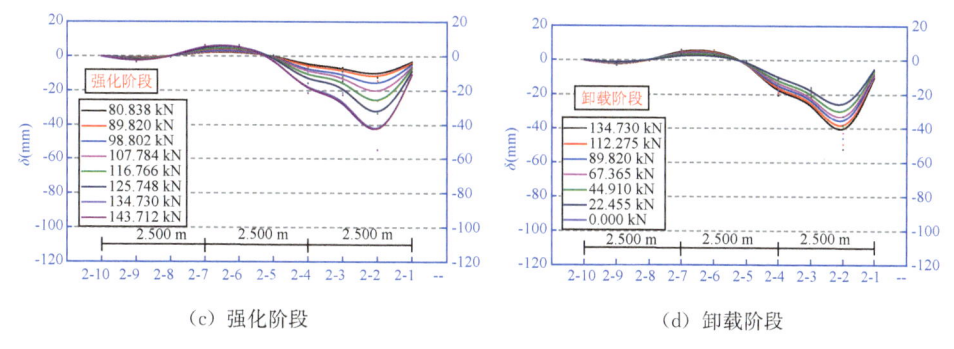

(c) 强化阶段

(d) 卸载阶段

图 2.26　榀一 TG2 竖向变形纵向分布曲线

从图 2.25 和图 2.26 中不同荷载等级下的竖向变形沿着梁的纵向分布曲线可以看出，水电站厂房三榀组合框架模型在受到榀一条件下的静力加载过程中，变形特征可分为 4 个阶段，即：从加载到达屈服状态的屈服阶段、屈服状态到达极限承载状态的极限阶段、进一步加强到达峰值的强化阶段，以及最后的卸载阶段。对于图 2.25 中的 TG1 而言，从开始加载至 $0.55P_u$（$P_u=71.856$ kN），TG1 底部开始屈服，此阶段内抗弯刚度基本保持不变，通过远程无线智能监测测得加载点处（测点 1-2）最大竖向挠度达到 -7.502 mm；从 $0.55P_u$ 加载到极限承载荷载 P_u，TG1 的屈服范围逐渐向上延伸，抗弯刚度逐渐减小，变形及变形速率也在逐渐增大，此时通过远程无线智能监测测得加载点处（测点 1-2）最大竖向挠度达到 -13.721 mm；在强化阶段内，TG1 的抗弯刚度进一步减小，变形速率急剧增大，远程无线智能监测测得加载点处（测点 1-2）最大竖向挠度达到 -82.106 mm；卸载后，远程无线智能监测测得测点 1-2 的残余竖向挠度为 -62.805 mm。通过分析图 2.26 中的 TG2 受力变形可以得出，当荷载加载到 $0.55P_u$ 时，远程无线智能监测测得加载点处（测点 2-2）最大竖向挠度达到 -5.723 mm；当加载到极限承载状态时，TG2 的抗弯刚度明显降低，变形速率明显加大，远程无线智能监测系统测得加载点处（测点 2-2）最大竖向挠度达到 -13.721 mm；当达到强化阶段，TG2 变形速率急剧变化，抗弯刚度加剧减小，此时通过远程无线智能监测系统测得测点 2-2 处的最大竖向挠度达到 -54.907 mm；卸载后，测点 2-2 的残余竖向挠度为 -32.928 mm。

通过 TG1 和 TG2 的受力变形综合分析可知，两种桁车梁受力后弯曲变形存在显著性差异，分析其原因在于：其一，水电站厂房三榀组合框架中的组合柱相邻跨之间存在相互约束作用，一方面将加载跨段的荷载能量部分传递到另外两跨及组合柱中，另一方面通过中间支座提供的铰链约束、刚性约束、节点约束来吸收部分能量，使得整体变形减小；其二，TG2 受到二层组合楼板约束的作用，导致其竖向挠度相比于 TG1 变形小。

2.3.3 榀三非接触式测试与分析

在进行了榀一试验测试后保留残余变形的情况下进行榀三试验。通过 WinCE 智能全站仪进行远程无线智能监测测试,得到榀三条件下的 TG1 和 TG2 的竖向变形沿梁的纵向分布特征,如图 2.27 和图 2.28 所示。

(a) 屈服阶段

(b) 极限阶段

(c) 强化阶段

(d) 卸载阶段

图 2.27 榀三 TG1 竖向变形纵向分布曲线

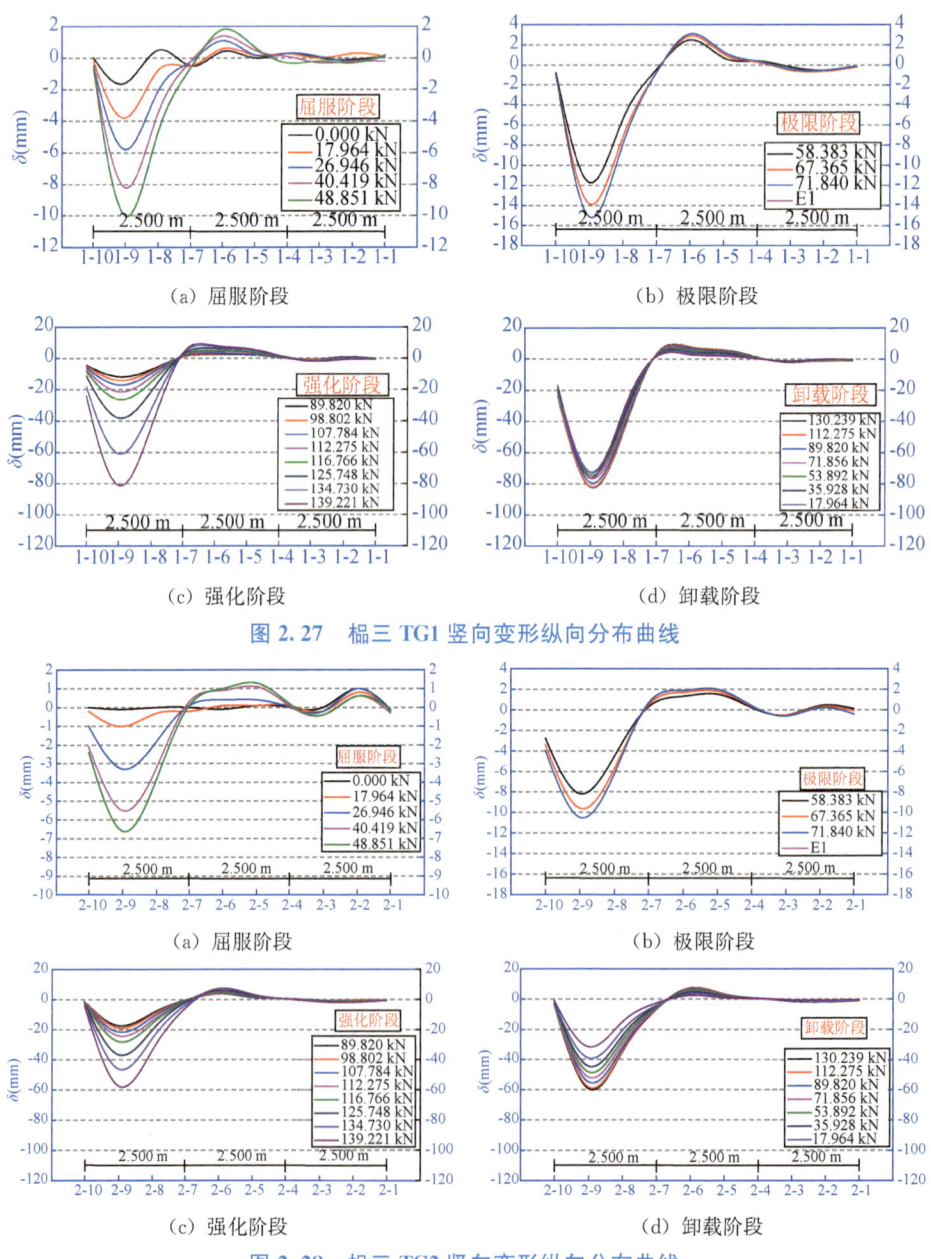

(a) 屈服阶段

(b) 极限阶段

(c) 强化阶段

(d) 卸载阶段

图 2.28 榀三 TG2 竖向变形纵向分布曲线

从图 2.27 和图 2.28 中不同荷载等级下的竖向变形沿着梁的纵向分布曲线同样可以看出，变形特征分为 4 个阶段：屈服阶段、极限阶段、强化阶段，以及最后的卸载阶段。对于 TG1 和 TG2 而言，从开始加载至 $0.68P_u$（$P_u=71.840$ kN），桁车梁底部开始屈服，抗弯刚度基本保持不变，由远程无线智能监测测得 TG1 加载点处（测点 1-9）最大竖向挠度达到 -10.006 mm，TG2 加载点处（测点 2-9）最大竖向挠度达到 -6.624 mm；从 $0.68P_u$ 加载到极限承载状态 P_u，测点 1-9 的最大竖向挠度达到 -15.101 mm，测点 2-9 的最大竖向挠度达到 -10.507 mm；当 TG1 和 TG2 承载水平进入强化阶段，桁车梁 1# 和桁车梁 2# 的变形速率均急剧变化，抗弯刚度均加剧减小，此时通过远程无线智能监测系统测得测点 1-9 处的最大竖向挠度达到 -81.116 mm，测点 2-9 处的最大竖向挠度达到 -57.332 mm；分级卸载后，通过远程无线智能监测系统测得测点 1-9 和测点 2-9 的残余竖向挠度分别为 -76.208 mm、-31.426 mm。对比分析表明，TG1 和 TG2 在受到相同的承载水平的条件下，其变形行为表现出显著的差异特征，TG2 的承载水平明显高于 TG1 的承载水平。

2.3.4 榀二非接触式测试与分析

榀二的无线智能监测测试在榀一和榀三两种工况试验测试完成的基础上进行，同时考虑榀一和榀三试验后的所有结构构件的残余变形，包括桁车梁的残余变形、铰支座连接件的残余变形、部分连接桁车梁的残余变形，以及组合柱内的混凝土残余变形等，接着通过 WinCE 智能全站仪进行远程无线智能监测测试各个测点的竖向变形情况，得到榀二条件下的 TG1 和 TG2 的竖向变形沿梁的纵向分布特征，如图 2.29 和图 2.30 所示。

对图 2.29 和图 2.30 中屈服阶段、极限阶段、强化阶段和卸载阶段分别进行分析，当外荷载从试验开始加载到桁车梁开始屈服，即 $P=0.76P_u$（$P_u=95.807$ kN），无线 WinCE 智能测试系统测得 TG1 测点 1-6 和 TG2 测点 2-6 的竖向挠度分别为 -12.208 mm 和 -9.005 mm；伴随着外荷载的进一步加大，当荷载加载到桁车梁的极限承载状态时，测得测点 1-6 和测点 2-6 的竖向挠度分别为 -16.605 mm 和 -13.106 mm；桁车梁受力状态由极限状态进一步强化，当达到强化峰值时（$P=175.149$ kN），TG1 和 TG2 对应的测点 1-6 和测点 2-6 的竖向挠度分别达到 -53.109 mm 和 -66.128 mm；从外荷载 175.149 kN 开始逐级卸载，当外荷载卸载为 0 kN 时，TG1 测点 1-6 和 TG2 测点 2-6 的残余竖向挠度分别是 -74.435 mm 和 -49.634 mm。通过 TG1 和 TG2 最大挠度对比分析表明，TG2 的变形普遍偏小于 TG1 的变形。

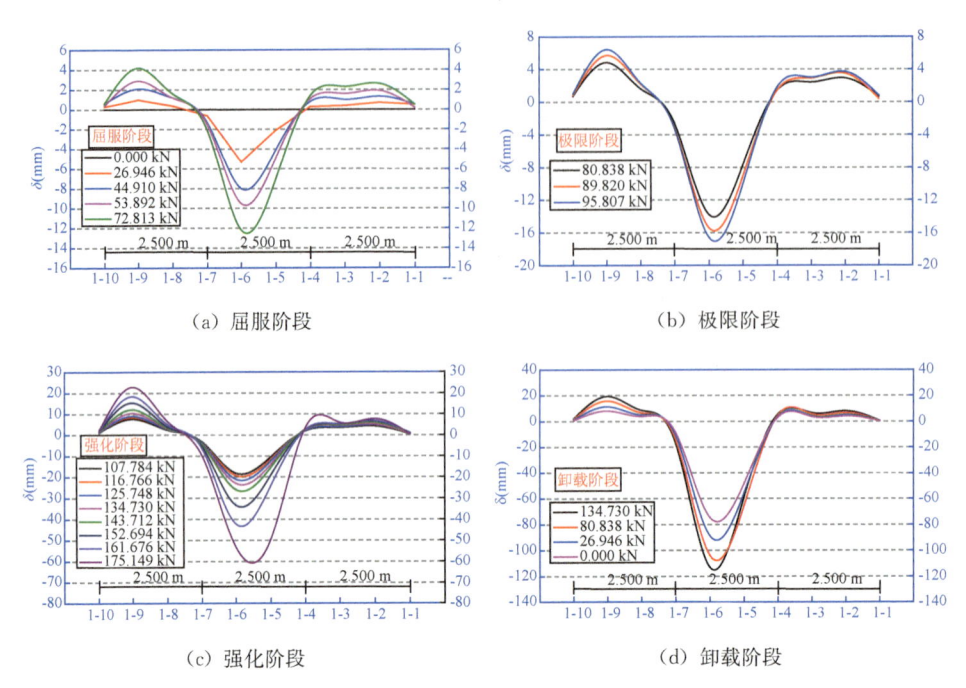

图 2.29　榀二 TG1 竖向变形纵向分布曲线

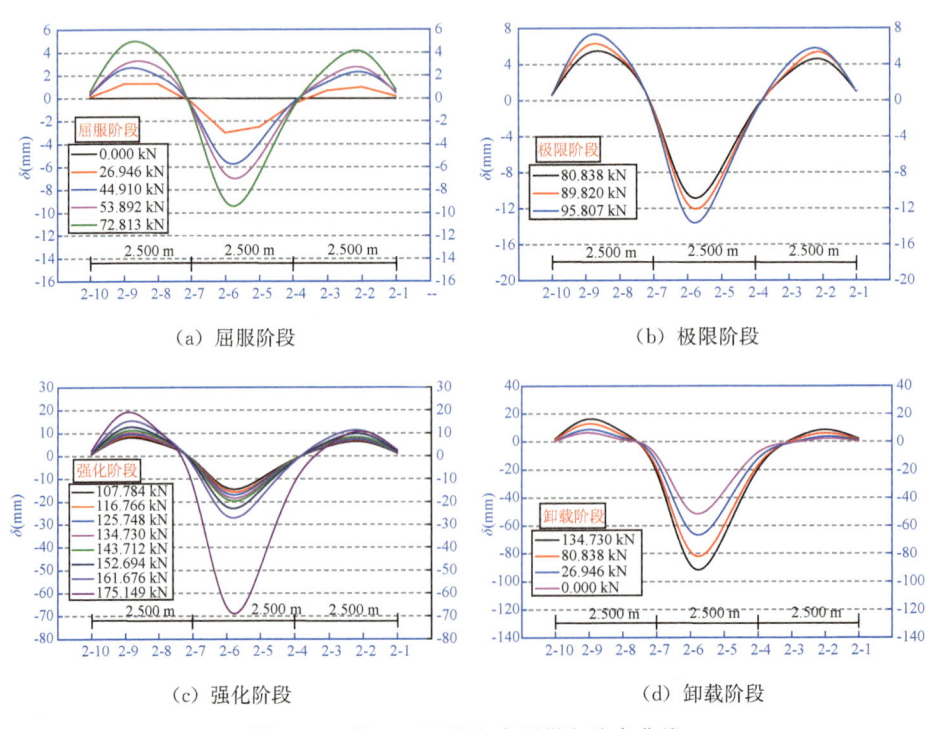

图 2.30　榀二 TG2 竖向变形纵向分布曲线

综合分析三种工况下的桁车梁变形情况可以看出,榀二下的极限外荷载(95.807 kN)大于榀一的极限外荷载(71.856 kN)和榀三的极限外荷载(71.840 kN),而且抗变形能力显著高于前二者,主要原因在于:榀一和榀三试验过程对榀二具有反拱释能作用,将累积的结构构件应变能通过构件的变形释放出来传递给了榀二,相当于增加了桁车梁的抗弯刚度,使得榀二极限承载水平具有较大提升,延性也显著提高。

2.4 基于BOTDA技术水电站厂房三榀组合框架分布式光纤监测分析

2.4.1 松套光纤监测原理

分布式光纤分为裸光纤、紧套光纤和松套光纤。裸光纤和紧套光纤多用于精密仪器的监测,应变传递系数已由李东升等[48]和Ansari等[49]推导得出。而松套光纤由于在紧套光纤外围增加了胶皮护套,其应变传导系数受到影响有所改变,且由于松套的作用,内部紧套光纤在一定程度上为自由状态。外界应变传递至内部紧套光纤的模式可以概括为两种,如图2.31所示。

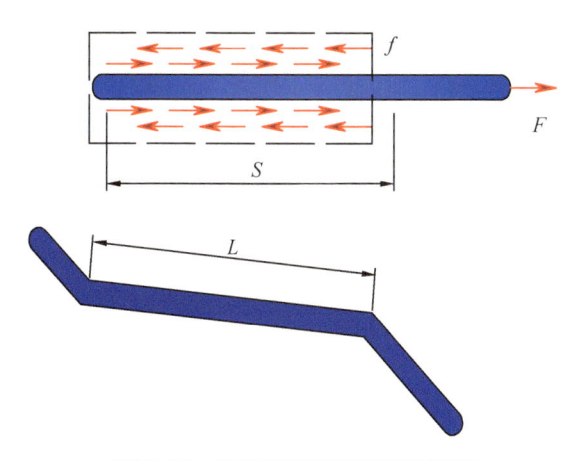

图 2.31 松套光纤监测原理解析图

从图2.31中解析可知,松套光纤受到长距离摩阻力的固定作用,可在较长的一段范围内将光纤远端视为弹性支座。在无穷远处,支座的位移为零,而位移不为零的非均匀应变段总长为S,一端作用在紧套光纤上的拉力应与非均匀应变段上摩擦力的总和相等,假设光纤在非均匀应变段为理想状态,于是可得:

$$F = \sum_S f \qquad (2.1)$$

$$S = \frac{F}{\mu \rho A} \tag{2.2}$$

式中：μ 表示松套光纤的动摩擦系数；ρ 表示光纤纤芯的平均密度；A 表示光纤截面面积。

2.4.2 榀二分布式光纤监测与分析

本次测试使用分布式松套光纤，纤芯为聚氯乙烯紧套光纤，内径 0.9 mm，光纤总长 61.28 m，有效长度 28 m。试验过程中，熔接跳线并接入分布式光纤测量系统端口。在水电站厂房三榀组合框架静力分级加载的同时，每加一级荷载，稳定 2 min 后进行 3 次光纤测量，取其平均值作为有效测量数据，结合试验测试具体情况，优选榀二进行信号处理与分析，采用分布式光纤测试，试验现场如图 2.32 所示。

图 2.32 分布式光纤测试试验现场

正式加载时，由于初期荷载较小，桁车梁的翼缘和腹板处无明显变形，光纤频率幅值波动较小，此时桁车梁应处于竖向平面内弹性弯曲变形阶段；随着荷载的增加，桁车梁加载跨跨中处挠曲变形越来越明显，光纤频率变化幅度也越来越显著。当加载至屈服荷载左右时，可听到细微的"噼啪"声，桁车梁加载点下翼缘处出现油漆脱落等现象，桁车梁在竖向平面内产生明显的弯曲变形，桁车梁跨中段开始屈服，进入弹塑性阶段；此后随着荷载继续增加，当加载至极限荷载时，可以明显地观察到两根桁车梁在其跨中处的挠度增长迅速，呈现出肉眼可见的变化；而相邻跨处的桁车梁段也发生了明显的反向翘曲变形。卸载过程中，由于光纤采集耗费时间较长，而桁车梁变形回弹较快，无法准确获取其应变值，因而在卸载段光纤数据的采集次数较少。

第 2 章 水电站厂房组合框架静力整体性能研究

对桁车梁中段加载的分布式光纤数据进行分析,发现长约 7.5 m 的桁车梁部分光纤数据在应变主要发生区呈上升趋势,符合紧套光纤的数值特征。由于松套光纤发生滑移现象,因此,非应变段的光纤数值因受拉而产生渐进式正频移偏移,在有效长度上呈整体上升趋势。

椐二桁车梁上分布式光纤的应变监测结果如图 2.33 所示。

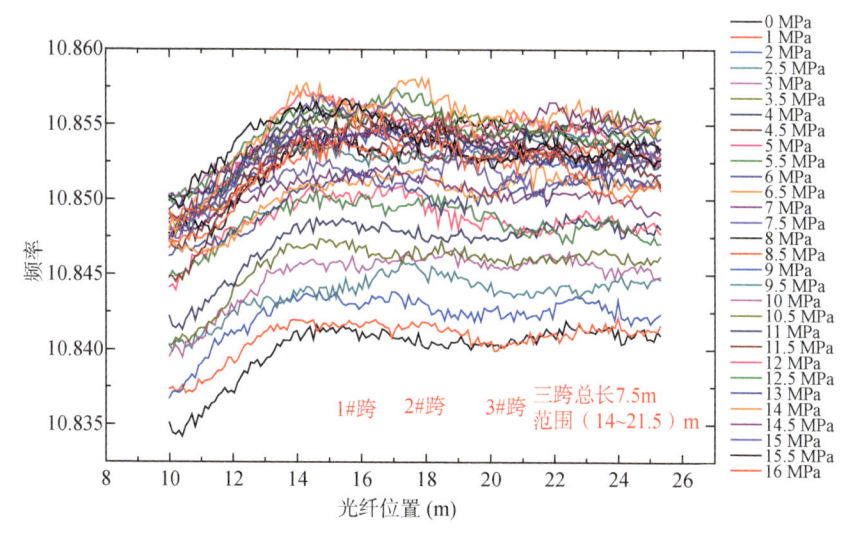

图 2.33　分布式光纤测试结果

图 2.33 中 14～21.5 m 为桁车梁的有效频率值。当荷载从 0 MPa 加载至 2.5 MPa 时,光纤仍处于收紧阶段,该阶段光纤对应变区的监测不敏感,1♯段间的光纤由较松弛状态拉紧,因此频率上升,3♯段间的光纤由紧绷状态获得多余的自由光纤,因此光纤的频率反而会下降。频率图显示在该阶段中光纤已基本调整完毕。当依次加载至 4.5 MPa、5 MPa 时,2♯段主受压区处分布式光纤的频率显著增加,并由于加载的突然性,暂未发生应力再平均现象。同时,3♯段间的光纤因受 2♯段内光纤拉伸的影响,会出现光纤冗余而产生松弛现象,最终导致 3♯段间的光纤频率值降低。当加载至 6 MPa 时,2♯段的光纤频率值提高明显,而 3♯段间的光纤频率值则较低,表明该阶段中,2♯段间的光纤应力虽通过翘曲变形传递至 3♯段,但由于变形衰减将仍不足以使 3♯段内的光纤产生滑移,最终消除掉 2♯段间光纤应力的影响。荷载继续增加,当加载至 6.5 MPa 时,2♯段间的光纤频率值会存在较大幅度的回落,3♯段间的光纤频率值反而产生较大幅度上升。这表明 3♯段间的光纤发生了滑移,光纤由松弛状态变为紧绷状态,提高了其光纤应力,同时降低了 2♯段间光纤的应力。荷载从 8 MPa 加载至 9 MPa 过程中,1♯段与 3♯段间会同时产生应力再平均现象;因而,2♯段间

的整体应变变化较小,受荷载作用产生的光纤应变被1#段与3#段的应力平均效应而削减掉。当荷载从 9.5 MPa 加载至 10 MPa 时,桁车梁各段间的光纤频率均稳定上升至临界点;加载至 10.5 MPa 时,2#段间的光纤频率因加载而继续稳定上升,1#段与3#段间的光纤频率值却因冗余段的滑移而整体下降。在前一级荷载中,1#段与3#段间光纤同时发生滑移后,随着荷载的继续增加,当加载至 12 MPa 时,梁上分布式光纤的频率值发生应力再平衡,呈现不规则变化调整并最终稳定。由于荷载增加,桁车梁上整体应力较大,光纤的频率变化趋于稳定,且局部变化减少,整体变化增多。当荷载从 12.5 MPa 加载至 13 MPa 时,各梁段间光纤频率值稳定上升;而当荷载从 13 MPa 加载至 13.5 MPa 时,光纤发生整体滑移现象,桁车梁各段间光纤频率值整体减小。当荷载从 14.5 MPa 加载至 16 MPa 的峰值荷载时,2#段间光纤频率值整体上升,此变化较准确地反映了该工况的真实加载情况,分布式光纤处于不断滑移的不稳定状态。

榀二条件下加载点处应变片测试结果与光纤数据对比如图 2.34 所示。

从图 2.34 可知,虽然分布式松套光纤在监测中是一个不断动态调整的阶段,但与应变片对比,分布式光纤在趋势上符合良好,且数值相差并不大。在拐点处,框架发生屈服,应变片的数值随框架的屈服而减小,监测的是桁车梁本身的应变。分布式光纤的数值则继续线性增大,监测的是结构整体病害的程度,因此较紧套光纤和应变片更有实际使用价值。在卸载阶段,分布式光纤由于松弛的原因而不能承受压力,且因滑移松弛导致拉应力不足,较早退出工作,光纤的频率处于不稳定变化状态。

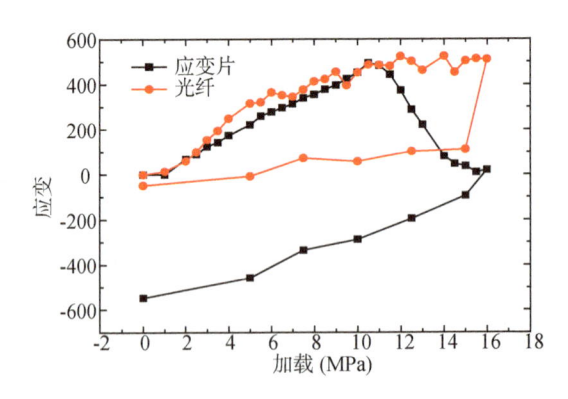

图 2.34 加载点处应变测试与光纤数据对比图

虽然分布式松套光纤的定性监测具有一定优势,但对其结果进行定量分析却是一个难题,由于内部紧套光纤在应变过程中的动态滑动,光纤的监测数据受到的干扰比紧套光纤多。因此,需要通过降噪法及斜率法对其监测结果进行处理,使试验现象更加直观。

标定试验中，在钢筋混凝土梁钢筋上粘贴分布式光纤，监测三点弯曲法加载下钢筋的应变时，可得到如图 2.35 所示结果。

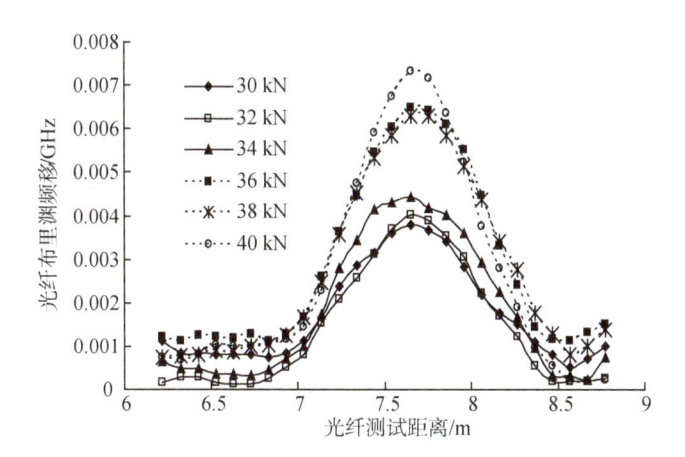

图 2.35 紧套光纤的三点弯梁频谱图

分析图 2.35 表明，该频谱图扰动小，趋势平滑，可以看出较明显的变化趋势。

2.5 本章小结

本章通过提出"水电站厂房组合框架全结构模型"概念，采用应力-应变测试设备、非接触式 WinCE 远程测试手段及分布式光纤监测方法，完成了水电站厂房三榀钢-混凝土组合框架静力整体性能试验研究，实现了组合结构受力特性试验由构件层次上升到结构体系、由节点单元提升到框架整体的突破。主要形成以下结论：

（1）通过水电站厂房三榀组合框架全结构模型的整体性能测试与分析表明：以 CFRSTC、CFCSTC、HRSTC 和 HCSTC 4 种承载柱类型为承载柱单元，以焊接式、铆接式牛腿模型为传力节点单元，装配式桁车梁为承载梁单元，进行合理、有效组合形成的水电站厂房组合框架结构，其极限荷载是屈服荷载的 1.455~1.833 倍，并建立了自身的耗能机理，增加了结构整体的延性，表现出完美的协同组合特性。本次研究实现了由构件层次上升到结构体系，由单元节点提升到框架整体的突破，为水电站厂房组合框架结构的合理性、安全性、可靠性推广运用，以及检修、维护、加固提供了有力的参考与技术支撑。

（2）水电站厂房三榀组合框架非接触式 WinCE 无线监测测试与分析表明：不同桁车梁构件的弯曲行为表现出显著的差异特征，桁车梁的反拱释能作用显著提高了水电站厂房组合框架结构构件的抗弯刚度，大幅提升了其极限承载水平与结构延性。通过该种非接触式 WinCE 远程测试手段,成功解决了水电站厂房由于大坝局部失稳、漫顶甚至垮塌等威胁厂房安全运行而又无法深入结构内部去预测其潜在的损伤、破坏危害的难题,为水电站厂房结构的病害风险预测、结构性能安全评估提供了工程价值与参考意义。

(3)通过分布式松套光纤测试与信号分析表明:提出的降噪分析方法能够有效解析水电站厂房三榀组合框架静力整体性能试验过程中应变原始数据难以精确化、显性化的难题。采用该种分布式松套光纤监测技术,成功实现了对长距离结构的变形进行传感与提高分布式松套光纤的成活率,能够准确对大型结构进行定量监测与定量评价。

第3章

水电站厂房组合框架全过程静力整体性能分析

3.1 概况

本章基于设计与完成的水电站厂房组合框架全结构模型,通过优化核心混凝土本构模型、钢材双线性模型及二次流塑模型,改进考虑材料非线性、结构非线性的全过程分析技术,分别从 3 种工况进行水电站厂房组合框架全过程分析。

综述研究成果中涉及混凝土的本构模型研究,主要有:沈聚敏等研究的混凝土应力-应变(σ-ε)关系;江见鲸等[50-51]提出的混凝土本构模型;过镇海[52]研究的混凝土应力-应变关系;陈惠发[53]总结得到的混凝土应力-应变本构关系。然而,适合于研究钢管混凝土中核心混凝土的本构模型却很少,主要有:钟善桐[54]提出的核心混凝土本构模型;赵均海[55]研究得到的钢管混凝土本构曲线关系;韩林海[56]总结出的核心混凝土本构关系。通过比较,本次研究采用韩林海约束 σ-ε 模型。

关于钢材的应力-应变本构模型,对于常见的低碳钢材,一般采用二次流塑模型,对于高强度钢材,则选用双线性模型。

将结构非线性和材料非线性行为考虑在内进行分析时,满足如下基本假定:

(1) 外部钢管及其内部核心混凝土均符合平截面假定;

(2) 外部钢管和内部核心混凝土受力变形协调一致;

(3) 钢管与混凝土法向采用硬接触,切向则考虑以滑移系数表征滑移接触;

(4) 对于矩形钢管,考虑其形状影响,以有效计算长度和有效计算宽度来表征。

3.2 水电站厂房三榀组合框架本构模型的建立

3.2.1 核心混凝土优化模型

我国韩林海[56]提出的钢管混凝土本构关系模型,是以约束效应系数(ξ)来表征外部钢管和内部核心混凝土之间的相关作用关系,建立单调荷载作用下的核心混凝土应力-应变(σ-ε)关系,用以分析该种组合柱结构在单调受力环境及其复杂受力环境下的力学特性,剖析其钢管对内部核心混凝土的约束作用,以及核心混凝土对外部钢管的强化作用,研究其复合受力机理,为钢管混凝土组合排架及钢管混凝土组合框架研究提供理论依据。

因此,对于圆形钢管混凝土而言,约束效应系数(ξ)表达如下:

$$\xi_C = \alpha_A \frac{f_y}{f_{ck}} \tag{3.1}$$

式中:$\alpha_A = \frac{A_s}{A_c}$;$A_s = \frac{\pi}{4}[D_{st}^2 - (D_{st} - 2t_{stc})^2]$;$A_c = \frac{\pi}{4}(D_{st} - 2t_{stc})^2$;$f_y$ 为钢材材料的屈服强度(MPa);f_{ck} 为混凝土材料的圆柱体轴心抗压强度(MPa);D_{st} 和 t_{stc} 分别为圆形钢管截面管径和壁厚(mm)。

根据约束效应系数(ξ_C)取值不同,对圆形钢管混凝土中核心混凝土的应力-应变本构关系分两种情况分别加以考虑。当 $\xi_C \leqslant 1.12$ 时,建立核心混凝土本构模型,表达式如下:

$$\sigma_c = \begin{cases} \dfrac{\sigma_{c0}}{\varepsilon_{c0}}\left(2 - \dfrac{\varepsilon_c}{\varepsilon_{c0}}\right)\varepsilon_c, & \varepsilon_c \leqslant \varepsilon_{c0}; \\ \dfrac{\sigma_{c0}\varepsilon_{c0}\varepsilon_c}{f'_c(\varepsilon_c - \varepsilon_{c0})^2 + \varepsilon_c\varepsilon_{c0}}, & \varepsilon_c > \varepsilon_{c0}. \end{cases} \tag{3.2}$$

式中:$\varepsilon_{c0} = 1\,300 + 14.93 f_{ck} + (600 + 40 f_{ck})\xi_C^{0.2}$;$\sigma_{c0} = [(-0.075\xi_C^2 + 0.579\xi_C) \cdot \left(\dfrac{13}{f_{ck}}\right)^{0.45} + 1.194] f_{ck}$;$f'_c = 3.48 \times 10^{-5} f_{ck}^2 (2.36 \times 10^{-5})^{(\xi_C - 0.5)^7}$。

当 $\xi_C > 1.12$ 时,核心混凝土本构模型表达式可表达为:

$$\sigma_c = \begin{cases} \dfrac{\sigma_{c0}}{\varepsilon_{c0}}\left(2 - \dfrac{\varepsilon_c}{\varepsilon_{c0}}\right)\varepsilon_c, & \varepsilon_c \leqslant \varepsilon_{c0}; \\ \sigma_{c0} + \dfrac{\xi_C^{0.745}}{2 + \xi_C}(\varepsilon_c^{0.1\xi}\varepsilon_{c0}^{-0.1\xi} - 1)\sigma_{c0}, & \varepsilon_c > \varepsilon_{c0}. \end{cases} \tag{3.3}$$

而对于矩形钢管混凝土,其长度和宽度取值不同,需考虑截面几何特征影

响,对其分别进行折减,根据文献[57]的研究结论有:

$$L_{ste} = \alpha_f L_{st} \tag{3.4}$$

$$B_{ste} = \alpha_f B_{st} \tag{3.5}$$

式中: $\alpha_f = 0.65 f_y^{-0.5} f_{y0}^{0.5}$; $f_{y0} = \dfrac{kE_{st}\pi^2 t_{str}^2}{12(1-\nu_{st}^2)B_{st}L_{st}}$, E_{st} (GPa) 和 ν_{st} 分别表示钢管材料的杨氏模量和泊松比; t_{str} (mm) 表示钢管壁厚; L_{st} (mm) 和 B_{st} (mm) 分别表示矩形钢管截面边长; k 为钢管的屈曲系数,依据 Uy [58] 提出的方法取值为 10.31。

将矩形钢管混凝土截面边长分别折减为有效长度(L_{ste})和有效宽度(B_{ste}),其约束效应系数(ξ_R)表达如下:

$$\xi_R = \frac{2t_{str}(L_{ste}+B_{ste})-4t_{str}^2}{(L_{ste}-2t_{str})(B_{ste}-2t_{str})}\frac{f_y}{f_{ck}} \tag{3.6}$$

式中: t_{str} 表示矩形钢管壁厚。

同理,根据约束效应系数(ξ_R)取值不同,将矩形钢管混凝土中核心混凝土本构关系分两种情况分析,其表达式为:

$$\sigma_c = \begin{cases} \dfrac{\sigma_{c0}}{\varepsilon_{c0}}\left(2-\dfrac{\varepsilon_c}{\varepsilon_{c0}}\right)\varepsilon_c, & \varepsilon_c \leqslant \varepsilon_{c0}; \\ \dfrac{\sigma_{c0}\varepsilon_{c0}\varepsilon_c}{f'_c(\varepsilon_c-\varepsilon_{c0})^\eta+\varepsilon_c\varepsilon_{c0}}, & \varepsilon_c > \varepsilon_{c0}. \end{cases} \tag{3.7}$$

$$f'_c = \begin{cases} 0.74(1+\xi_R)^{-0.5}f_{ck}^{0.1}, & \xi_R \leqslant 3.0; \\ 0.74(1+\xi_R)^{-0.5}(\xi_R-2)^{-2}f_{ck}^{0.1}, & \xi_R > 3.0. \end{cases} \tag{3.8}$$

式中: $\varepsilon_{c0} = 1300+14.93f_{ck}+0.95(600+40f_{ck})\xi_R^{0.2}$; $\sigma_{c0} = [0.25(-0.078\xi_R^2+0.579\xi_R)\left(\dfrac{13}{f_{ck}}\right)^{0.45}+1.194]f_{ck}$; $\eta = 1.60+1.5\dfrac{\varepsilon_{c0}}{\varepsilon_c}$。

Susantha 约束核心混凝土 σ-ε 模型与我国韩林海提出的约束核心混凝土 σ-ε 模型有较大差别,该模型以定义钢管径厚比(或宽厚比)为基本参量,来表达钢管混凝土中外部钢管与内部核心混凝土之间的约束效应。该种定义方法最先由 Popovics [59] 提出,Maner 等[60] 完善。

因此,对于圆形钢管混凝土而言,其内部核心混凝土的本构关系表达式可表述为:

$$\sigma_c = \begin{cases} (f_{ck}+4.1f_{rP})\dfrac{0.003[5f_{ck}^{-1}(f_{ck}+4.1f_{rP})-4]\dfrac{\varepsilon_c}{\varepsilon_{c0}}}{0.003[5f_{ck}^{-1}(f_{ck}+4.1f_{rP})-4]+\left(\dfrac{\varepsilon_c}{\varepsilon_{c0}}\right)^{0.003[5f_{ck}^{-1}(f_{ck}+4.1f_{rP})-4]}-1}, \\ \qquad\qquad\qquad\qquad\qquad\qquad\qquad\qquad 0 \leqslant \varepsilon_c \leqslant \varepsilon_{c0}; \\ -E_{rP}(\varepsilon_c-\varepsilon_{c0})+f_{ck}+4.1f_{rP}, \quad \varepsilon_{c0}<\varepsilon_c<\varepsilon_{cu}; \\ A(f_{ck}+4.1f_{rP}), \qquad\qquad\qquad\quad \varepsilon_c \geqslant \varepsilon_{cu}. \end{cases}$$
(3.9)

式中：ε_{c0} 表示核心混凝土峰值应变（$\mu\varepsilon$）；ε_{cu} 表示核心混凝土极限应变（$\mu\varepsilon$）；f_{ck} 为混凝土材料的圆柱体轴心抗压强度（MPa）；f_{rP} 为外部钢管对内部核心混凝土的最大侧向压应力（MPa）；E_{rP} 表示本构关系曲线中第二段曲线斜率；A 由第二段曲线确定，$A=\sigma_{cu}$（MPa）。

对于式（3.9）中的 f_{rP} 另有规定，表达式为：

$$f_{rP}=\dfrac{2t_{stc}(\nu_{stf}-\nu_{sth})}{D_{st}-2t_{stc}}f_y \tag{3.10}$$

$$\nu_{stf}=0.2312+0.3582\nu'_{stf}-0.1524f_{ck}f_y^{-1}+4.834\nu'_{stf}f_{ck}f_y^{-1}-9.169f_{ck}^2f_y^{-2} \tag{3.11}$$

$$\nu'_{stf}=0.881\times10^{-6}t_{stc}^{-3}D_{st}^3-2.58\times10^{-4}t_{stc}^{-2}D_{st}^2+1.953\times10^{-2}t_{stc}^{-1}D_{st}+0.4011 \tag{3.12}$$

式中：t_{stc} 为圆形钢管管壁壁厚（mm）；D_{st} 为圆形钢管截面直径（mm）；ν_{stf} 为钢管内填充混凝土时钢管泊松比；ν_{sth} 为无填充混凝土的空心圆形钢管泊松比；f_y 表示钢材屈服强度（MPa）。

对于式（3.9）中的 E_{rP}，表达式为：

$$E_{rP}=\begin{cases} 1.0\times10^5\sqrt{3(1-\nu_{sth}^2)}\dfrac{D_{st}}{2t_{stc}}\dfrac{f_yf_{ck}}{E_sf_y}-600, & f_y\leqslant 283\text{ MPa}; \\ \left(\dfrac{f_y}{283}\right)^{134}\left[1.0\times10^5\sqrt{3(1-\nu_{sth}^2)}\dfrac{f_yf_{ck}}{E_sf_y}\dfrac{D_{st}}{2t_{stc}}-600\right], \\ & 283\text{ MPa}<f_y<336\text{ MPa}; \\ 1.0\times10^6\sqrt{3(1-\nu_{sth}^2)}\dfrac{D_{st}}{2t_{stc}}\dfrac{f_yf_{ck}}{E_sf_y}-6000, & f_y\geqslant 336\text{MPa}. \end{cases}$$
(3.13)

对于矩形钢管混凝土，其内部核心混凝土的本构关系表达式与圆形钢管混凝土本构关系表达式（3.7）保持一致，不同点在于其表达式内部参数最大侧向压

应力 f_{rP} 和 E_{rP} 取值不同。因此,对于矩形钢管混凝土而言,最大侧向压应力 f'_{rP} 可表达为:

$$f'_{rP}=-6.5\frac{B_{st}L_{st}}{t_{str}^2}\sqrt{\frac{12(1-\nu_{sth}^2)f_y}{4\pi^2 E_{st}}}f_{ck}^{1.46}f_y^{-1}+0.12f_{ck}^{1.03} \qquad (3.14)$$

式中:f_{ck} 为混凝土材料的立方体轴心抗压强度(MPa);L_{st} 和 B_{st} 分别代表矩形钢管混凝土截面长度(mm)和宽度(mm);t_{str} 为矩形钢管壁厚(mm);ν_{sth} 为无填充混凝土的空心矩形钢管泊松比;E_{st} 为矩形钢管材料杨氏模量(GPa)。

对于矩形钢管混凝土,E'_{rP} 有新的定义,其函数关系式为:

$$E'_{rP}=23\,400\frac{B_{st}L_{st}}{t_{str}^2}\sqrt{\frac{12(1-\nu_{sth}^2)f_y}{4\pi^2 E_{st}}}f_{ck}f_y^{-1}-91.26 \qquad (3.15)$$

根据韩林海提出的约束核心混凝土 σ-ε 模型,本书用于分析圆形钢管混凝土和矩形钢管混凝土的原始参数及中间参数分别见表 3.1 和表 3.2。

表 3.1 圆形钢管混凝土模型参数

名 称		符 号	取 值
钢材(Q235)	杨氏模量	E_{st}(GPa)	206
	泊松比	ν_{st}	0.3
	屈服强度	f_y(MPa)	235
混凝土(C60)	杨氏模量	E_c(GPa)	36
	泊松比	ν_c	0.18
	轴心抗压强度	f_{ck}(MPa)	38.5
圆形钢管	外直径	D_{st}(mm)	140
	壁厚	t_{stc}(mm)	3
	钢管截面面积	A_s(mm^2)	1 291
	混凝土截面面积	A_c(mm^2)	14 103
	约束效应系数	ξ_c	0.56
	核心混凝土峰值应变	ε_{c0}(ε)	0.003 78
	核心混凝土峰值应力	σ_{c0}(MPa)	53.058 59
		f'_c(MPa)	0.000 64

表 3.2 矩形钢管混凝土模型参数

名　称		符　号	取　值
钢材 (Q235)	杨氏模量	E_{st}(GPa)	206
	泊松比	ν_{st}	0.3
	屈服强度	f_y(MPa)	235
混凝土 (C60)	杨氏模量	E_c(GPa)	36
	泊松比	ν_c	0.18
	轴心抗压强度	f_{ck}(MPa)	38.5
矩形 钢管	长度	L_{st}(mm)	200
	宽度	B_{st}(mm)	100
	壁厚	t_{str}(mm)	3
	钢管截面面积	A_s(mm^2)	1 674
	混凝土截面面积	A_c(mm^2)	16 376
	约束效应系数	ξ_R	0.623 96
	核心混凝土峰值应变	$\varepsilon_{c0}(\mu\varepsilon)$	0.003 72
	核心混凝土峰值应力	σ_{c0}(MPa)	47.922 98
		f'_c(MPa)	0.836 55

根据建立的本构关系,代入表 3.1 和表 3.2 中的基本参数得到核心混凝土应力-应变关系曲线,如图 3.1 所示。

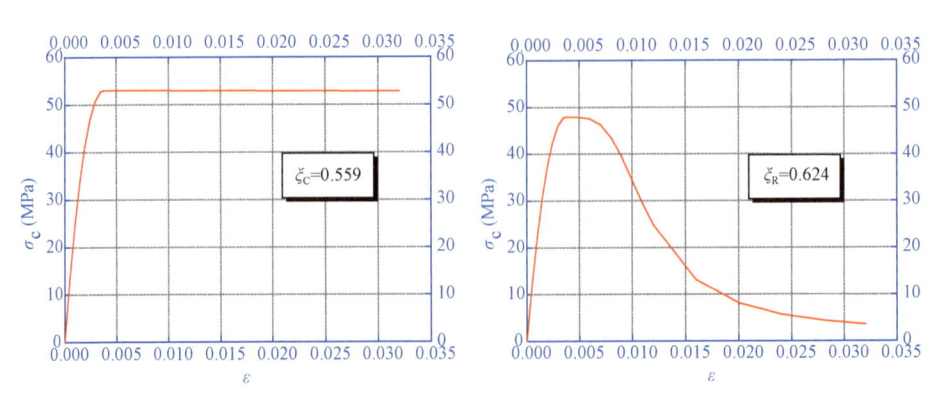

(a) 圆形钢管核心混凝土　　　　　(b) 矩形钢管核心混凝土

图 3.1 韩林海约束核心混凝土应力-应变本构曲线

根据 Susantha 提出的约束核心混凝土 σ-ε 模型,得到高强混凝土 C60 等级核心混凝土应力-应变关系曲线,如图 3.2 所示。

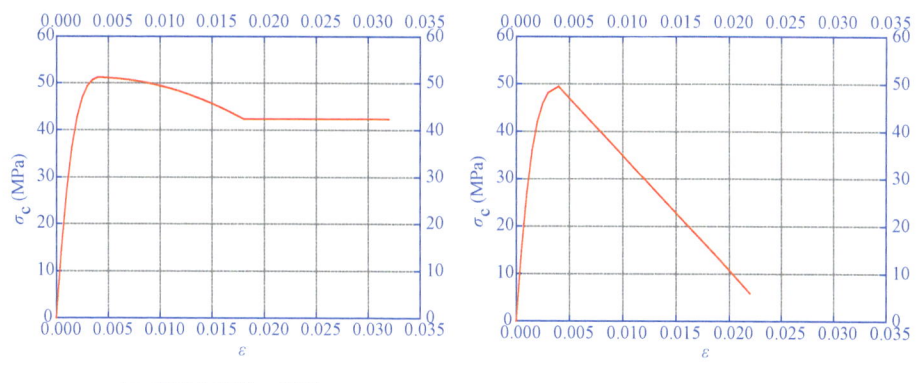

(a) 圆形钢管核心混凝土　　　　(b) 矩形钢管核心混凝土

图 3.2　Susantha 约束核心混凝土应力-应变本构曲线

3.2.2　钢材双线性及二次流塑模型

对于工程中常见的碳钢材料,其本构应力-应变关系采用二次流塑模型加以分析。根据 Esmaeily[61] 对单调荷载作用下钢材二次塑流模型的研究成果,其应力-应变关系由 4 部分组成,分别是弹性阶段、屈服阶段、强化阶段以及二次屈服阶段,其简化 σ-ε 函数关系表达式如下:

$$\sigma_s = \begin{cases} E_{st}\varepsilon_s, & 0 \leqslant \varepsilon_s < \varepsilon_y; \\ f_y, & \varepsilon_y \leqslant \varepsilon_s < k_1\varepsilon_y; \\ k_3 f_y - \dfrac{(1-k_3)E_{st}}{\varepsilon_y(k_2-k_1)^2}(\varepsilon_s - k_2\varepsilon_y)^2, & k_1\varepsilon_y \leqslant \varepsilon_s < k_2\varepsilon_y; \\ f_u, & \varepsilon_s \geqslant k_2\varepsilon_y. \end{cases} \quad (3.16)$$

式中:E_{st} 为钢管材料杨氏模量(GPa);f_y 为钢管材料屈服应力(MPa);ε_y 为钢管材料屈服应力对应的屈服应变(με);f_u 为钢管材料极限应力(MPa)。

依据钢材材料等级不同,k_1、k_2、k_3 取值不同,对于 Q235 钢材,$k_1 = 4.5$、$k_2 = 45$、$k_3 = 1.4$。

对于高强度钢材,则采用双线性强化模型,强化段的弹性模量取弹性阶段杨氏模量的 $0.01E_{st}$,E_{st} 为钢管材料杨氏模量(GPa),其 σ-ε 本构关系如下:

$$\sigma_s = \begin{cases} E_{st}\varepsilon_s, & 0 \leqslant \varepsilon_s < \varepsilon_y; \\ 0.01E_{st}\varepsilon_s, & \varepsilon_s \geqslant \varepsilon_y. \end{cases} \quad (3.17)$$

根据 Esmaeily 提出的钢材二次塑流模型和高强度钢材双线性强化模型,建立其应力-应变曲线关系如图3.3所示。

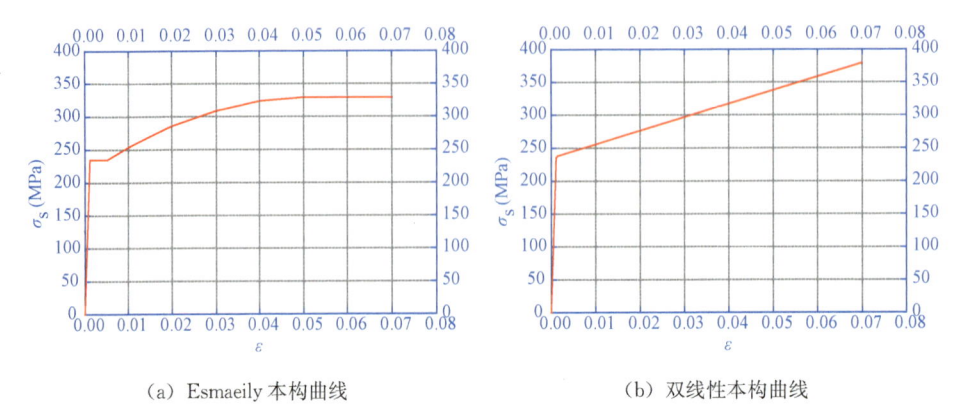

(a) Esmaeily 本构曲线　　(b) 双线性本构曲线

图 3.3　钢管应力-应变本构曲线

3.3　水电站厂房三榀组合框架全过程分析技术研究

　　三维实体建模能够直接反映模型的几何特性,无须停留在有限元模型的节点、单元等基本属性上,通过 ANSYS 系统能够分别进行模型的几何属性和边界条件的施加与有限元网格的划分,减小运算量,优化模型。使用三维实体建模还可以减小数据处理量,支持面、体及布尔运算,自适应网格划分,对于庞大的框架结构、构造复杂的组合模型尤其适用。

　　水电站厂房三榀组合框架由不同类型钢管混凝土组合柱和不同类型钢梁组成,在 ANSYS 模型中,需要对拟分析对象进行单元建模,主要包括 ET、RC、MA 3 个方面。本书选用"金字塔"实体单元作为分析单元建立模型,该单元由一个 10 节点的四面体组成,具有高精度,它可用于分析塑性、应力强化、屈服、大变形等非线性问题。

　　ANSYS 模块中主要有 4 种类型的网格划分法,即映像、延伸、自由、自适应。水电站厂房三榀组合框架模型网格划分采用自由与自适应相结合的方法,计算前进行网格校核,在保证计算精度的前提下优选划分方案,最终确定网格密度,以提高计算效率。这样进行网格划分既符合"金字塔"实体单元类型,又能够充分优化本水电站厂房三榀组合框架模型的结构复杂性。

　　本次水电站厂房三榀组合框架结构非线性分析的边界条件和荷载的施加比较明确,地圈梁基础采用完全固接,不同类型组合柱与地圈梁之间采用绑接,组合柱顶为自由端,TG 桁车梁与组合柱之间通过不同类型牛腿节点相连,荷载通过 3 种不同工况由加载梁(刚度远高于排架结构)直接施加于 TG 梁上。在 ANSYS 中,边界条件设定为:矩形截面钢管和圆形截面钢管采用嵌固边界,其内部核心混凝土因只有在柱底限制了其轴向位移,环向与钢管相互作用,故内部核心混凝土的边界只需要约束其轴向位移。

荷载的设定具体施加方法如下:依据水电站厂房三榀组合框架试验测试步骤,分为3种工况进行,其施加顺序与试验完全相同。对于每一种工况而言,直接将集中荷载(CLOAD)施加于加载梁上,通过加载梁进行传递,这样的加载方式与试验加载方式十分接近。为了优化加载误差精度,其加载梁几何尺寸与模型试验加载梁完全一致,参考 Alostaz[62]的研究成果,加载梁设置为不可变形的弹性材料,其弹性模量定义为:$E = 10^{12} \text{N} \cdot \text{mm}^{-2}$,泊松比定义为:$\nu = 0.001$,采用上述处理办法可以满足计算要求。

钢管混凝土组合柱中钢管与其内部核心混凝土之间的界面模型是模拟其力学性能的关键,因此,对其界面建立界面模型,定义为:法线方向为硬接触,切线方向为黏结滑移。钢管与核心混凝土界面的法线方向为硬接触,接触单元用于传递压力,从而形成钢管对其内部核心混凝土的作用力。界面的切向采用摩擦模型,界面单元可以传递剪应力,当剪应力达到临界值后,界面剪应力维持在一个水平不再改变。

除了核心混凝土与钢管之间的界面接触外,组合排架中还存在 TG 桁车梁与牛腿节点的接触处理,以及牛腿节点与组合柱之间的接触处理等。考虑到牛腿节点同钢管柱都为同一种钢材材料(Q235),故两者之间采用焊接处理,将牛腿节点与钢管组合成为一个整体。TG 桁车梁与加载梁之间的接触采用绑定接触模型,该种模型不仅能够充分传递轴力,还能够有效传递剪应力,不存在滑移,与实际情况较接近。TG 桁车梁与牛腿节点之间的接触采用硬接触模型,只考虑传递轴力,不存在剪应力及滑移。

3.4 水电站厂房三榀组合框架全过程分析

水电站厂房三榀组合框架结构非线性分析时采用试验全模型进行建模,并尽可能反映出其组合节点特征,利用上述方法,分为3种工况分别建立 ANSYS 分析模型,并进行单调加载的荷载-位移全过程分析。

3.4.1 榀一荷载-位移特征全过程分析

根据建立的适用于矩形截面钢管和圆形截面钢管的核心混凝土本构模型,以及双线性钢材本构模型,并借助 ANSYS 进行全过程分析,得到榀一条件下水电站厂房三榀组合框架整体位移分布特性,如图 3.4 所示,TG 桁车梁竖向位移分布特性如图 3.5 所示。

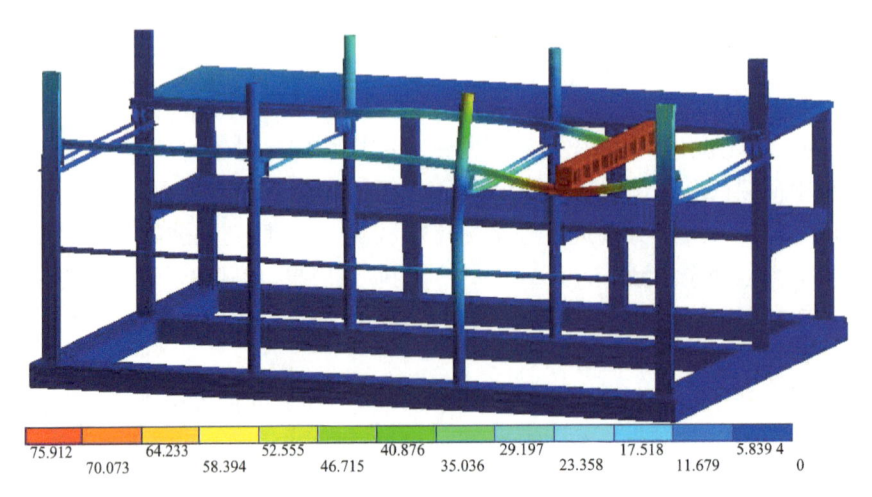

图 3.4 水电站厂房三榀组合框架榀一全过程分析位移分布特性(单位:mm)

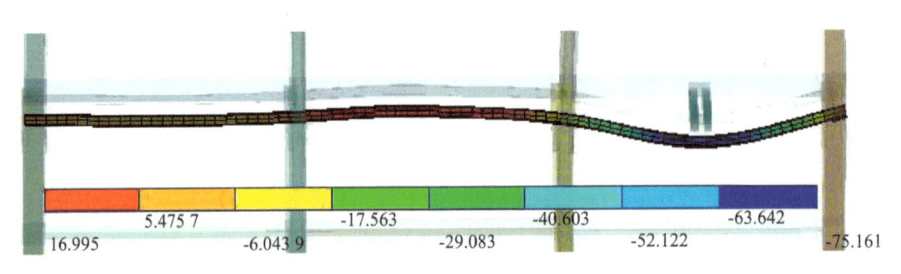

TG1 竖向位移分布云图

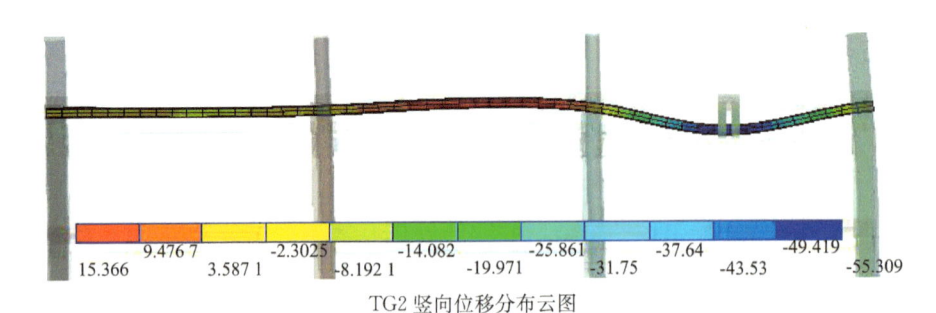

TG2 竖向位移分布云图

图 3.5 榀一桁车梁全过程分析位移分布特性(单位:mm)

ANSYS 分析结果与试验测试数据得到的榀一荷载-位移骨架曲线对比如图 3.6 所示,选取屈服状态、极限状态和残余状态 3 种状态下的特征值进行比较分析,见表 3.3 和图 3.7。

由图 3.6 和图 3.7 分析表明,两种结果(试验测试数据和 ANSYS 分析结果)一定范围内出现较大偏差,屈服状态差值范围在 0.72~1.76,极限状态差值范围在 0.76~2.40,残余状态差值范围在 0.00~3.01,在总体上吻合良好。

第 3 章　水电站厂房组合框架全过程静力整体性能分析

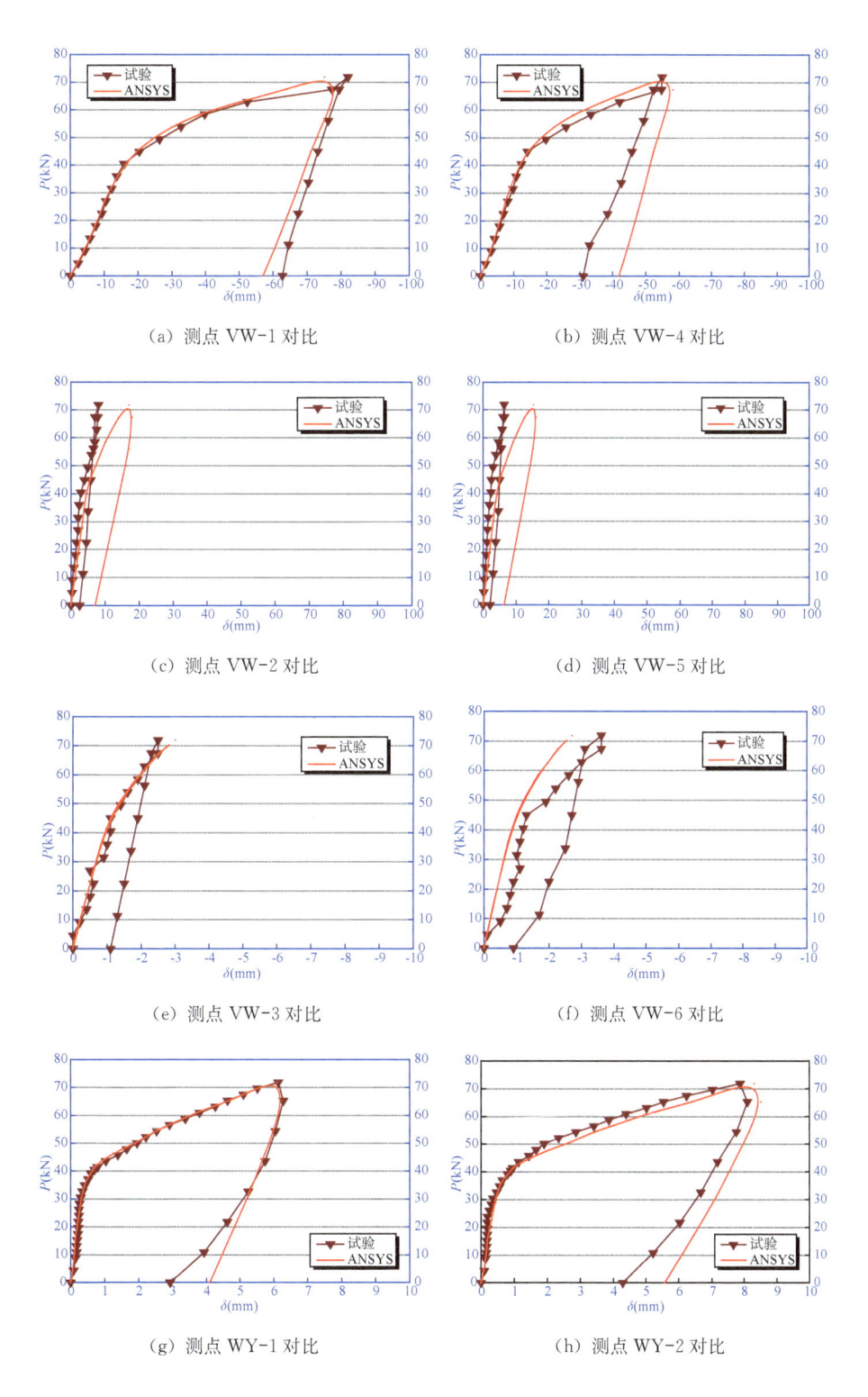

(a) 测点 VW-1 对比

(b) 测点 VW-4 对比

(c) 测点 VW-2 对比

(d) 测点 VW-5 对比

(e) 测点 VW-3 对比

(f) 测点 VW-6 对比

(g) 测点 WY-1 对比

(h) 测点 WY-2 对比

(i) 测点 WY-5 对比　　　　　　　　(j) 测点 WY-6 对比

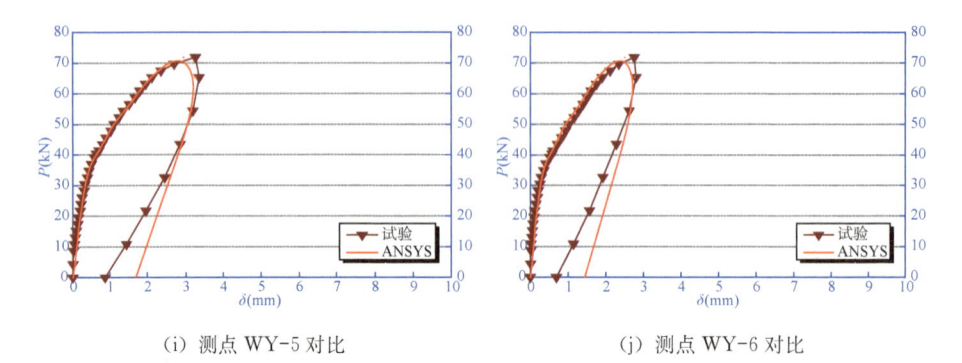

图 3.6　榀一试验曲线与 ANSYS 计算荷载-位移骨架曲线对比

表 3.3　榀一 ANSYS 分析与试验结果特征值的比较

测点编号	屈服状态 试验 δ_T (mm)	ANSYS δ_A (mm)	δ_A/δ_T	极限状态 试验 δ_T (mm)	ANSYS δ_A (mm)	δ_A/δ_T	残余状态 试验 δ_T (mm)	ANSYS δ_A (mm)	δ_A/δ_T
VW-1	−15.90	−16.52	1.04	−82.10	−75.16	0.92	−62.80	−57.11	0.91
VW-4	−12.40	−12.14	0.98	−54.90	−55.31	1.01	−31.00	−41.89	1.35
VW-2	2.90	4.52	1.56	8.10	16.99	2.10	2.50	7.01	2.80
VW-5	2.40	4.23	1.76	6.40	15.37	2.40	2.10	6.32	3.01
VW-3	−1.10	−0.95	0.86	−2.50	−3.03	1.21	−1.10	0.00	0.00
VW-6	−1.20	−0.86	0.72	−3.60	−2.73	0.76	−0.90	0.00	0.00
WY-1	0.70	0.67	0.96	6.14	6.11	0.99	2.93	4.12	1.41
WY-2	0.89	0.91	1.02	7.88	8.29	1.05	4.29	5.58	1.31
WY-5	0.61	0.63	1.03	3.25	2.95	0.91	0.87	1.73	1.99
WY-6	0.58	0.54	0.93	2.76	2.51	0.91	0.69	1.45	2.10

(a) 屈服状态　　　　　　(b) 极限状态　　　　　　(c) 残余状态

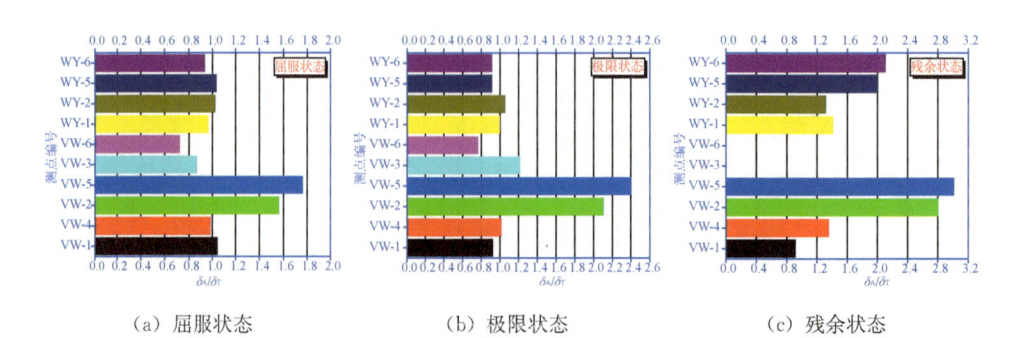

图 3.7　榀一 ANSYS 分析与试验结果特征值对比直方图

3.4.2 槛三荷载-位移特征全过程分析

槛三条件下水电站厂房三榀组合框架整体位移分布特性如图 3.8 所示，TG 桁车梁竖向位移分布特性如图 3.9 所示。

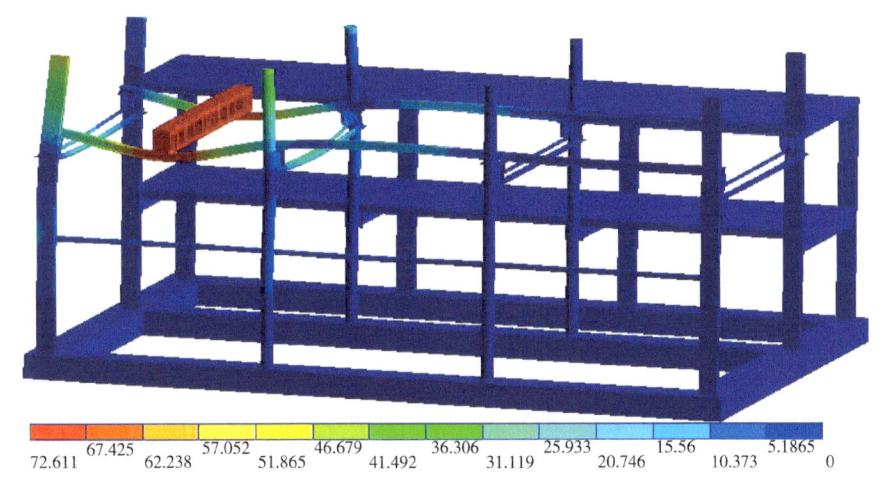

图 3.8 水电站厂房三榀组合框架槛三全过程分析位移分布特性（单位：mm）

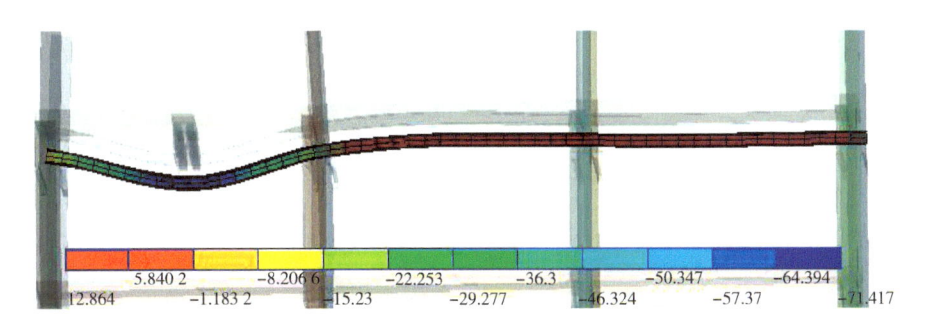

TG1 竖向位移分布云图

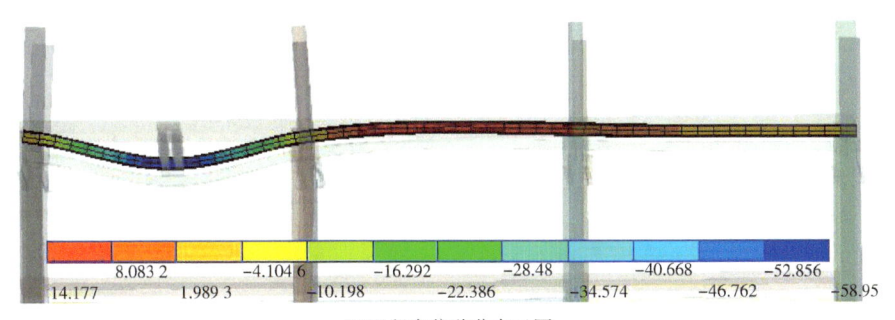

TG2 竖向位移分布云图

图 3.9 槛三桁车梁全过程分析位移分布特性（单位：mm）

榀三荷载-位移骨架曲线对比如图 3.10 所示,选取屈服状态、极限状态和残余状态 3 种状态下的特征值进一步进行比较分析,见表 3.4 和图 3.11。

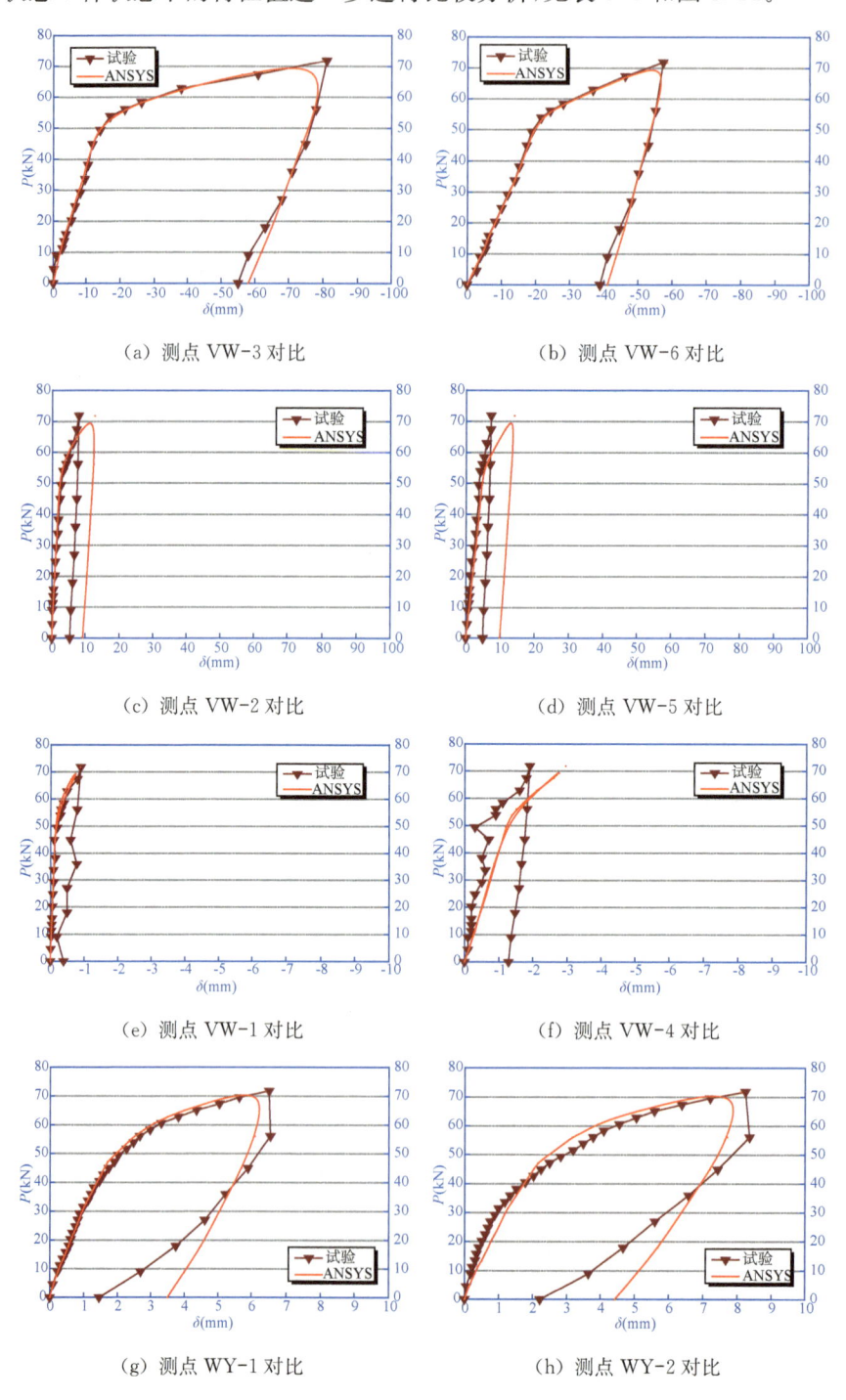

(a) 测点 VW-3 对比

(b) 测点 VW-6 对比

(c) 测点 VW-2 对比

(d) 测点 VW-5 对比

(e) 测点 VW-1 对比

(f) 测点 VW-4 对比

(g) 测点 WY-1 对比

(h) 测点 WY-2 对比

第3章 水电站厂房组合框架全过程静力整体性能分析

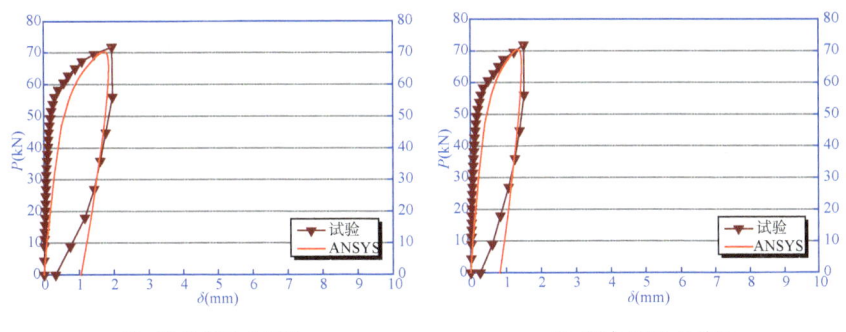

（i）测点 WY-5 对比　　　　　　　（j）测点 WY-6 对比

图 3.10　榀三试验曲线与 ANSYS 计算荷载-位移骨架曲线对比

表 3.4　榀三 ANSYS 分析与试验结果特征值的比较

测点编号	屈服状态 试验 δ_T (mm)	ANSYS δ_A (mm)	δ_A/δ_T	极限状态 试验 δ_T (mm)	ANSYS δ_A (mm)	δ_A/δ_T	残余状态 试验 δ_T (mm)	ANSYS δ_A (mm)	δ_A/δ_T
VW-3	−14.10	−13.53	0.96	−81.10	−80.12	0.99	−55.10	−58.09	1.05
VW-6	−18.70	−19.07	1.02	−57.30	−58.45	1.02	−38.83	−41.01	1.06
VW-2	2.70	2.16	0.80	8.10	12.82	1.58	5.49	9.28	1.69
VW-5	3.70	4.58	1.24	7.30	14.03	1.92	4.95	9.84	1.99
VW-1	−0.20	−0.15	0.75	−0.90	−0.88	0.98	−0.40	0.00	0.00
VW-4	−0.30	−1.19	3.97	−1.90	−2.95	1.55	−1.29	0.00	0.00
WY-3	2.01	1.94	0.97	6.51	6.41	0.98	1.45	3.51	2.42
WY-4	2.82	2.40	0.85	8.23	8.09	0.98	2.22	4.43	2.00
WY-7	0.19	0.57	3.00	1.96	1.92	0.98	0.33	1.05	3.18
WY-8	0.17	0.44	2.59	1.52	1.49	0.98	0.26	0.82	3.15

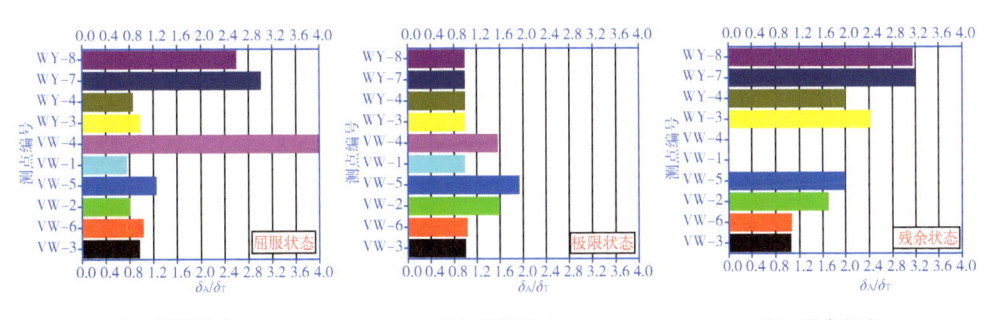

（a）屈服状态　　　　　　（b）极限状态　　　　　　（c）残余状态

图 3.11　榀三 ANSYS 分析与试验结果特征值对比直方图

由图 3.10 和图 3.11 分析表明,试验测试数据出现离散现象,个别特征值与 ANSYS 分析结果相差较大,屈服状态差值范围在 0.75~3.97,极限状态差值范围在 0.98~1.92,残余状态差值范围在 0.00~3.18,但总体分布规律一致,与 ANSYS 分析结果吻合良好。

3.4.3 榀二荷载-位移特征全过程分析

基于榀一和榀三的水电站厂房三榀组合框架荷载-位移全过程分析,进行水电站厂房三榀组合框架榀二全过程分析,得到榀二条件下的水电站厂房三榀组合框架整体位移分布特性,如图 3.12 所示,TG 桁车梁竖向位移分布特性如图 3.13 所示。

榀二荷载-位移骨架曲线对比如图 3.14 所示,选取屈服状态、极限状态和残余状态 3 种状态下的特征值进一步进行比较分析,见表 3.5 和图 3.15。

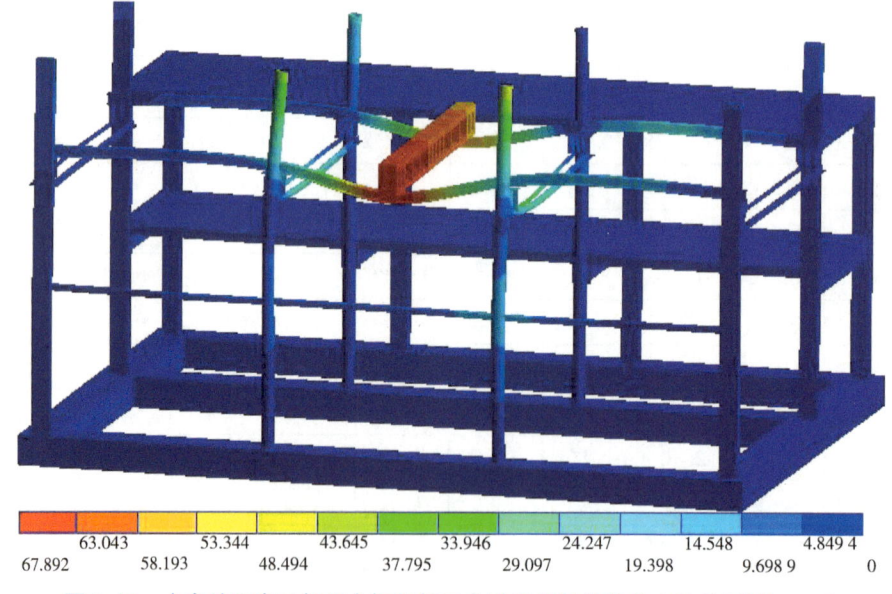

图 3.12 水电站厂房三榀组合框架榀二全过程分析位移分布特性(单位:mm)

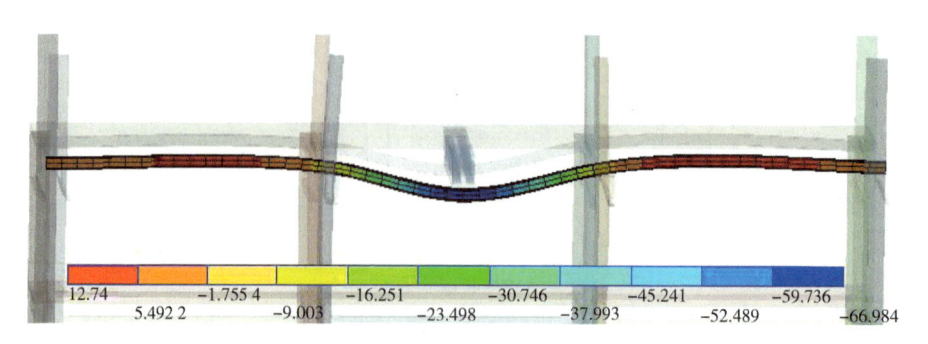

TG1 竖向位移分布云图

第 3 章　水电站厂房组合框架全过程静力整体性能分析

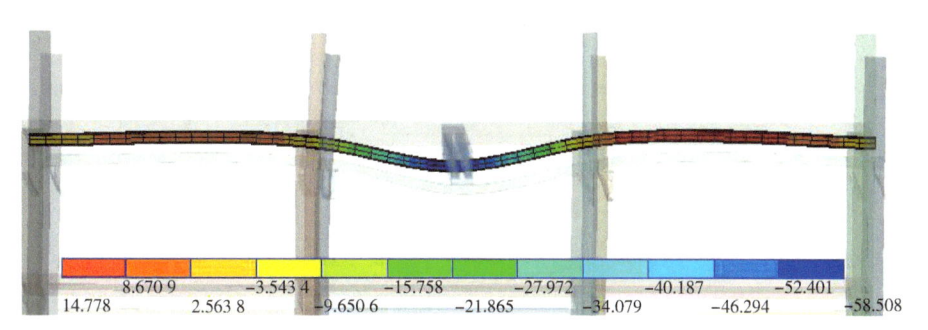

TG2 竖向位移分布云图

图 3.13　榀二桁车梁全过程分析位移分布特性（单位：mm）

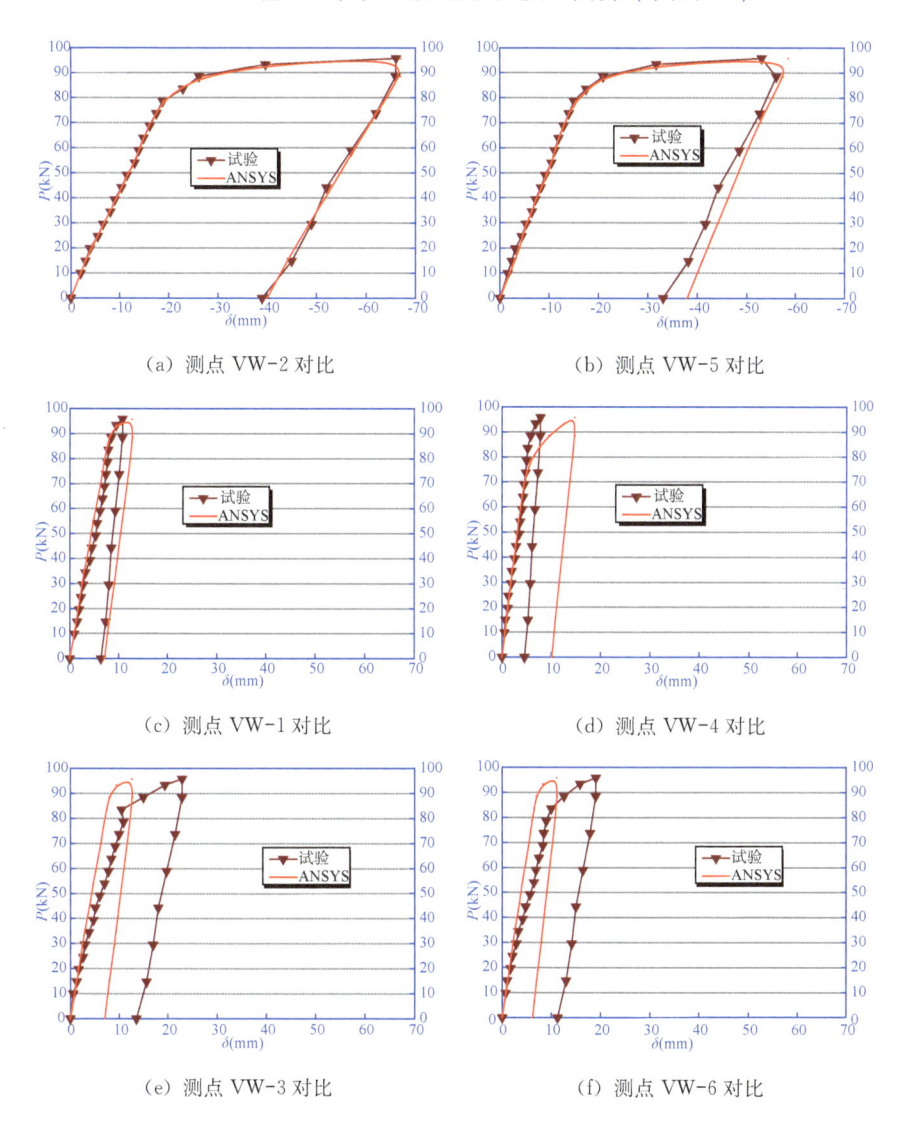

（a）测点 VW-2 对比

（b）测点 VW-5 对比

（c）测点 VW-1 对比

（d）测点 VW-4 对比

（e）测点 VW-3 对比

（f）测点 VW-6 对比

(g) 测点 WY-2 对比　　　　　　　　　　(h) 测点 WY-3 对比

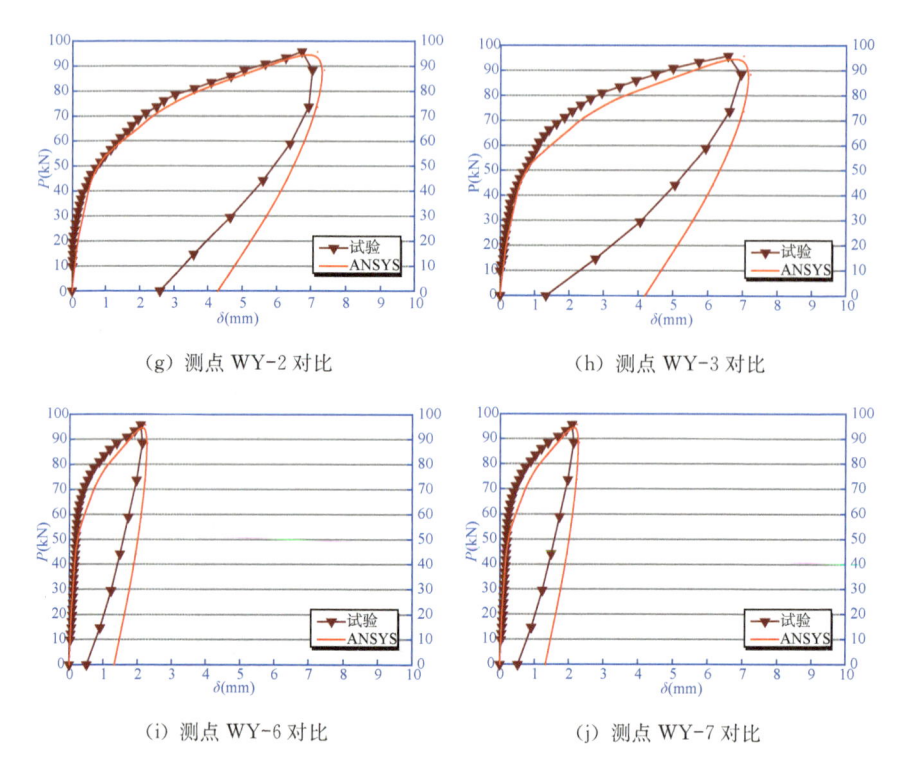

(i) 测点 WY-6 对比　　　　　　　　　　(j) 测点 WY-7 对比

图 3.14　榀二试验曲线与 ANSYS 计算荷载-位移骨架曲线对比

表 3.5　榀二 ANSYS 分析与试验结果特征值的比较

测点编号	屈服状态 试验 δ_T (mm)	屈服状态 ANSYS δ_A (mm)	δ_A/δ_T	极限状态 试验 δ_T (mm)	极限状态 ANSYS δ_A (mm)	δ_A/δ_T	残余状态 试验 δ_T (mm)	残余状态 ANSYS δ_A (mm)	δ_A/δ_T
VW-2	−22.90	−22.20	0.97	−66.10	−66.98	1.01	−39.01	−40.35	1.03
VW-5	−17.50	−18.24	1.04	−53.10	−58.51	1.10	−33.15	−38.36	1.16
VW-1	7.90	7.52	0.95	10.80	12.74	1.18	6.37	7.10	1.11
VW-4	5.20	7.41	1.43	7.80	14.78	1.89	4.59	10.12	2.20
VW-3	10.50	7.43	0.71	22.90	12.61	0.55	13.52	7.03	0.52
VW-6	10.01	6.54	0.65	19.10	11.12	0.58	11.27	6.19	0.55
WY-2	2.49	2.78	1.12	6.74	7.21	1.07	2.59	4.32	1.67
WY-3	2.09	2.71	1.29	6.58	7.03	1.07	1.33	4.19	3.15
WY-6	0.55	0.86	1.56	2.08	2.22	1.07	0.52	1.32	2.54
WY-7	0.54	0.87	1.61	2.09	2.23	1.06	0.52	1.34	2.58

第 3 章 水电站厂房组合框架全过程静力整体性能分析

(a) 屈服状态　　　　(b) 极限状态　　　　(c) 残余状态

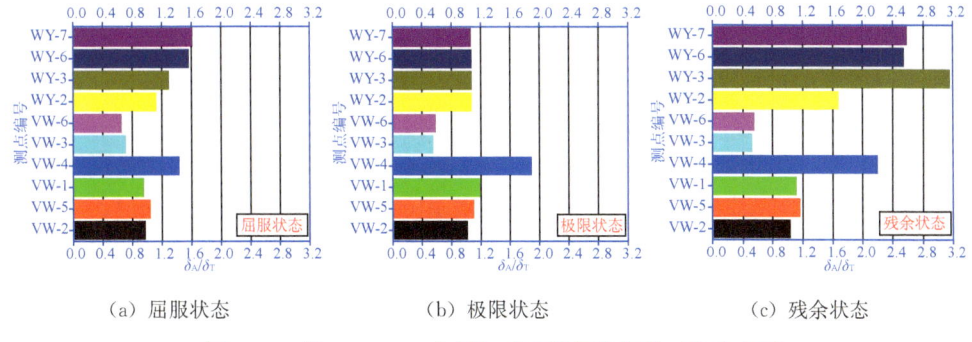

图 3.15　榀二 ANSYS 分析与试验结果特征值对比直方图

由图 3.14 和图 3.15 分析表明，试验测试数据出现离散现象，个别特征值与 ANSYS 分析结果相差较大，屈服状态差值范围在 0.65～1.61，极限状态差值范围在 0.55～1.89，残余状态差值范围在 0.52～3.15，总体上与 ANSYS 分析结果吻合。

通过 3 种工况分别对水电站厂房三榀组合框架进行结构非线性全过程分析，并与试验测试结果进行对比，探究该种类型水电站厂房三榀组合框架的组合特性及其位移分布特性，对比分析表明，除个别测点出现较大偏差外，ANSYS 建模分析与试验测试分布规律一致，总体上吻合度高。出现较大误差的主要因素体现在：(1)本构模型中的基本假定具有一定的局限性；(2)ANSYS 分析过程中模型的界面假定及其接触定义对结果分析影响较大；(3)实验装置中的千斤顶直接与加载梁接触，通过加载梁与 TG 桁车梁加载点进行力的传递，增加了摩擦阻力，导致测试数据局部离散。

3.5　本章小结

本章通过优化矩形截面核心混凝土本构模型与圆形截面核心混凝土本构模型，以及钢材双线性与二次塑流模型，以提出的水电站厂房组合框架全结构模型为分析基础，进行了水电站厂房三榀组合框架全过程静力整体性能分析。主要形成以下结论：

(1) 榀一荷载-位移特征全过程分析表明，其屈服状态差值范围在 0.72～1.76，极限状态差值范围在 0.76～2.40，残余状态差值范围在 0.00～3.01；榀三荷载-位移特征的屈服状态差值范围在 0.75～3.97，极限状态差值范围在 0.98～1.92，残余状态差值范围在 0.00～3.18；榀二荷载-位移特征的屈服状态差值范围在 0.65～1.61，极限状态差值范围在 0.55～1.89，残余状态差值范围在 0.52～3.15。通过对考虑材料非线性、结构非线性双重作用下的水电站厂房组合框架整体特性的全过程反演分析，找到了分析该类水电站厂房组合框架全结构模型的静力整体性能的分析方法，解决了钢与混凝土相组合的组合节点、组合构件界面难以精准化、约束难以精确化的难题，实现了反演分析由构件层次上升到结构体系，由单元节点提升到框架整体的分析突破。

（2）通过优化的核心混凝土本构模型、改进的钢材双线性模型及二次塑流模型，考虑材料非线性和几何非线性双重作用的影响，建立了全过程分析技术，实现了水电站厂房组合框架整体特性全过程分析，与试验研究相互印证，验证了本模型的适用性。

第4章

水电站厂房组合框架高性能组合楼板激励响应特性

4.1 概况

本章在总结国内外组合楼板振动性能研究现状及其相关评价准则基础上,基于本书提出的三榀高性能钢-混凝土组合楼板模型,通过开发空气调频激励系统,对所需测试的三榀高性能钢-混凝土组合楼板进行传感器优化布置,从不同类型激励模式对其组合楼板的加速度响应特性、应变响应特性以及竖向位移特性等进行深入研究。

随着建筑体系的变革、施工工艺的革新,以及轻质、高强、耐久材料的研发,建筑结构逐渐向低阻尼、大跨径方向发展,其结构体系变得更加轻柔、内部空间变得更加开阔。然而,由于受到不同机械设备的扰动、风雪等不利因素的干扰、人们的日常活动等影响,楼板振动问题逐渐暴露出来,轻则导致其发生振动影响舒适性,严重则导致更大规模灾难的发生[63-65]。

我国《钢-混凝土组合楼盖结构设计与施工规范》(YB 9283—92)、《组合楼板设计与施工规范》(CECS 273:2010)、《高层民用建筑钢结构技术规程》等明确对楼板结构的自振频率进行了限制。对于组合楼盖,在正常住宅、办公、商场、餐饮等环境使用时,其自振频率应大于等于 4 Hz,而小于 8 Hz,当超过正常环境使用时,即自振频率大于 8 Hz 时,应进行专门研究论证[66-68]。

以往对钢筋混凝土楼板的设计从"安全性能"加以考虑,同时验算其裂缝宽度和最大挠度,而对楼板振动问题的考虑尚不完善。当组合楼板系统受到周期性激励时,其激励响应特性分布规律取决于激励扰力频率与该种结构自然频率的比值。当激励扰力频率显著低于组合楼板的自然频率时,其激励响应分布特性如图 4.1(a)所示,这就是显著的瞬态响应分布特性;一旦激励扰力频率趋近于组合楼板的自然频率,其激励响应将从零逐渐趋于平稳,此时激励响应分布特性如图 4.1(b)所示,这种情况称为稳态响应分布,也称为共振反应。

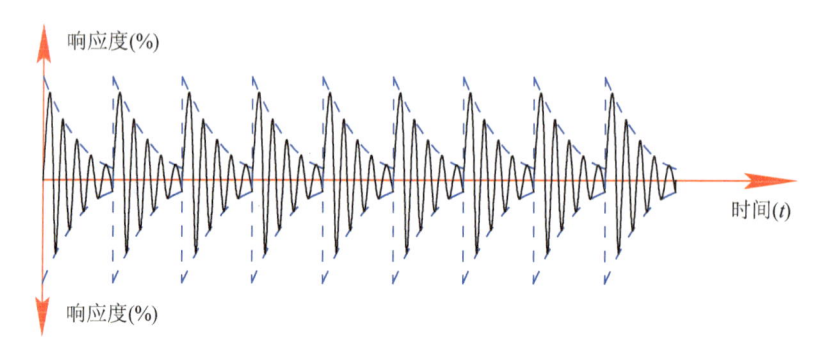

（a）瞬态响应分布特性

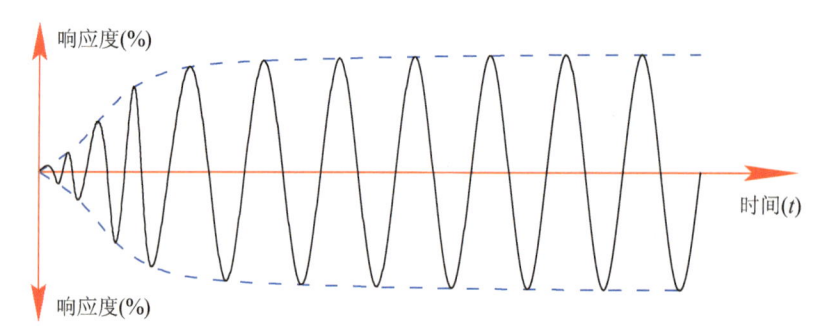

（b）稳态响应分布特性

图 4.1　组合楼板激励响应分布

4.2　空气调频激励系统

4.2.1　激励系统的提出

空气调频激励系统是一种通过动力压缩机提供的动力空气输入、SC-SL 控制阀节流调频转换、压力传感检测模块输出,并实现反馈控制的激励系统,如图 4.2 和图 4.3 所示。

当释放出的有效功与压力传感接收器接收到的信号满足测试试验需求时,判定为设定的空气调频激励参数谱与试验所需控制谱达到平衡状态,即:$\Phi(f)_{有效输入} = \Phi(f)_{设定}$,组合楼板激励响应试验得以进行。

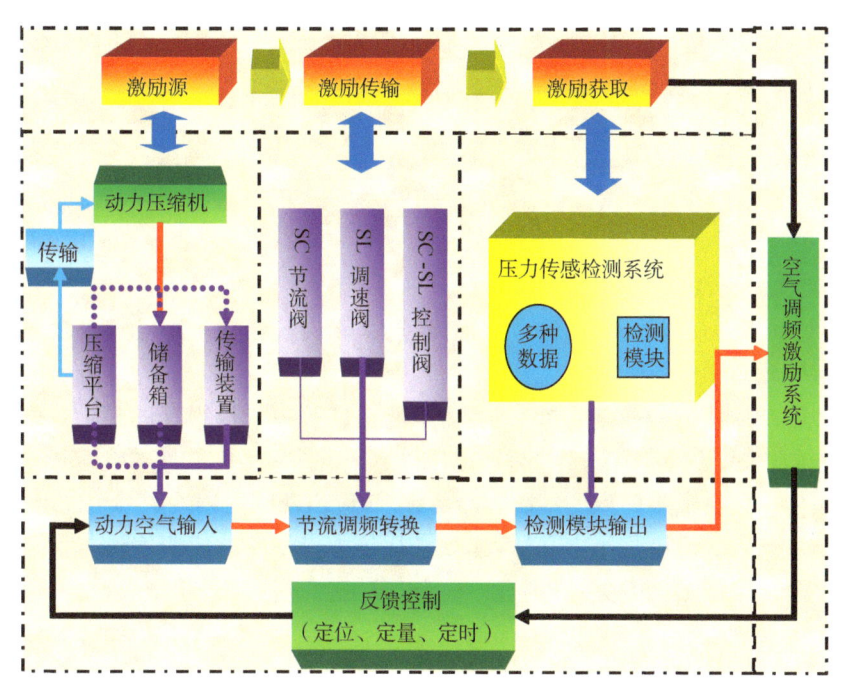

图 4.2　空气调频激励系统流程图

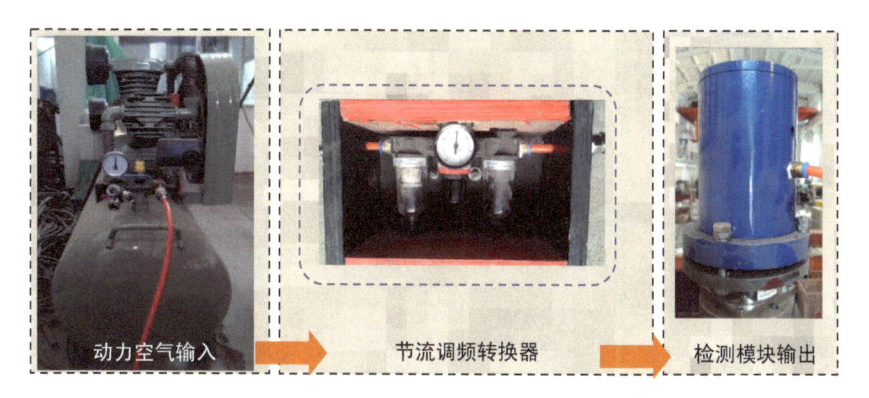

图 4.3　空气调频激励系统实物图

4.2.2　检测模块最优布置数学模型

当进行组合楼板激励响应试验时,假定在设定谱线频率点上设置的参考谱为 $\Phi(f_P)_{设定}$,夹具组件与组合楼板传力点处的传递响应谱为 $\Phi_{dj}(f_P)$,则有:

$$Uds = \sqrt{\sum_{j=1}^{n}\sum_{p=dv}^{uv}\left[\Phi(f_P)_{设定}-\Phi_{dj}(f_P)\right]^2} \tag{4.1}$$

式中：Uds 表示总响应均方偏离度；j 表示传力点数目；p 表示设定谱线频率段；dv 表示谱线初始值；uv 表示谱线终点值。

那么，对于单点作用，则有：

$$Udz = \sqrt{\sum_{p=dv}^{uw}\left[\Phi(f_P)_{\text{设定}} - \Phi_{dj}(f_P)\right]^2} \quad (4.2)$$

式中：Udz 表示单点响应均方偏离度。

由式(4.2)表明，当响应均方偏离度越大，则夹具组件传递给组合楼板的能量级与设定谱越不相符。

以上响应均方偏离度分析表明，为了能在试验中取得很好的激励响应试验效果，通常采用多点加权进行控制。然而，夹具组件与传力点处的响应往往会出现与设定的控制谱不一致的情况，导致激励响应出现较大偏差。基于以上情况，引入响应均方偏离度最小定义法，建立表征传力点处的响应密度谱与设定控制谱(参考谱)之间的函数关系，则有：

$$\min G = \min Uds = \min \sqrt{\sum_{j=1}^{n}\sum_{p=dv}^{uw}\left[\Phi(f_P)_{\text{设定}} - \Phi_{dj}(f_P)_{\text{传力点}}\right]^2} \quad (4.3)$$

考虑到离散性，于是可得目标函数：

$$\min G = \min \sqrt{\sum_{j=1}^{n}\sum_{p=dv}^{uw}\left[\Phi(f_P)_{\text{设定}} - \frac{|H_{d_jO}(f_P)|^2 \Phi(f_P)_{\text{设定}}}{\frac{1}{m}\sum_{i=1}^{m}|H_{c_iO}(f_P)|^2}\Phi_{dj}(f_P)_{\text{传力点}}\right]^2} \quad (4.4)$$

式中：$H_{c_iO}(f_P)$ 表示 c_i 相对于 O 点的功率谱密度传递函数，$H_{d_jO}(f_P)$ 表示 d_j 相对于 O 点的功率谱密度传递函数。

当 $c_i(i=1,2,3,\cdots,m)$ 的位置满足式中的目标函数时，确定为最优布置，进一步通过比较所有的 G 值，得到的最小 G 值即为对应的最优布置传力点。

4.2.3 激励模式的建立

根据提出的空气调频激励系统及其检测模块数学模型，以节流调频转换器为反馈控制指标(0.10~0.70 MPa)，以压力传感检测系统为核心控制参数(激励频率)，进行试验探究，以便得到反馈参数，为装配式高性能组合楼板激励响应试验提供参数支持。

本次通过设定 31 种节流调频模式对其激励参数进行研究，分别编号为：M1~M31，试验测得的 3 种典型节流调频模式分布图如图 4.4 所示。

第 4 章 水电站厂房组合框架高性能组合楼板激励响应特性

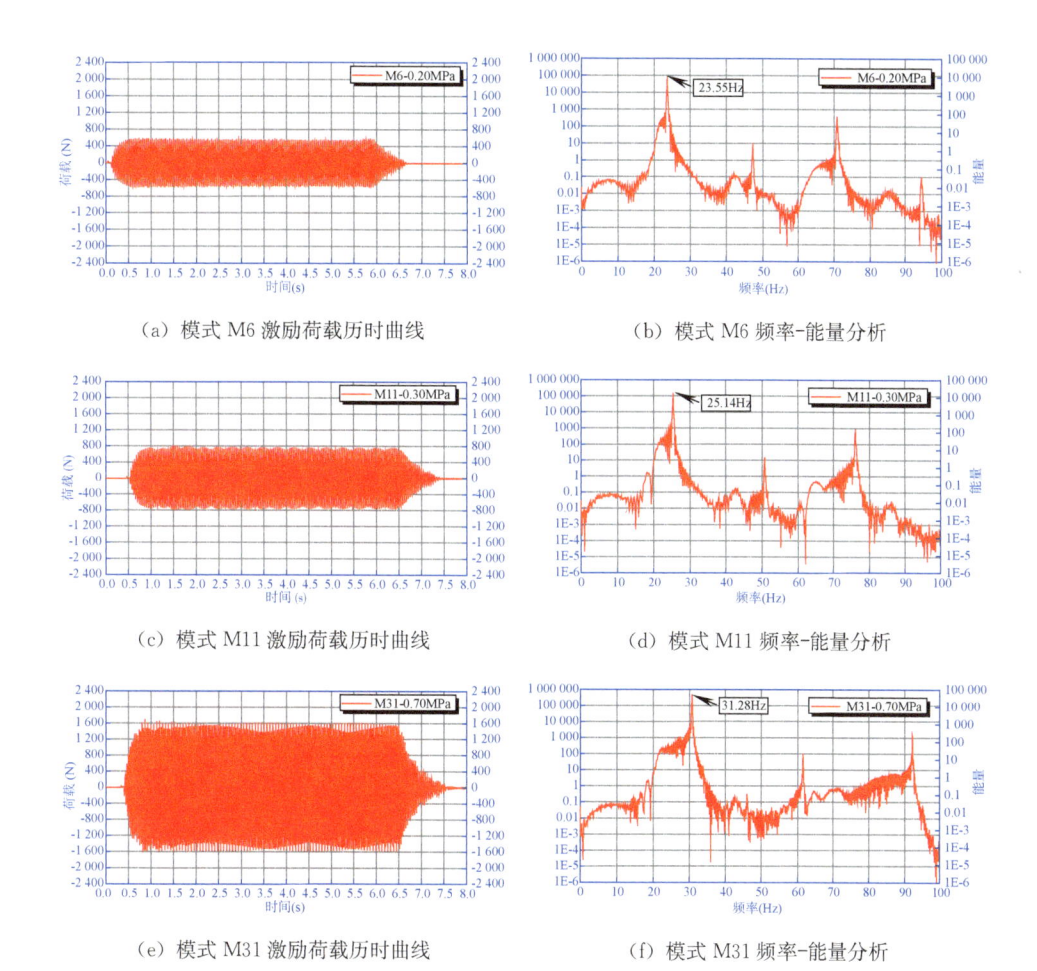

(a) 模式 M6 激励荷载历时曲线

(b) 模式 M6 频率-能量分析

(c) 模式 M11 激励荷载历时曲线

(d) 模式 M11 频率-能量分析

(e) 模式 M31 激励荷载历时曲线

(f) 模式 M31 频率-能量分析

图 4.4 典型节流调频模式分布图

对 31 种模式下的激励调频试验测得数据进行统计并做频率-能量谱分析，得到节流调频模式与荷载激励频率对应关系，如表 4.1 所示。

表 4.1 节流调频模式与荷载激励频率对应关系一览表

节流调频模式	荷载激励频率 $f(Hz)$	节流调频模式	荷载激励频率 $f(Hz)$	节流调频模式	荷载激励频率 $f(Hz)$
M1	0.10 MPa	21.89	M5	0.18 MPa	23.26	M9	0.26 MPa	24.56
M2	0.12 MPa	22.25	M6	0.20 MPa	23.55	M10	0.28 MPa	24.88
M3	0.14 MPa	22.61	M7	0.22 MPa	23.83	M11	0.30 MPa	25.14
M4	0.16 MPa	22.94	M8	0.24 MPa	24.13	M12	0.32 MPa	25.48

续表

节流调频模式	荷载激励频率 f(Hz)	节流调频模式	荷载激励频率 f(Hz)	节流调频模式	荷载激励频率 f(Hz)
M13	0.34 MPa	25.77	M20	0.48 MPa	27.86	M27	0.62 MPa	30.10
M14	0.36 MPa	25.97	M21	0.50 MPa	28.23	M28	0.64 MPa	30.32
M15	0.38 MPa	26.38	M22	0.52 MPa	28.68	M29	0.66 MPa	30.55
M16	0.40 MPa	26.57	M23	0.54 MPa	28.96	M30	0.68 MPa	30.86
M17	0.42 MPa	26.93	M24	0.56 MPa	29.23	M31	0.70 MPa	31.28
M18	0.44 MPa	27.28	M25	0.58 MPa	29.55			
M19	0.46 MPa	27.46	M26	0.60 MPa	29.78			

4.3 水电站厂房三榀高性能组合楼板激励响应试验与分析

优良性能型钢钢梁与方形截面或圆形截面钢管混凝土组合柱通过电弧焊接组成钢框骨架结构，进一步通过不锈钢高强螺栓与预制高强钢筋混凝土楼板装配形成新型装配式钢-混凝土组合楼板。此类组合楼板具有承载能力高、协调性能优良、施工快速等诸多优点[69-70]。

结合实际工程情况，国内外学者们从节点研究出发对钢管混凝土框架结构进行了试验研究和理论分析，如王文达等[71]、吕西林等[72]、韩林海等[73]、李斌等[74]的研究成果。聂建国等[75]、宗周红等[76]通过试验测试对钢管混凝土框架结构进行了分析。目前对考虑楼板组合效应的钢-混凝土组合楼板的激励响应特性缺乏相关研究，尤其是多榀组合楼板组合性能。

伴随着我国水利化、工业化的不断推进，迫切需要研究适用于快速生产、装配式施工、结构性能优良的组合框架结构体系，故选取三榀高性能钢-混凝土组合楼板模型，以第二层组合楼板为研究对象，进行激励响应特性分析。试验试件模型及相关物理、力学指标参数详见第3章。其中，空气调频激励系统的模块材料为铸铁钢材，不同部件之间采用不锈钢高强螺纹螺栓呈中心对称连接，其振动方向为垂直于动力传输夹具的方向，振动量级在0~30 Hz，考虑到夹具组件的对称性，下动力传输夹具底面圆心位置被选取作为传感器布置点。

首先，根据建立的空气调频激励系统及最优布置数学模型，以关键部位竖向位移响应为监控指标，对水电站厂房三榀高性能组合楼板分别进行不同工况的激励调频试验，以确定最优激励频率；其次，基于不同工况激励调频试验得出的激励参数，分别开展三榀组合楼板不同榀的激励响应试验。

第 4 章　水电站厂房组合框架高性能组合楼板激励响应特性

试验过程为：首先，动力压缩机提供有效动力空气激励源；其次，将有效动力空气引入节流调频转换器，通过 SC 和 SL 控制阀进行节流调频；最后，通过检测模块对测试物进行检测，并进行反馈控制，得到定位、定时、定量的激励参数，为组合楼板激励响应试验提供数据支撑。

本次激励试验主要采集数据包括：荷载激励 $F(N)$、加速度响应 $A(mm \cdot s^{-2})$、不同榀组合楼板关键部位竖向位移响应 $VD(mm)$，以及关键位置的应变响应 $S(\mu\varepsilon)$。其中，荷载激励采用开发的压力传感检测系统进行定位、实时、定量测量，加速度响应、竖向位移响应、应变响应等采用无线动态采集系统"DH5908L"及其系统软件进行数据采集。3 种工况测点测试及布置如表 4.2 所示。

表 4.2　不同工况加载及测试方案

测试方案		测试项目			
测试顺序	测试工况	荷载激励 $F(N)$	加速度响应 $A(mm \cdot s^{-2})$	竖向位移响应 $VD(mm)$	应变响应 $S(\mu\varepsilon)$
1	工况一	$F_1(t)$	$A_{11}、A_{12}、A_{13}$	$VD_{11}、VD_{12}、VD_{13}、VD_{14}、VD_{15}$（校核点）	$S_{11}、S_{12}、S_{13}、S_{14}、S_{15}、S_{16}、S_{17}、S_{18}$
2	工况二	$F_2(t)$	$A_{21}、A_{22}、A_{23}、$	$VD_{21}、VD_{22}、VD_{23}、VD_{24}、VD_{25}$（校核点）	$S_{21}、S_{22}、S_{23}、S_{24}、S_{25}、S_{26}、S_{27}、S_{28}$
3	工况三	$F_3(t)$	$A_{31}、A_{32}、A_{33}$	$VD_{31}、VD_{32}、VD_{33}、VD_{34}、VD_{35}$（校核点）	$S_{31}、S_{32}、S_{33}、S_{34}、S_{35}、S_{36}、S_{37}、S_{38}$

根据水电站厂房三榀高性能组合楼板不同榀数，编组榀一、榀二、榀三，分别从荷载激励、加速度响应、位移响应、应变响应几种测试参数对其进行激励响应试验。

4.3.1　榀一激励响应试验研究与响应特性分析

（1）激励调频测试

在进行水电站厂房三榀高性能组合楼板榀一激励响应试验前，以荷载激励和主测点竖向位移为参数指标，开展激励调频测试，以便于获取该种工况下最优稳态激励条件下的激励频率及其最优位移响应。榀一条件下的水电站厂房三榀高性能组合楼板激励调频测点布置如图 4.5 所示，并测得 6 种不同模式（M6.5、M7、M7.5、M8、M8.5、M9）下的激励及其位移响应分布特性（FFT 为快速傅里叶变换），如图 4.6～图 4.11 所示。

图 4.5　楣—组合楼板激励调频测点布置图

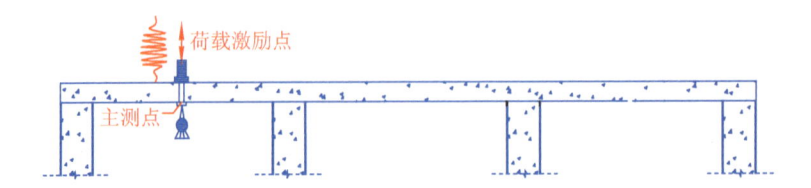

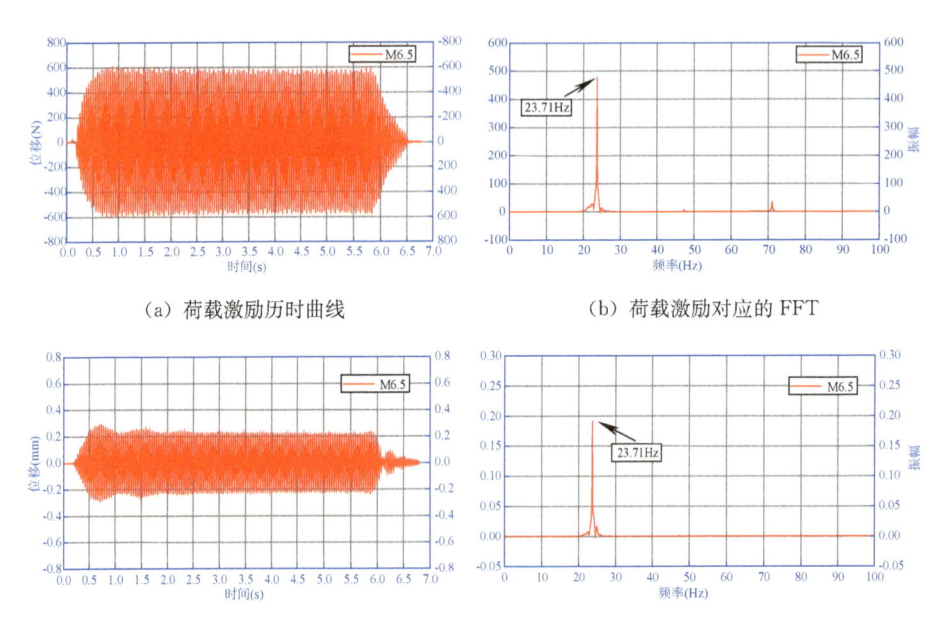

(a) 荷载激励历时曲线

(b) 荷载激励对应的 FFT

(c) 主测点位移响应历时曲线

(d) 主测点位移响应对应的 FFT

图 4.6　模式 M6.5 激励作用下荷载激励及位移响应分布特性

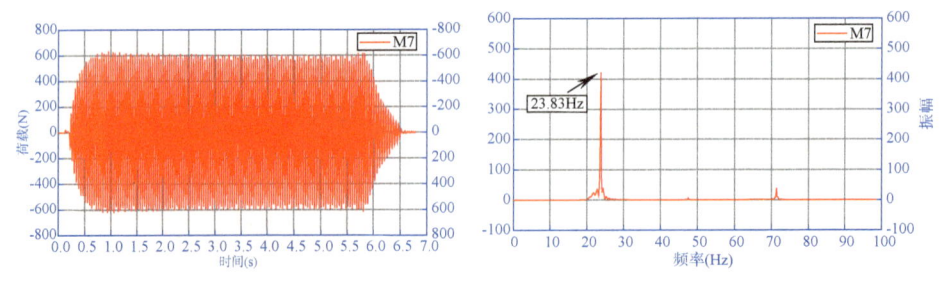

(a) 荷载激励历时曲线

(b) 荷载激励对应的 FFT

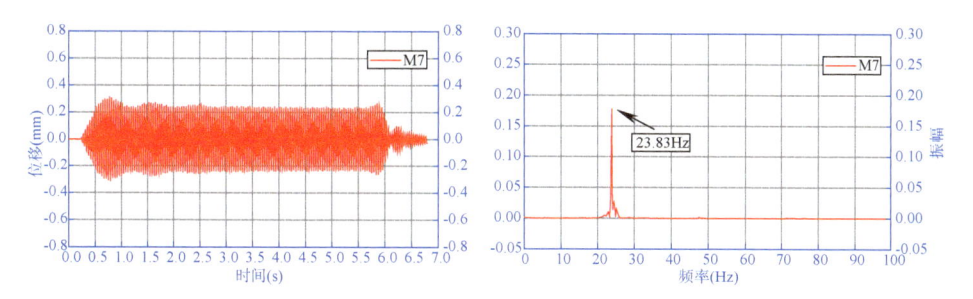

第 4 章　水电站厂房组合框架高性能组合楼板激励响应特性

(c) 主测点位移响应历时曲线　　　　　(d) 主测点位移响应对应的 FFT

图 4.7　模式 M7 激励作用下荷载激励及位移响应分布特性

(a) 荷载激励历时曲线　　　　　(b) 荷载激励对应的 FFT

(c) 主测点位移响应历时曲线　　　　　(d) 主测点位移响应对应的 FFT

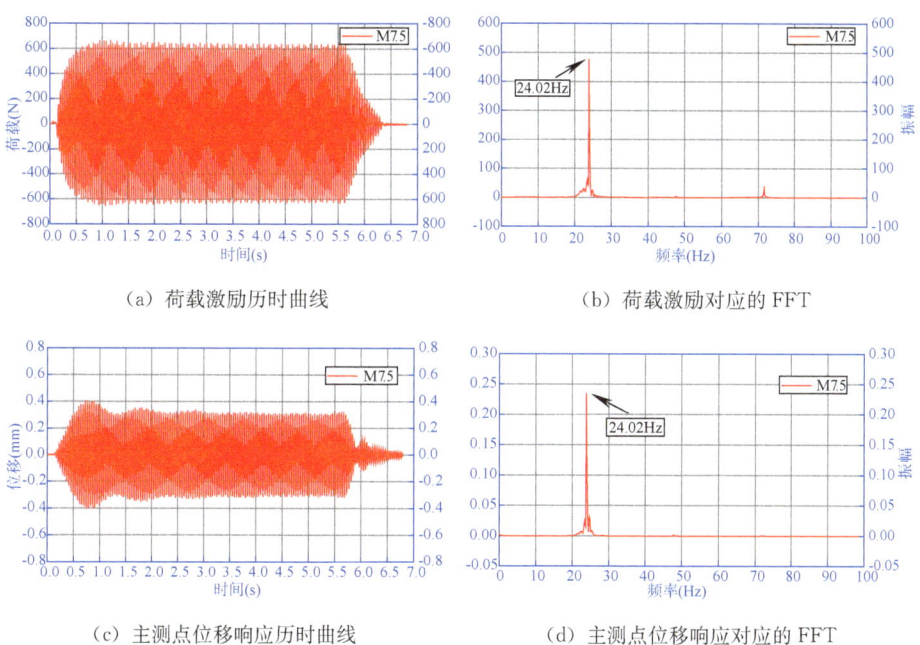

图 4.8　模式 M7.5 激励作用下荷载激励及位移响应分布特性

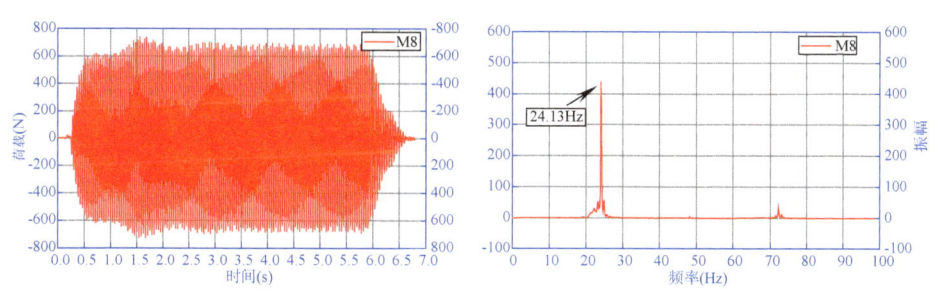

(a) 荷载激励历时曲线　　　　　(b) 荷载激励对应的 FFT

071

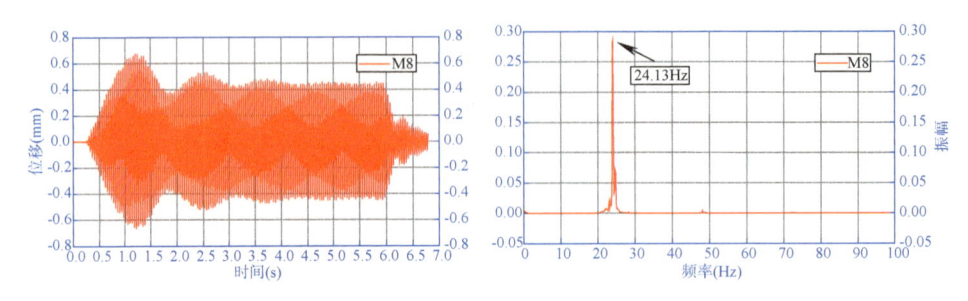

（c）主测点位移响应历时曲线　　　　　　　（d）主测点位移响应对应的 FFT

图 4.9　模式 M8 激励作用下荷载激励及位移响应分布特性

（a）荷载激励历时曲线　　　　　　　　　（b）荷载激励对应的 FFT

（c）主测点位移响应历时曲线　　　　　　　（d）主测点位移响应对应的 FFT

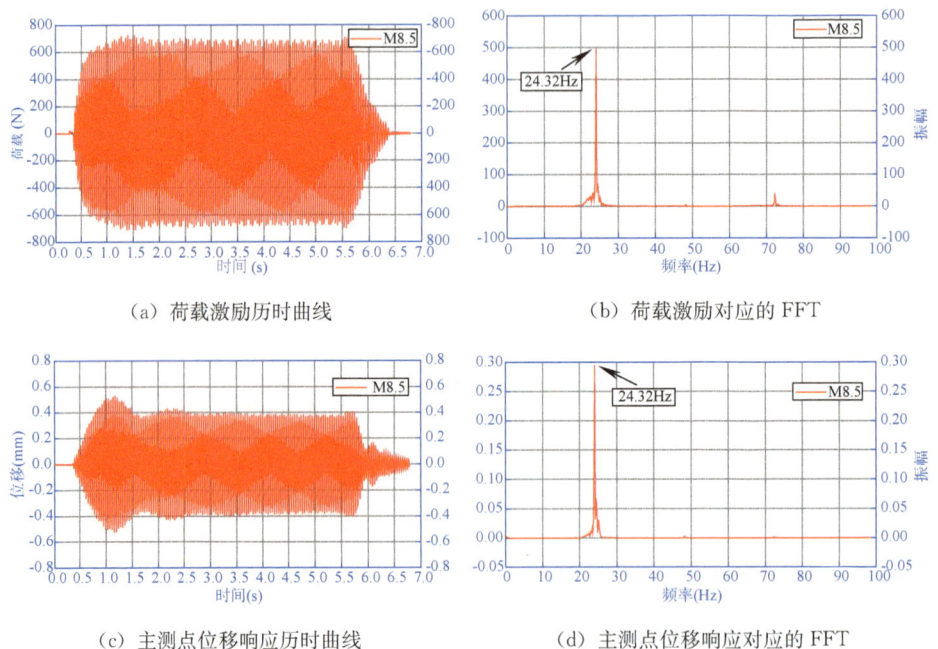

图 4.10　模式 M8.5 激励作用下荷载激励及位移响应分布特性

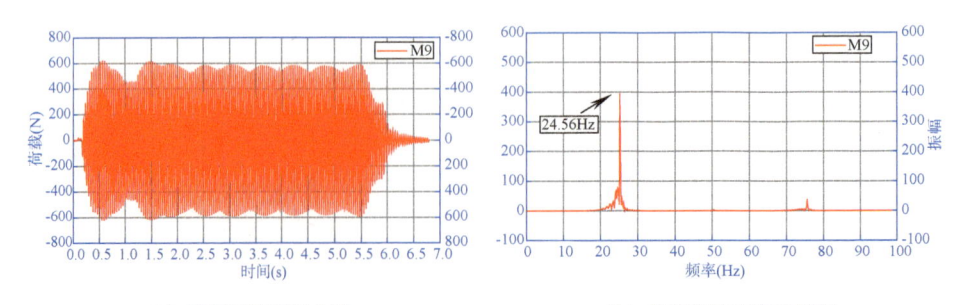

（a）荷载激励历时曲线　　　　　　　　　（b）荷载激励对应的 FFT

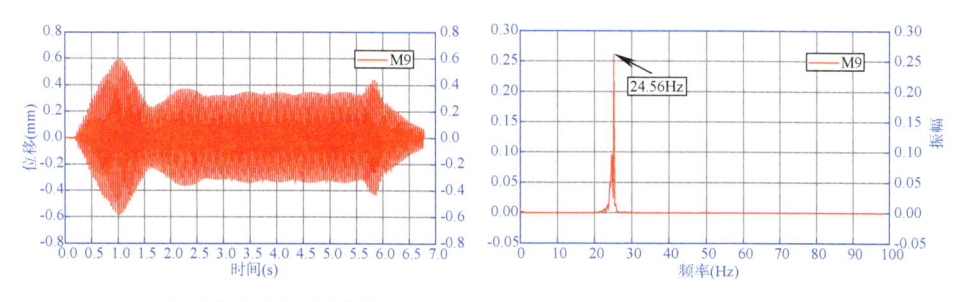

(c) 主测点位移响应历时曲线　　　　　(d) 主测点位移响应对应的 FFT

图 4.11　模式 M9 激励作用下荷载激励及位移响应分布特性

对图 4.6～图 4.11 进行统计分析,得到 6 种不同模式下的激励特征参数见表 4.3。

表 4.3　6 种不同模式下激励特征参数一览表

节流调频 转换模式		荷载激励			主测点位移响应		
		瞬态幅值 $F_{瞬}$(N)	稳态频率 $f_{稳}$(Hz)	稳态幅值 $F_{稳}$(N)	瞬态幅值 $\delta_{瞬}$(mm)	稳态频率 $f_{稳}$(Hz)	稳态幅值 $\delta_{主}$(mm)
M6.5	0.21 MPa	611.88	23.71	597.88	0.294	23.71	0.243
M7	0.22 MPa	634.08	23.83	604.08	0.314	23.83	0.265
M7.5	0.23 MPa	666.45	24.02	616.45	0.407	24.02	0.332
M8	0.24 MPa	742.31	24.13	652.31	0.678	24.13	0.447
M8.5	0.25 MPa	727.51	24.32	657.51	0.523	24.32	0.398
M9	0.26 MPa	624.83	24.56	598.83	0.278	24.56	0.354

通过比较表 4.3 中主测点位移响应稳态幅值可得,在模式 M8 作用下,该种装配式高性能组合楼板在榀一条件下的激励效果最显著。因此,选择该种节流调频模式(M8-24.13 Hz)作为榀一激励响应试验激励频率。

(2) 激励测试过程

根据选取的水电站厂房三榀高性能组合楼板模型,按照测试工况中激励点、加速度响应测点、位移响应测点,以及应变响应测点等布设情况,对其进行激励响应试验测试,榀一激励测试测点布置及测试现场如图 4.12 所示。

为了使得组合楼板形成稳态振动,激励时长不宜过短;又便于对测试数据进行高效分析,激励时长不宜过长。因此,本次测试激励时长取为 5 s。

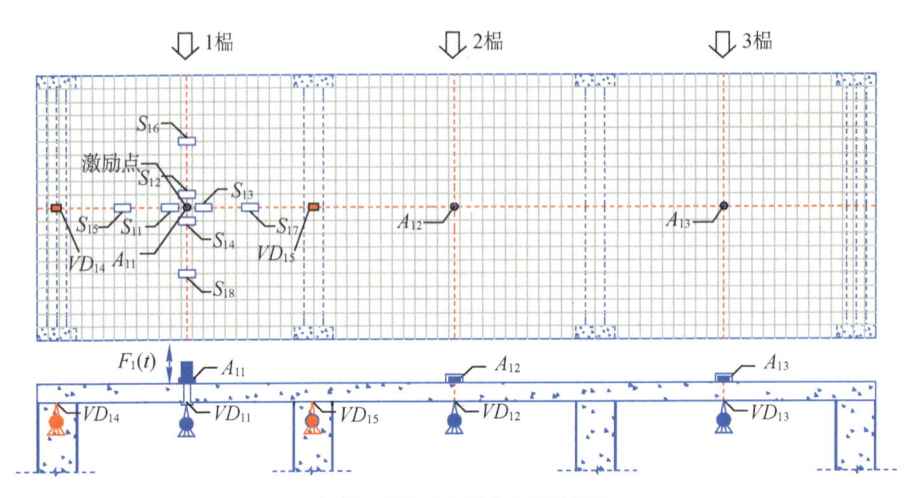

(a) 榀一激励响应测点布置示意图

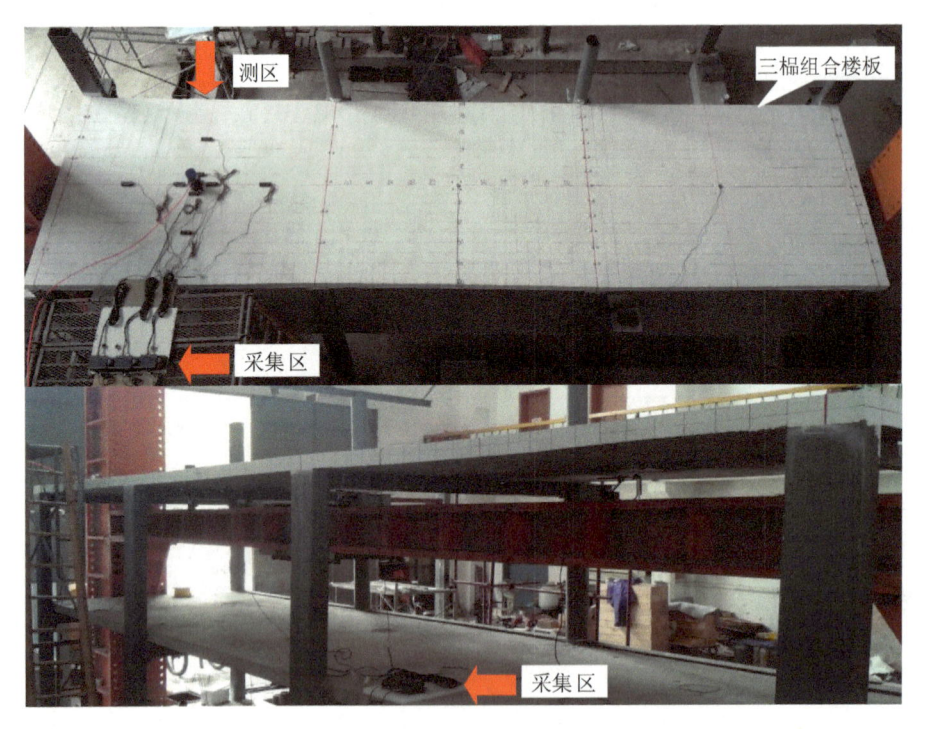

(b) 榀一激励响应测试现场

图 4.12 水电站厂房三榀高性能组合楼板榀一试验测试

通过开发的空气调频激励系统，对水电站厂房三榀高性能组合楼板进行榀一条件下的激励测试，得到在模式 M8 激励下的荷载激励 F_1 分布特性，如图 4.13 所示。

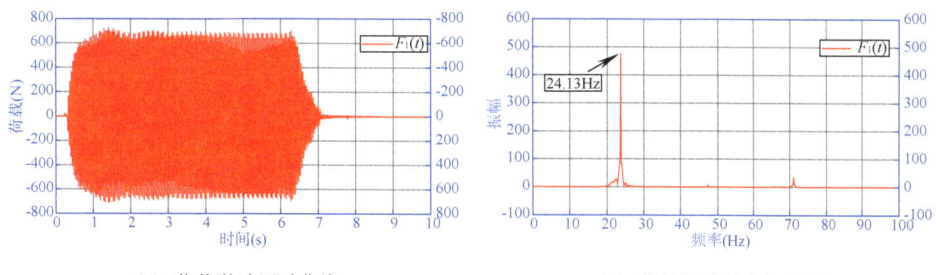

第4章 水电站厂房组合框架高性能组合楼板激励响应特性

(a) 荷载激励历时曲线　　　　(b) 荷载激励对应的FFT

图4.13　模式M8激励作用下F_1荷载激励分布特性

由图4.13(a)分析可知,激励过程主要分为三个阶段:开阀阶段、稳态阶段、闭阀阶段。其中,开阀阶段荷载激励幅值为730.28 N;通过对稳态阶段的荷载激励过程进行FFT变换,得到稳态阶段荷载激励对应的主激励频率为24.13 Hz,对应的荷载激励幅值为687.73 N,进一步验证了激励模型。

(3) 试验结果分析

通过榀一条件下的激励试验,得到水电站厂房三榀高性能组合楼板不同榀板心位置处的加速度响应分布特性(加速度方向垂直于楼板板面),如图4.14～图4.16所示。

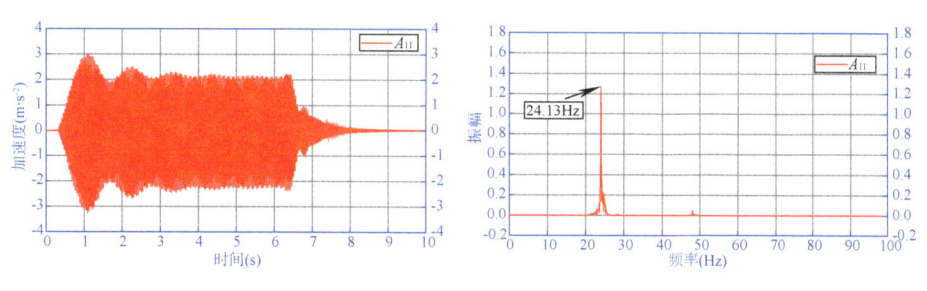

(a) 加速度响应历时曲线　　　　(b) 加速度响应对应的FFT

图4.14　模式M8激励作用下A_{11}加速度响应分布特性

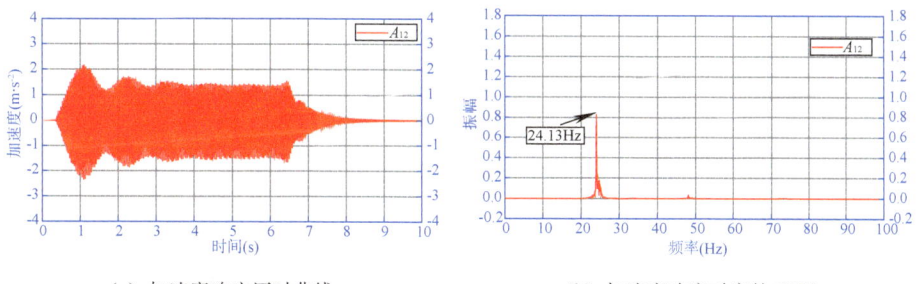

(a) 加速度响应历时曲线　　　　(b) 加速度响应对应的FFT

图4.15　模式M8激励作用下A_{12}加速度响应分布特性

(a) 加速度响应历时曲线　　　　　　　(b) 加速度响应对应的 FFT

图 4.16　模式 M8 激励作用下 A_{13} 加速度响应分布特性

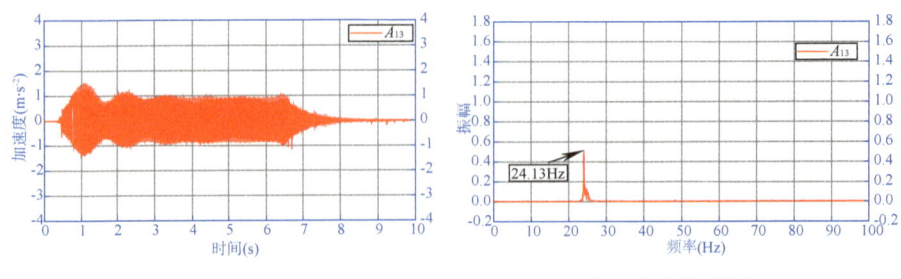

通过对图 4.14～图 4.16 分析可知，不同测点处加速度响应过程分为三个阶段，即瞬态响应阶段、稳态响应阶段、自由衰减阶段。其中，瞬态响应阶段 A_{11}、A_{12}、A_{13} 测点对应的加速度响应幅值为 3.255 m·s^{-2}、2.354 m·s^{-2}、1.529 m·s^{-2}；通过对稳态响应阶段的加速度响应分布过程进行 FFT 变换分析，分别得到 A_{11}、A_{12}、A_{13} 测点对应的加速度响应幅值为 2.364 m·s^{-2}、1.567 m·s^{-2}、0.979 m·s^{-2}，加速度响应主频率都为 24.13 Hz，进一步表明不同测点处的振动响应传播特性一样，加速度响应幅值不同。

通过榀一条件下的激励试验，得到水电站厂房三榀高性能组合楼板不同榀板心位置、校核点位置处的位移响应分布特性（方向垂直于楼板板面），如图 4.17～图 4.21 所示。

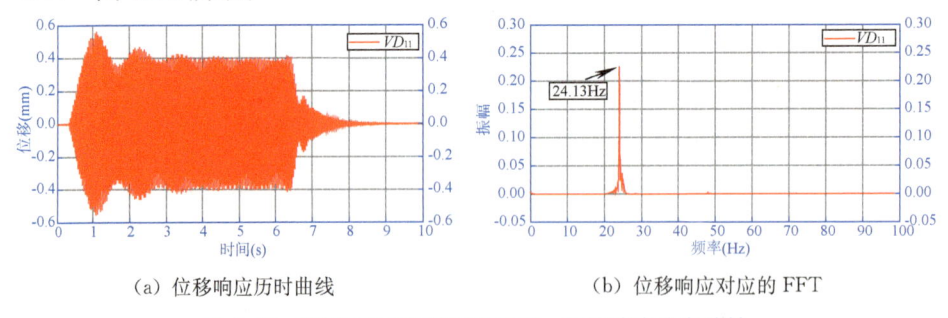

(a) 位移响应历时曲线　　　　　　　(b) 位移响应对应的 FFT

图 4.17　模式 M8 激励作用下 VD_{11} 位移响应分布特性

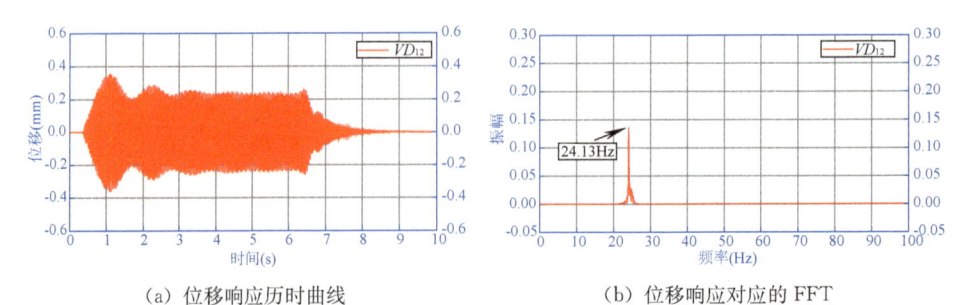

(a) 位移响应历时曲线　　　　　　　(b) 位移响应对应的 FFT

图 4.18　模式 M8 激励作用下 VD_{12} 位移响应分布特性

(a) 位移响应历时曲线　　　　　(b) 位移响应对应的FFT

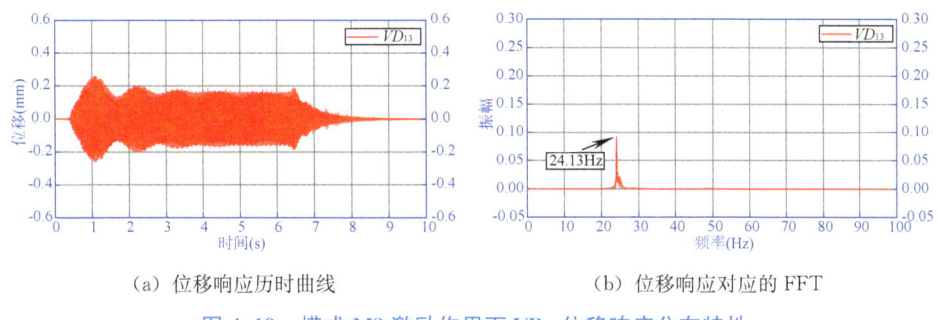

图 4.19　模式 M8 激励作用下 VD_{13} 位移响应分布特性

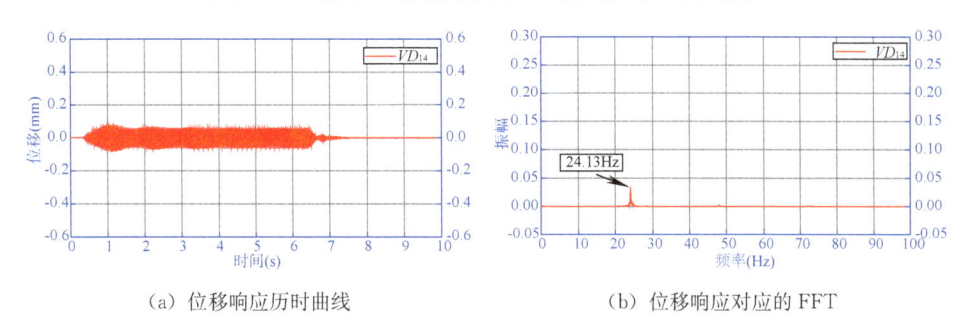

(a) 位移响应历时曲线　　　　　(b) 位移响应对应的 FFT

图 4.20　模式 M8 激励作用下 VD_{14} 位移响应分布特性

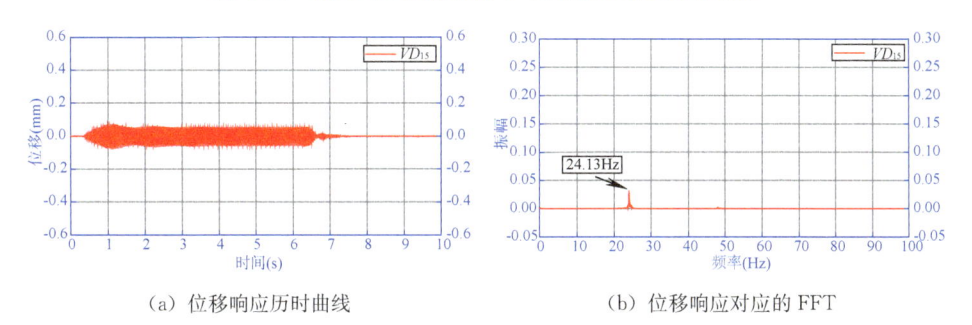

(a) 位移响应历时曲线　　　　　(b) 位移响应对应的 FFT

图 4.21　模式 M8 激励作用下 VD_{15} 位移响应分布特性

由图 4.17~图 4.21 分析表明,对于不同测点处位移响应而言,其过程也可分为三个阶段:瞬态响应阶段、稳态响应阶段、自由衰减阶段。其中,瞬态响应阶段 VD_{11}、VD_{12}、VD_{13}、VD_{14}、VD_{15} 测点的位移响应幅值分别为 0.562 mm、0.363 mm、0.261 mm、0.081 mm、0.078 mm;通过稳态响应阶段的 FFT 变换分析表明,VD_{11}、VD_{12}、VD_{13}、VD_{14}、VD_{15} 测点对应的位移响应幅值分别为 0.411 mm、0.250 mm、0.171 mm、0.062 mm、0.057 mm,位移响应主频率皆为 24.13 Hz。通过位移响应分析表明,水电站厂房三榀高性能组合楼板不同测点处的振动响应传播特性仍然保持一致,而位移响应幅值不同。

由榀一激励试验,得到水电站厂房三榀高性能组合楼板第一榀楼板上表面不同测点处的应变响应分布特性,如图 4.22~图 4.29 所示。

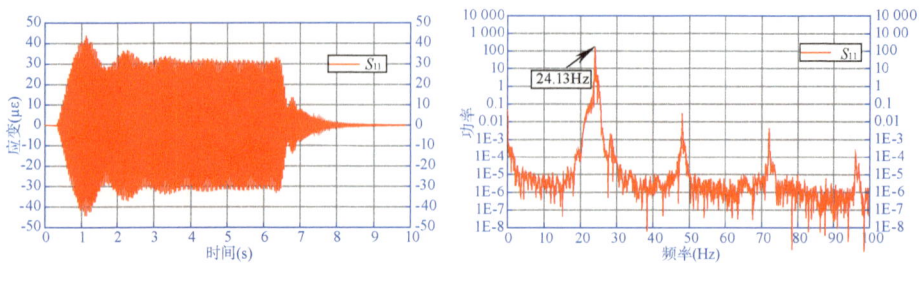

(a) 应变响应历时曲线　　　　　　　　(b) 应变响应对应的自功率谱

图 4.22　模式 M8 激励作用下 S_{11} 应变响应分布特性

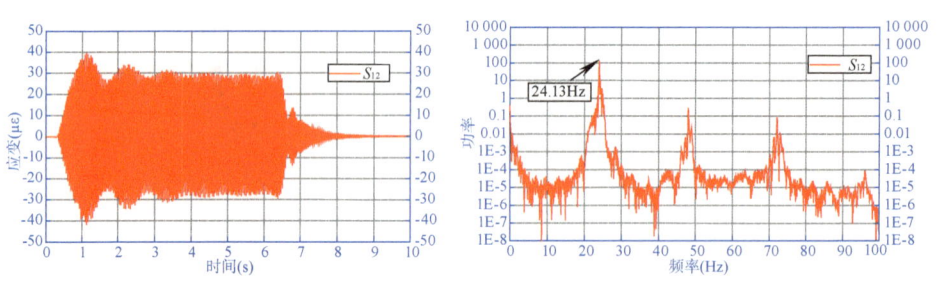

(a) 应变响应历时曲线　　　　　　　　(b) 应变响应对应的自功率谱

图 4.23　模式 M8 激励作用下 S_{12} 应变响应分布特性

(a) 应变响应历时曲线　　　　　　　　(b) 应变响应对应的自功率谱

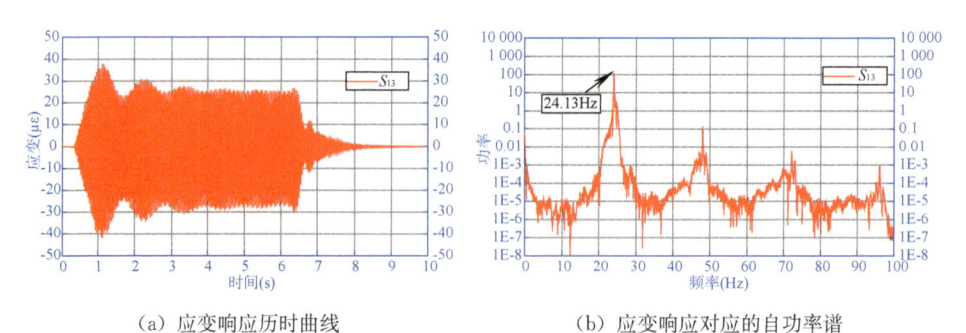

图 4.24　模式 M8 激励作用下 S_{13} 应变响应分布特性

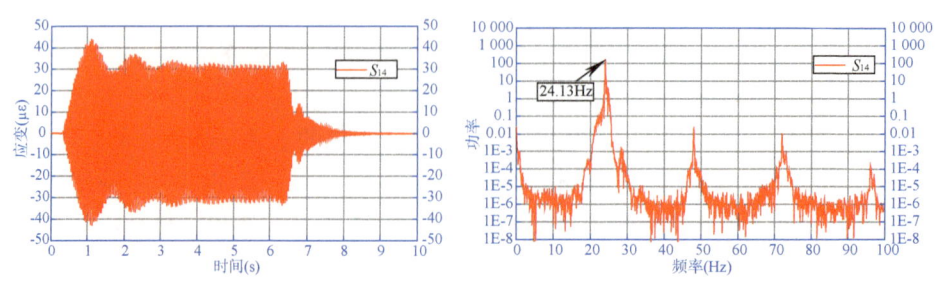

(a) 应变响应历时曲线　　　　　　　　(b) 应变响应对应的自功率谱

图 4.25　模式 M8 激励作用下 S_{14} 应变响应分布特性

第4章 水电站厂房组合框架高性能组合楼板激励响应特性

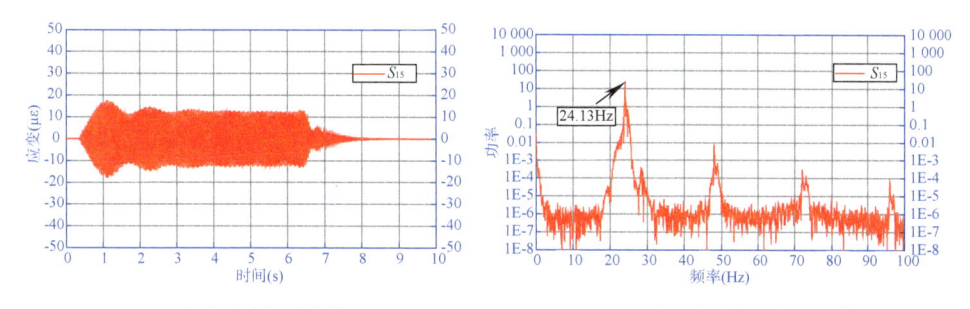

(a) 应变响应历时曲线　　　　　　　(b) 应变响应对应的自功率谱

图 4.26　模式 M8 激励作用下 S_{15} 应变响应分布特性

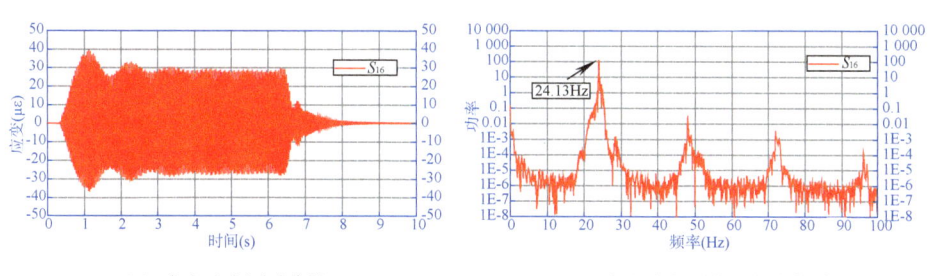

(a) 应变响应历时曲线　　　　　　　(b) 应变响应对应的自功率谱

图 4.27　模式 M8 激励作用下 S_{16} 应变响应分布特性

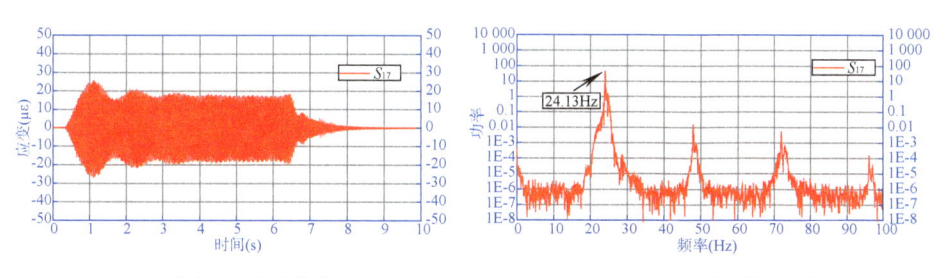

(a) 应变响应历时曲线　　　　　　　(b) 应变响应对应的功率谱

图 4.28　模式 M8 激励作用下 S_{17} 应变响应分布特性

(a) 应变响应历时曲线　　　　　　　(b) 应变响应对应的功率谱

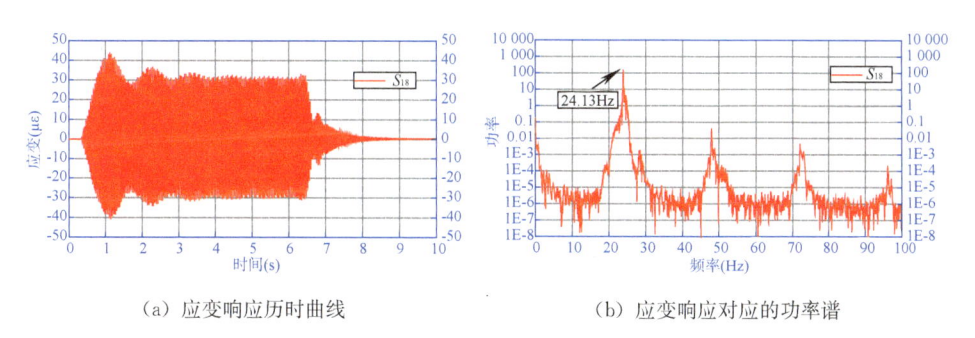

图 4.29　模式 M8 激励作用下 S_{18} 应变响应分布特性

通过对图 4.22～图 4.29 中应变响应分布特性进行分析表明,其响应过程也由瞬态响应、稳态响应、自由衰减三个部分组成,与加速度响应过程、位移响应过程完全一致。瞬态阶段 S_{11}～S_{18} 测点对应的应变响应分别为:44.29 $\mu\varepsilon$、41.82 $\mu\varepsilon$、41.96 $\mu\varepsilon$、44.09 $\mu\varepsilon$、17.94 $\mu\varepsilon$、39.61 $\mu\varepsilon$、26.89 $\mu\varepsilon$、43.97 $\mu\varepsilon$。进一步进行稳态阶段功率谱分析,得到其应变响应主频率为 24.13 Hz,S_{11}～S_{18} 测点处的应变响应幅值分别为:32.61 $\mu\varepsilon$、30.12 $\mu\varepsilon$、29.17 $\mu\varepsilon$、33.06 $\mu\varepsilon$、13.01 $\mu\varepsilon$、29.49 $\mu\varepsilon$、18.86 $\mu\varepsilon$、32.74 $\mu\varepsilon$。

4.3.2　榀二激励响应试验研究与响应特性分析

（1）激励调频测试

榀二条件下的水电站厂房三榀高性能组合楼板激励调频测点布置如图 4.30 所示,并测得 6 种不同模式(M6、M7、M8、M9、M10、M11)激励作用下的激励及其位移响应分布特性,如图 4.31～图 4.36 所示。

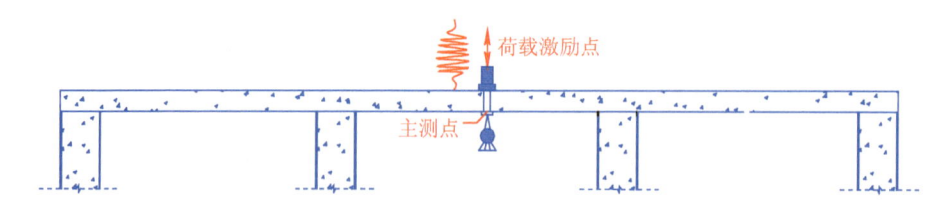

图 4.30　榀二组合楼板激励调频测点布置图

(a) 荷载激励历时曲线　　　　　(b) 荷载激励对应的 FFT

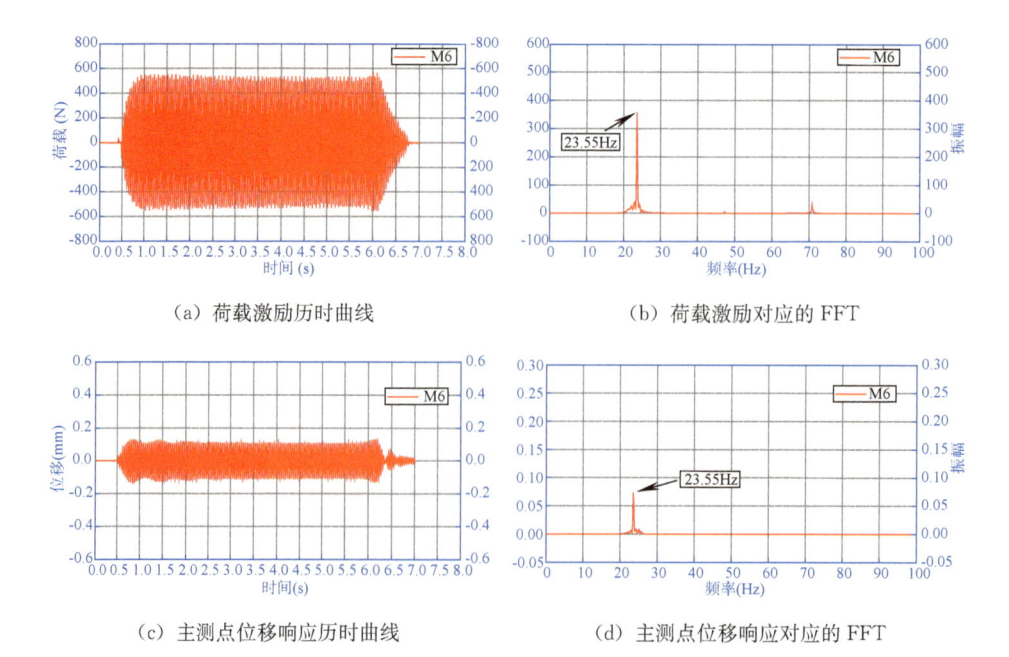

(c) 主测点位移响应历时曲线　　(d) 主测点位移响应对应的 FFT

图 4.31　模式 M6 激励作用下荷载激励及位移响应分布特性

第4章 水电站厂房组合框架高性能组合楼板激励响应特性

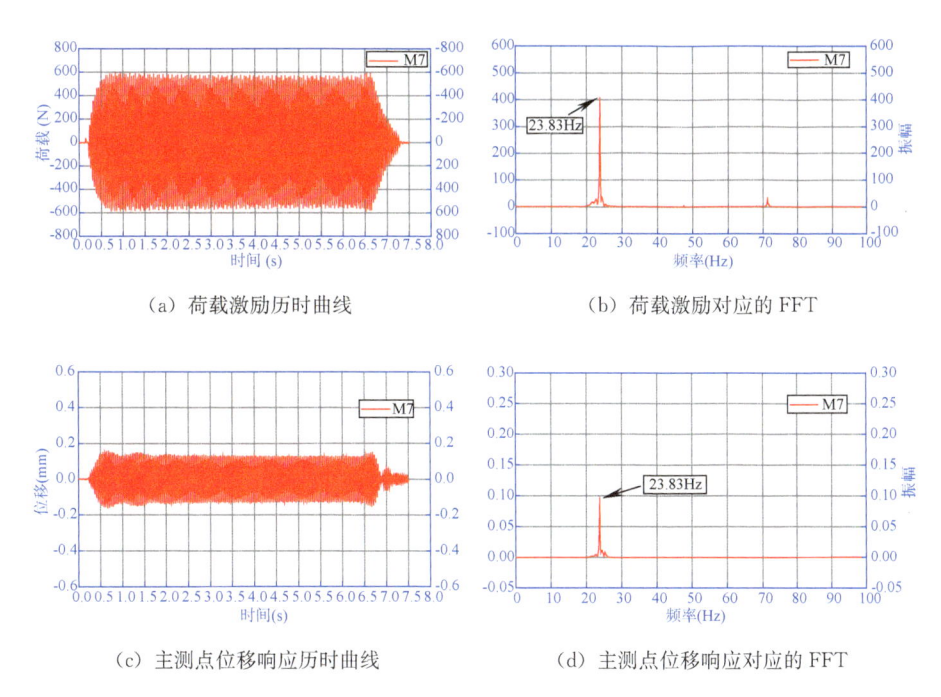

(a) 荷载激励历时曲线　　　　　　　(b) 荷载激励对应的 FFT

(c) 主测点位移响应历时曲线　　　　(d) 主测点位移响应对应的 FFT

图 4.32　模式 M7 激励作用下荷载激励及位移响应分布特性

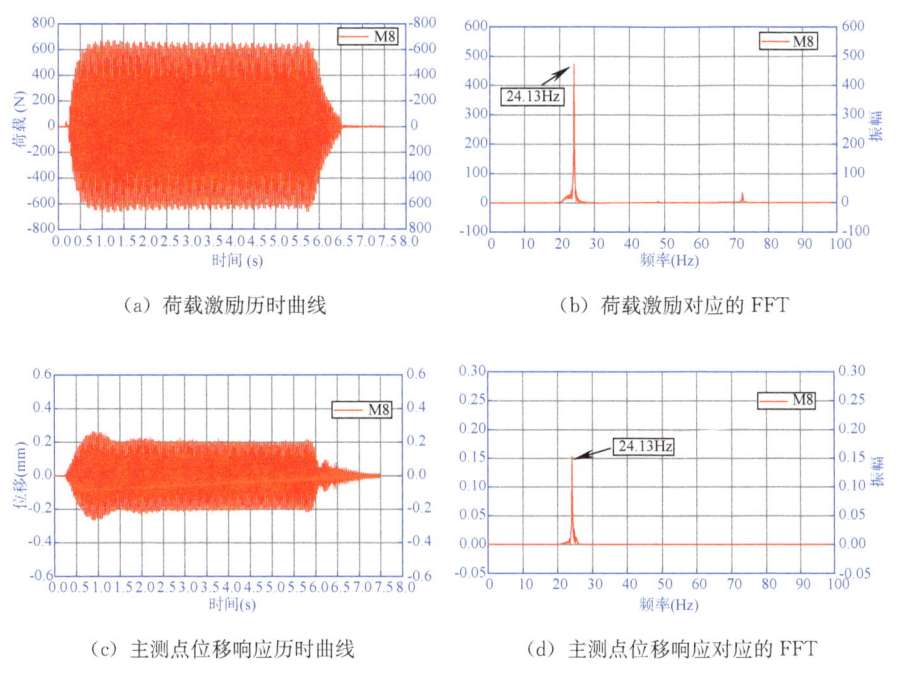

(a) 荷载激励历时曲线　　　　　　　(b) 荷载激励对应的 FFT

(c) 主测点位移响应历时曲线　　　　(d) 主测点位移响应对应的 FFT

图 4.33　模式 M8 激励作用下荷载激励及位移响应分布特性

(a) 荷载激励历时曲线　　　　　　　　(b) 荷载激励对应的 FFT

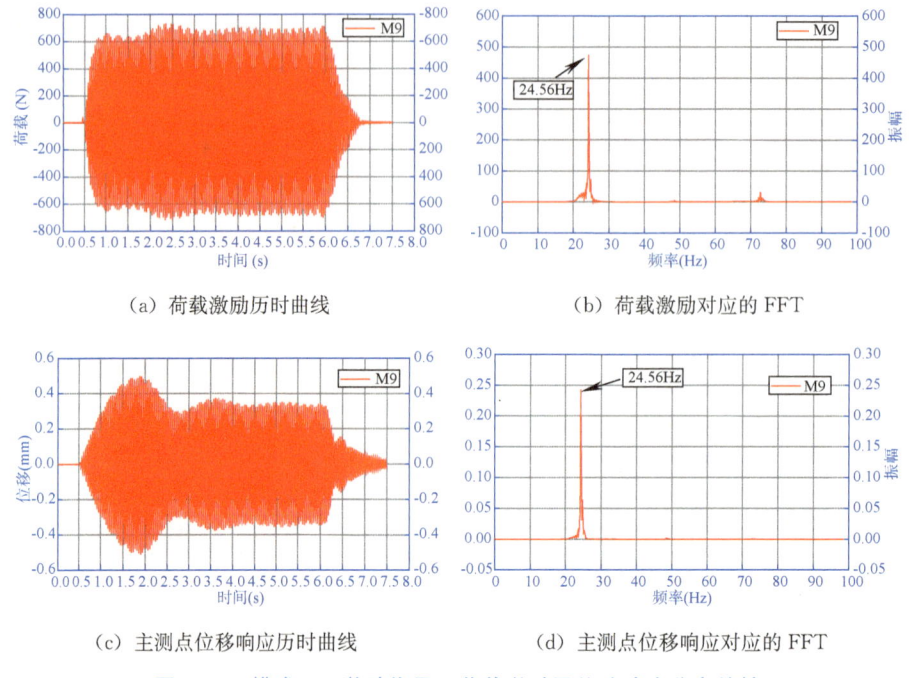

(c) 主测点位移响应历时曲线　　　　　(d) 主测点位移响应对应的 FFT

图 4.34　模式 M9 激励作用下荷载激励及位移响应分布特性

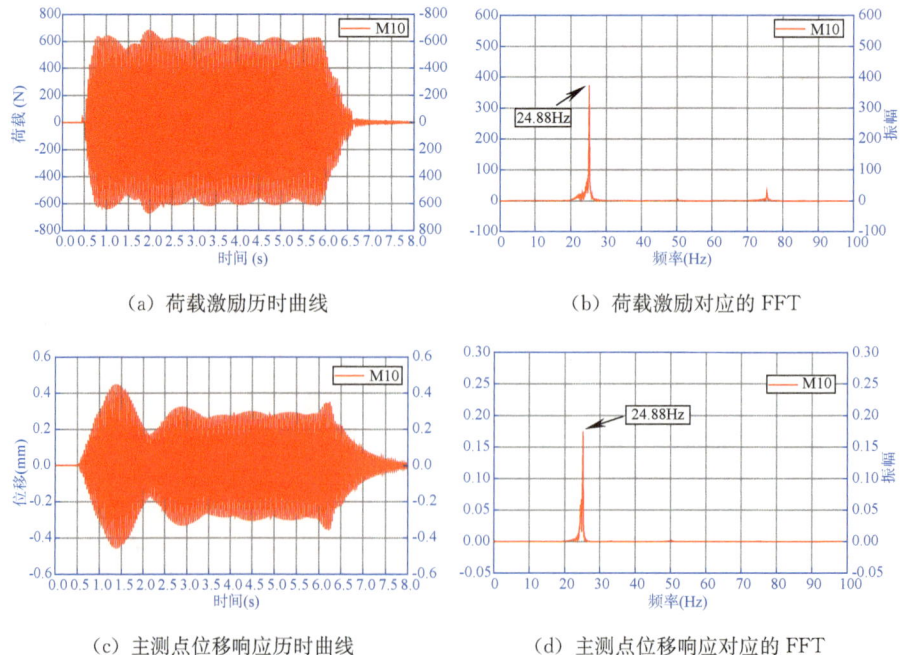

(a) 荷载激励历时曲线　　　　　　　　(b) 荷载激励对应的 FFT

(c) 主测点位移响应历时曲线　　　　　(d) 主测点位移响应对应的 FFT

图 4.35　模式 M10 激励作用下荷载激励及位移响应分布特性

第 4 章　水电站厂房组合框架高性能组合楼板激励响应特性

(a) 荷载激励历时曲线

(b) 荷载激励对应的 FFT

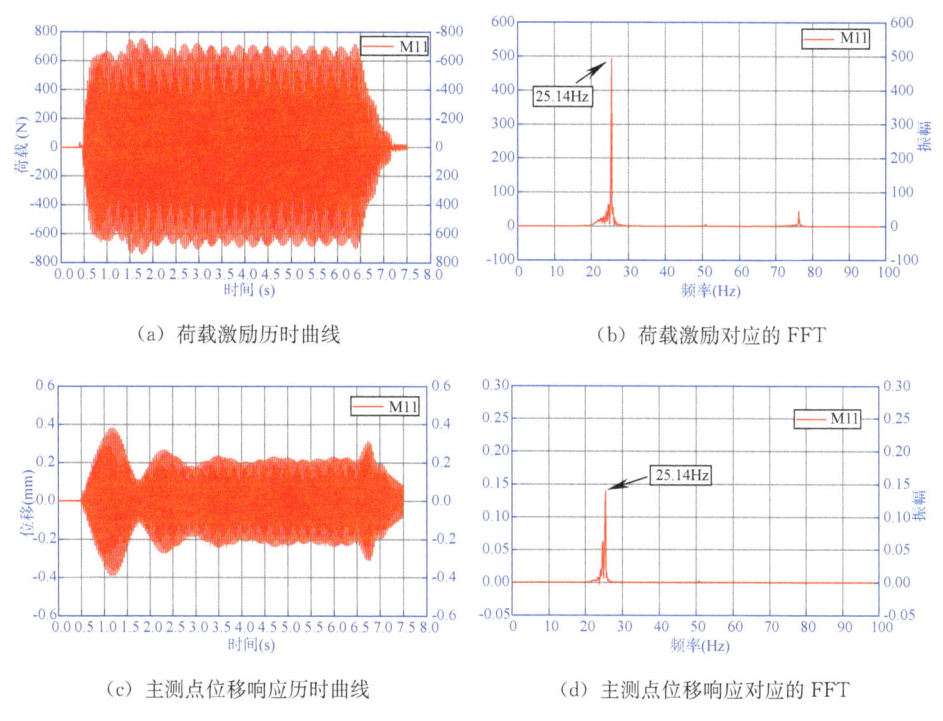

(c) 主测点位移响应历时曲线

(d) 主测点位移响应对应的 FFT

图 4.36　模式 M11 激励作用下荷载激励及位移响应分布特性

对图 4.31~图 4.36 进行统计分析,得到 6 种不同模式下的激励特征参数,见表 4.4。

表 4.4　6 种不同模式下激励特征参数一览表

节流调频转换模式		荷载激励			主测点位移响应		
		瞬态幅值 $F_{瞬}(N)$	稳态频率 $f_{稳}(Hz)$	稳态幅值 $F_{稳}(N)$	瞬态幅值 $\delta_{瞬}(mm)$	稳态频率 $f_{稳}(Hz)$	稳态幅值 $\delta_{主}(mm)$
M6	0.20 MPa	567.48	23.55	533.26	0.134	23.55	0.112
M7	0.22 MPa	598.93	23.83	574.42	0.163	23.83	0.131
M8	0.24 MPa	677.09	24.13	634.72	0.267	24.13	0.205
M9	0.26 MPa	730.28	24.56	676.52	0.512	24.56	0.367
M10	0.28 MPa	684.49	24.88	621.77	0.458	24.88	0.295
M11	0.30 MPa	741.38	25.14	641.43	0.391	25.14	0.232

通过比较表 4.4 中主测点位移响应稳态幅值,确定在模式 M9 作用下,该种装配式高性能组合楼板在榀一条件下的激励效果最显著,确定为榀一的激励响

应试验激励频率。

(2) 试验测试过程

根据榀二加速度、位移、应变等测试内容及测区测点布置情况,进行该种工况下的激励响应试验测试,测点布置及测试现场如图4.37所示。参考榀一条件下的测试,本次测试激励时长取为5 s。

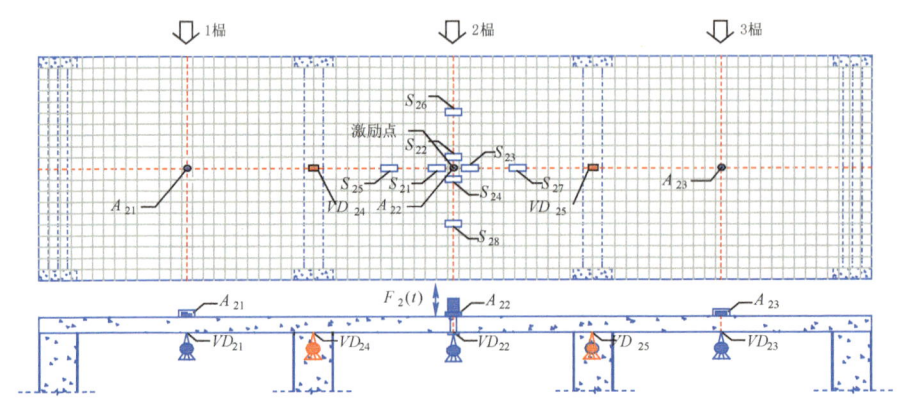

(a) 榀二激励响应测点布置示意图

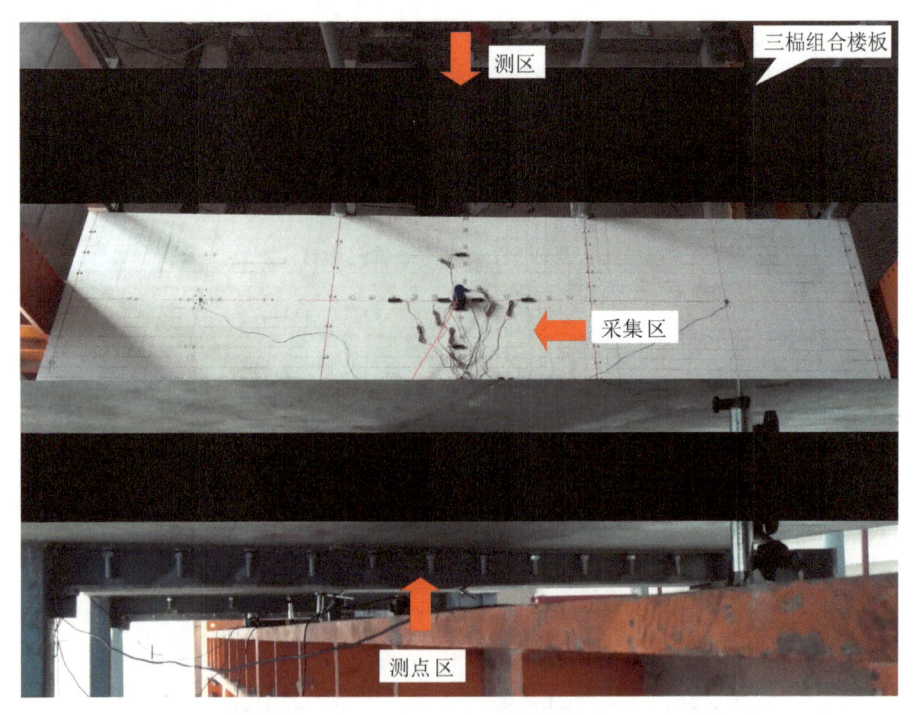

(b) 榀二激励响应测试现场

图 4.37　水电站厂房三榀高性能组合楼板榀二试验测试

第4章 水电站厂房组合框架高性能组合楼板激励响应特性

通过开发的空气调频激励系统,对水电站厂房三榀高性能组合楼板进行榀二条件下的激励测试,得到在模式9激励下的荷载激励 F_2 分布特性,如图4.38所示。

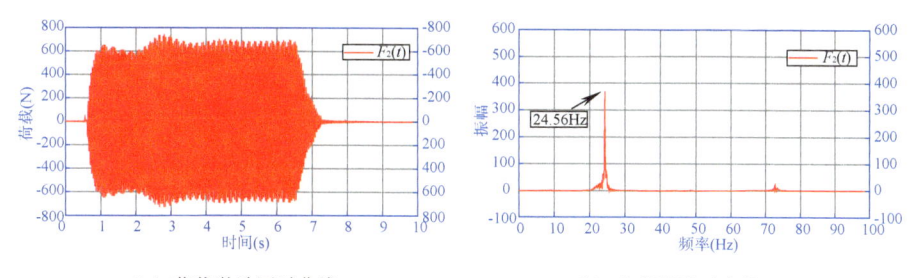

(a) 荷载激励历时曲线　　(b) 荷载激励对应的FFT

图 4.38　模式 M9 激励作用下 F_2 荷载激励分布特性

由图4.38(a)分析可知,激励过程主要由三个阶段(开阀阶段、稳态阶段、闭阀阶段)组成。其中,开阀阶段荷载激励幅值为744.62 N;通过对稳态阶段的荷载激励过程进行 FFT 变换,得到稳态阶段荷载激励对应的最优激励频率为24.56 Hz,最优荷载激励幅值为696.05 N。

(3) 试验结果分析

通过榀二条件下的激励试验,得到水电站厂房三榀高性能组合楼板不同榀板心位置处的加速度响应分布特性(加速度方向垂直于楼板板面),如图4.39~图4.41所示。

(a) 加速度响应历时曲线　　(b) 加速度响应对应的FFT

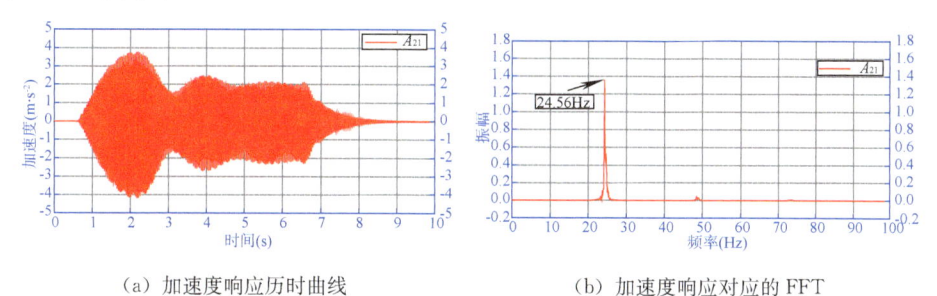

图 4.39　模式 M9 激励作用下 A_{21} 加速度响应分布特性

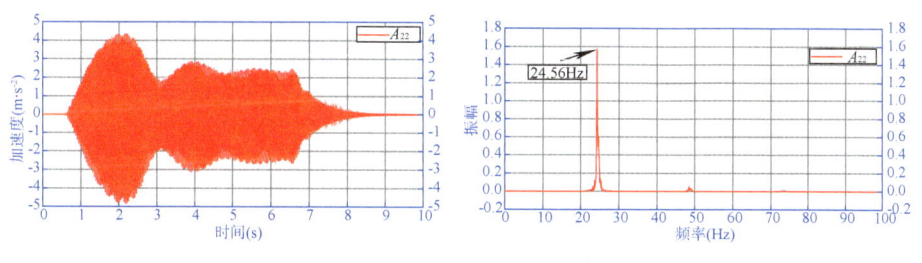

(a) 加速度响应历时曲线　　(b) 加速度响应对应的FFT

图 4.40　模式 M9 激励作用下 A_{22} 加速度响应分布特性

(a) 加速度响应历时曲线　　　　　　　(b) 加速度响应对应的 FFT

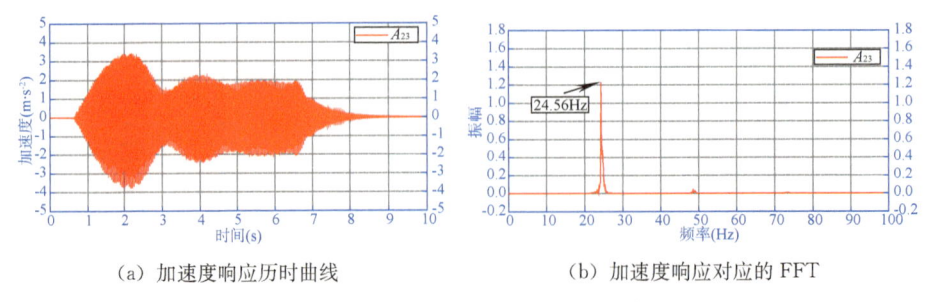

图 4.41　模式 M9 激励作用下 A_{23} 加速度响应分布特性

通过对图 4.39～图 4.41 分析表明，此加速度响应过程仍然分为三个阶段（瞬态响应阶段、稳态响应阶段、自由衰减阶段），其中，瞬态响应时长较长，瞬态阶段 A_{21}、A_{22}、A_{23} 测点加速度响应幅值分别为 4.171 m·s^{-2}、4.825 m·s^{-2}、3.776 m·s^{-2}；通过对稳态响应阶段进行分析，分别得到 A_{21}、A_{22}、A_{23} 测点处加速度响应幅值分别为 2.164 m·s^{-2}、2.695 m·s^{-2}、2.108 m·s^{-2}，加速度响应主频率都为 24.56 Hz，同样表明不同测点处的振动响应传播特性一样，加速度响应幅值不同，但区别于榀一。

通过榀二条件下的激励试验，得到水电站厂房三榀高性能组合楼板不同榀板心位置（VD_{21}、VD_{22}、VD_{23}）、校核点位置（VD_{24}、VD_{25}）处的位移响应分布特性（方向垂直于楼板板面），如图 4.42～图 4.46 所示。

(a) 位移响应历时曲线　　　　　　　(b) 位移响应对应的 FFT

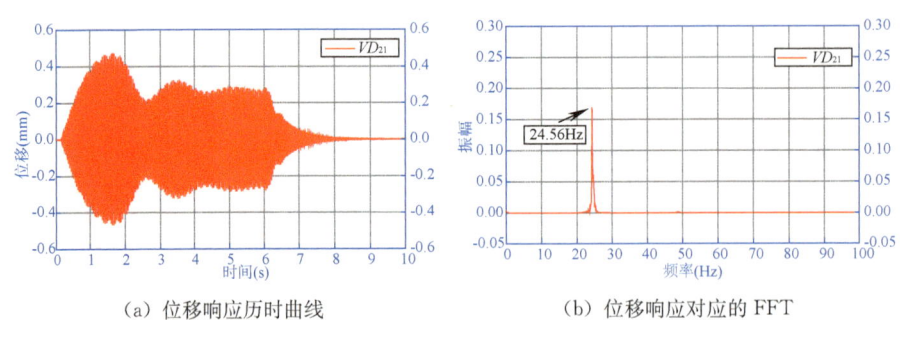

图 4.42　模式 M9 激励作用下 VD_{21} 位移响应分布特性

(a) 位移响应历时曲线　　　　　　　(b) 位移响应对应的 FFT

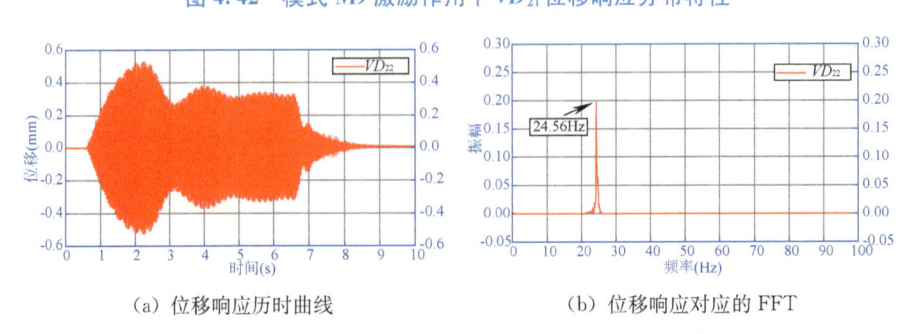

图 4.43　模式 M9 激励作用下 VD_{22} 位移响应分布特性

第 4 章　水电站厂房组合框架高性能组合楼板激励响应特性

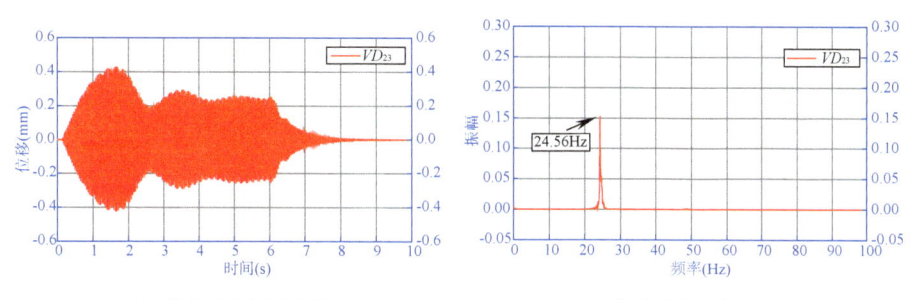

(a) 位移响应历时曲线　　　　　　(b) 位移响应对应的 FFT

图 4.44　模式 M9 激励作用下 VD_{23} 位移响应分布特性

(a) 位移响应历时曲线　　　　　　(b) 位移响应对应的 FFT

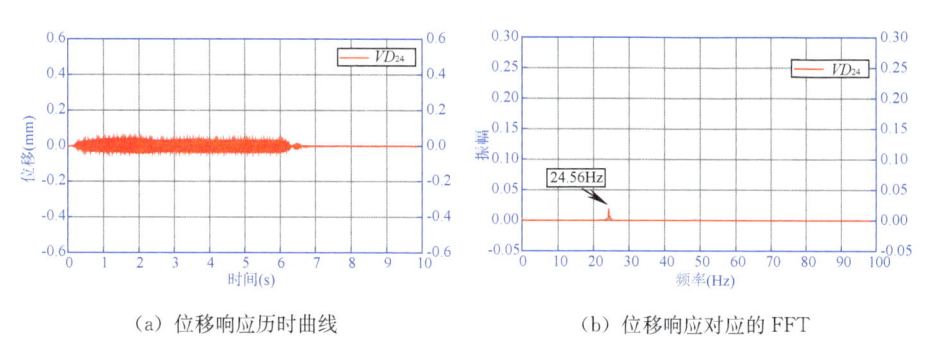

图 4.45　模式 M9 激励作用下 VD_{24} 位移响应分布特性

(a) 位移响应历时曲线　　　　　　(b) 位移响应对应的 FFT

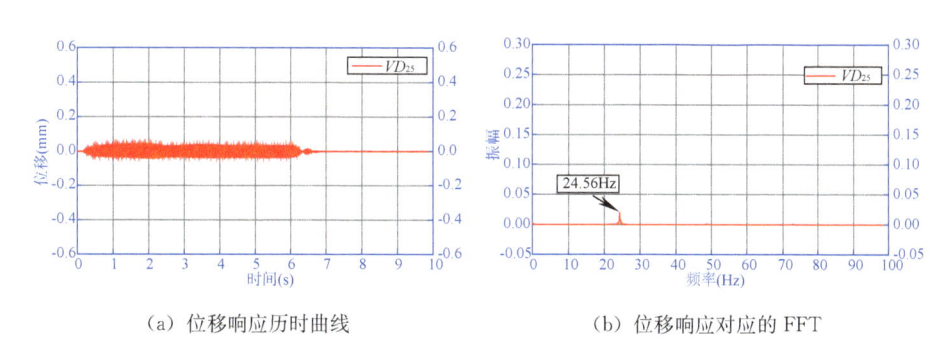

图 4.46　模式 M9 激励作用下 VD_{25} 位移响应分布特性

通过对图 4.42～图 4.46 分析表明,该种工况下的响应过程同样出现三个阶段特性(瞬态响应阶段、稳态响应阶段、自由衰减阶段)。因此,对瞬态阶段进行分析,得到 VD_{21}、VD_{22}、VD_{23}、VD_{24}、VD_{25} 测点处的位移响应幅值分别为 0.474 mm、0.529 mm、0.429 mm、0.046 mm、0.047 mm;对稳态响应阶段进行 FFT 变换可得 VD_{21}、VD_{22}、VD_{23}、VD_{24}、VD_{25} 测点处的位移响应幅值分别为 0.288 mm、0.334 mm、0.261 mm、0.039 mm、0.037 mm,位移响应主频率皆为 24.56 Hz。

由榀二条件下的激励试验,测得第二榀楼板上表面测区不同测点处的应变响应分布特性,如图 4.47~图 4.54 所示。

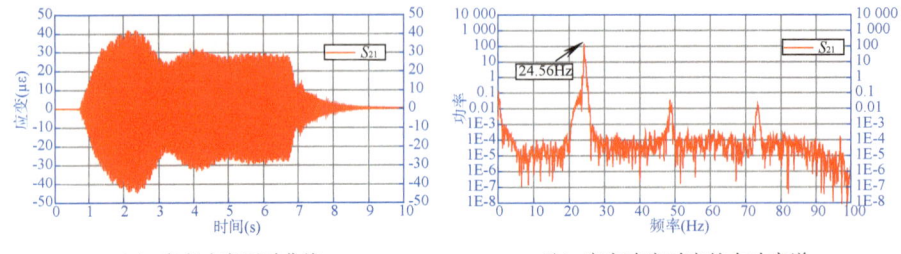

(a) 应变响应历时曲线　　　　(b) 应变响应对应的自功率谱

图 4.47　模式 M9 激励作用下 S_{21} 应变响应分布特性

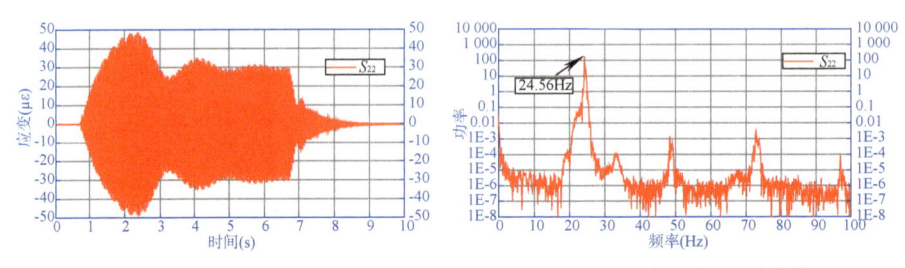

(a) 应变响应历时曲线　　　　(b) 应变响应对应的自功率谱

图 4.48　模式 M9 激励作用下 S_{22} 应变响应分布特性

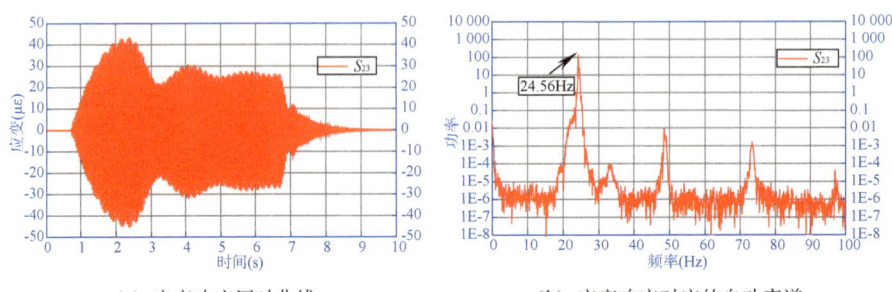

(a) 应变响应历时曲线　　　　(b) 应变响应对应的自功率谱

图 4.49　模式 M9 激励作用下 S_{23} 应变响应分布特性

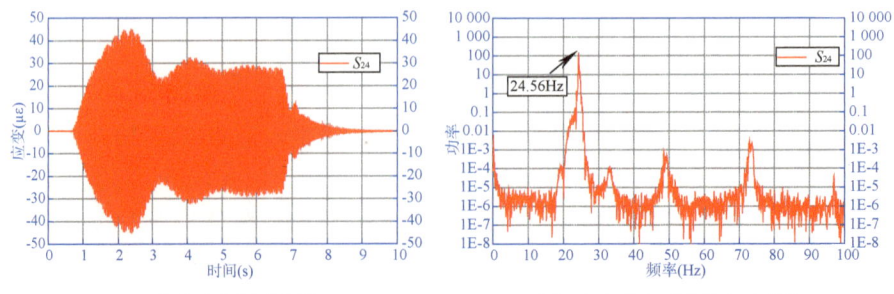

(a) 应变响应历时曲线　　　　(b) 应变响应对应的自功率谱

图 4.50　模式 M9 激励作用下 S_{24} 应变响应分布特性

第 4 章 水电站厂房组合框架高性能组合楼板激励响应特性

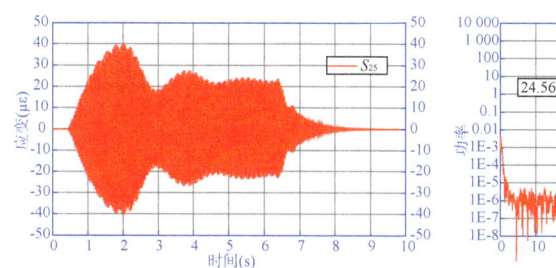

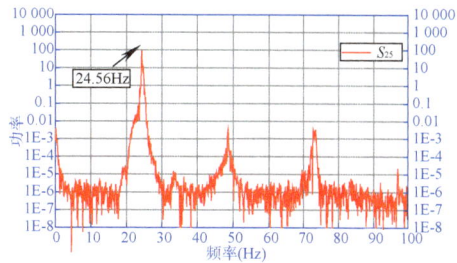

(a) 应变响应历时曲线　　　　　　(b) 应变响应对应的自功率谱

图 4.51　模式 M9 激励作用下 S_{25} 应变响应分布特性

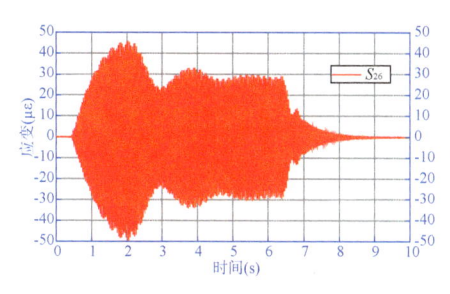

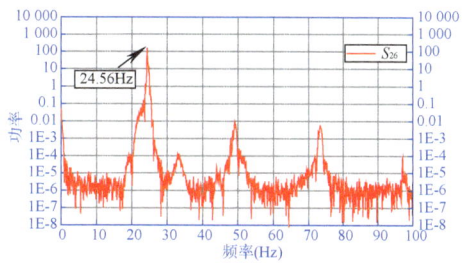

(a) 应变响应历时曲线　　　　　　(b) 应变响应对应的自功率谱

图 4.52　模式 M9 激励作用下 S_{26} 应变响应分布特性

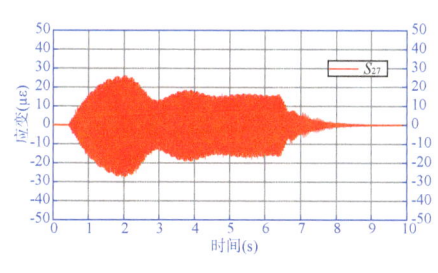

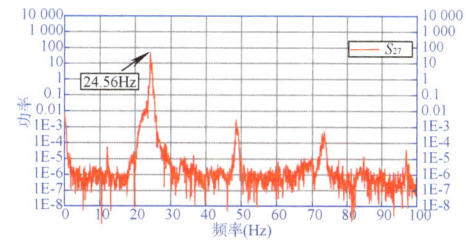

(a) 应变响应历时曲线　　　　　　(b) 应变响应对应的自功率谱

图 4.53　模式 M9 激励作用下 S_{27} 应变响应分布特性

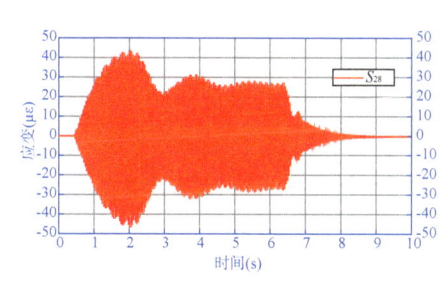

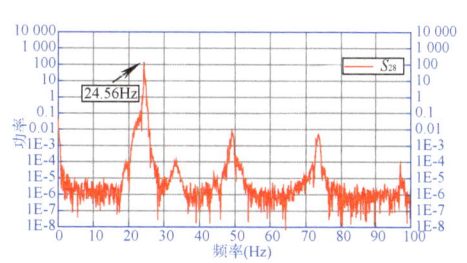

(a) 应变响应历时曲线　　　　　　(b) 应变响应对应的自功率谱

图 4.54　模式 M9 激励作用下 S_{28} 应变响应分布特性

通过对榀二条件下(图 4.47～图 4.54)应变响应分布特性分析可得,其响应过程由瞬态响应、稳态响应、自由衰减 3 个部分组成。其中,瞬态阶段 S_{21}～S_{28} 不同测点的应变响应幅值分别是：44.77 $\mu\varepsilon$、49.02 $\mu\varepsilon$、45.61 $\mu\varepsilon$、45.19 $\mu\varepsilon$、40.50 $\mu\varepsilon$、49.45 $\mu\varepsilon$、27.35 $\mu\varepsilon$、46.83 $\mu\varepsilon$；通过功率谱分析得到其应变响应主频率都为 24.56 Hz,S_{21}～S_{28} 不同测点处的应变响应幅值分别为：29.89 $\mu\varepsilon$、31.99 $\mu\varepsilon$、28.46 $\mu\varepsilon$、29.21 $\mu\varepsilon$、24.28 $\mu\varepsilon$、30.53 $\mu\varepsilon$、17.05 $\mu\varepsilon$、28.91 $\mu\varepsilon$,呈现出不同的应变响应分布。

4.3.3 榀三激励响应试验研究与响应特性分析

(1) 激励调频测试

榀三条件下的水电站厂房三榀高性能组合楼板激励调频测点布置如图 4.55 所示,并测得 6 种不同模式(M7、M7.5、M8、M8.5、M9、M9.5)激励作用下的激励及其位移响应分布特性,如图 4.56～图 4.61 所示。

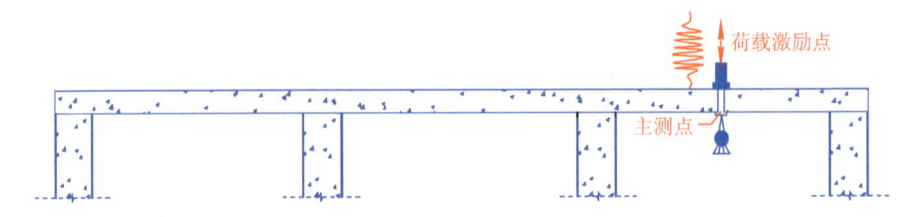

图 4.55 榀三组合楼板激励调频测点布置图

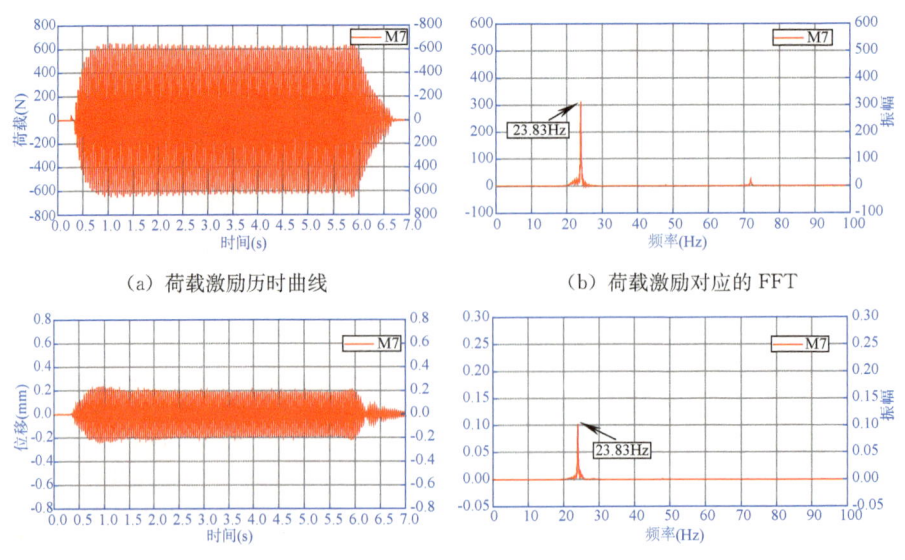

(a) 荷载激励历时曲线

(b) 荷载激励对应的 FFT

(c) 主测点位移响应历时曲线

(d) 主测点位移响应对应的 FFT

图 4.56 模式 M7 激励作用下荷载激励及位移响应分布特性

第 4 章 水电站厂房组合框架高性能组合楼板激励响应特性

(a) 荷载激励历时曲线

(b) 荷载激励对应的 FFT

(c) 主测点位移响应历时曲线

(d) 主测点位移响应对应的 FFT

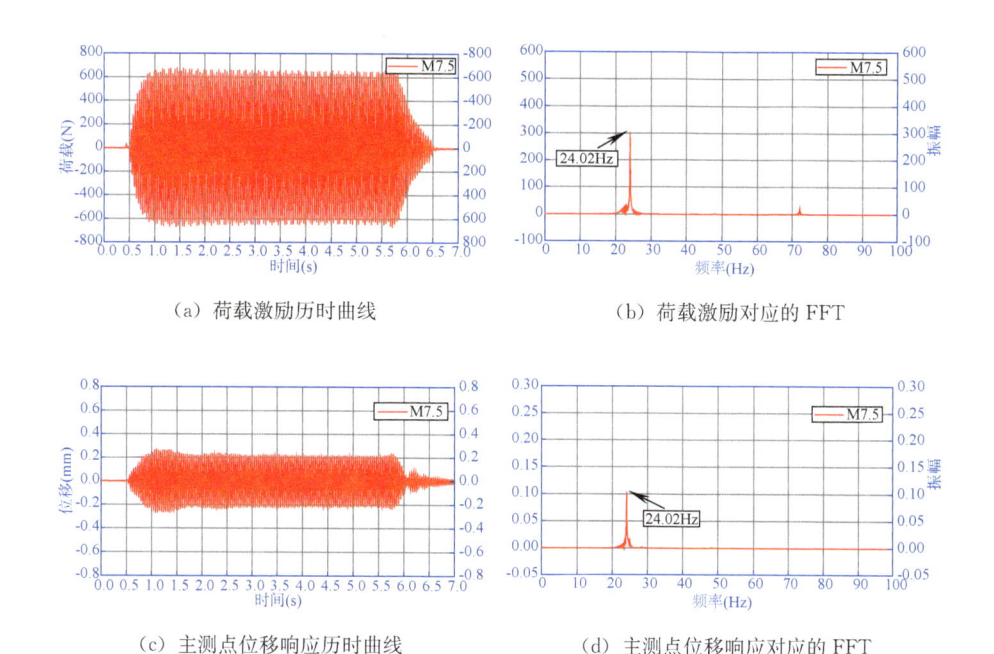

图 4.57 模式 M7.5 激励作用下荷载激励及位移响应分布特性

(a) 荷载激励历时曲线

(b) 荷载激励对应的 FFT

(c) 主测点位移响应历时曲线

(d) 主测点位移响应对应的 FFT

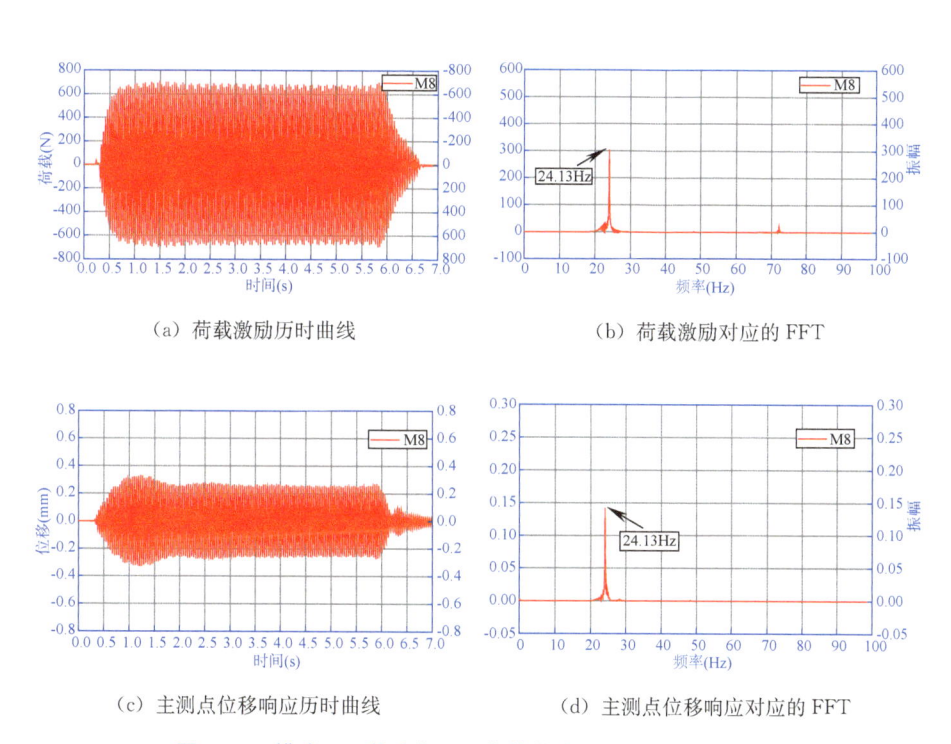

图 4.58 模式 M8 激励作用下荷载激励及位移响应分布特性

(a) 荷载激励历时曲线　　　　　　　　(b) 荷载激励对应的 FFT

(c) 主测点位移响应历时曲线　　　　　(d) 主测点位移响应对应的 FFT

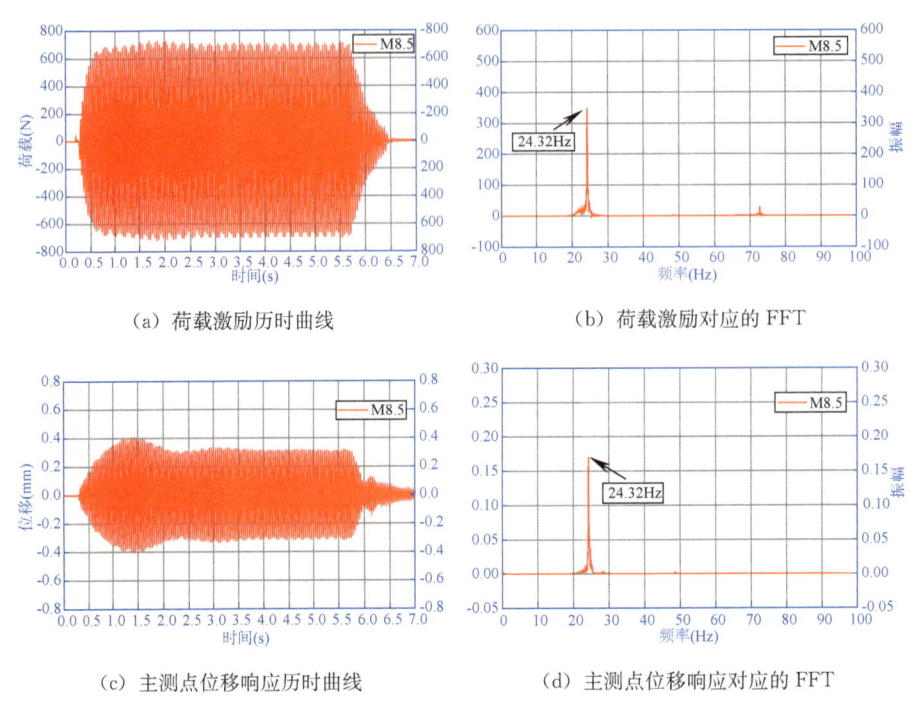

图 4.59　模式 M8.5 激励作用下荷载激励及位移响应分布特性

(a) 荷载激励历时曲线　　　　　　　　(b) 荷载激励对应的 FFT

(c) 主测点位移响应历时曲线　　　　　(d) 主测点位移响应对应的 FFT

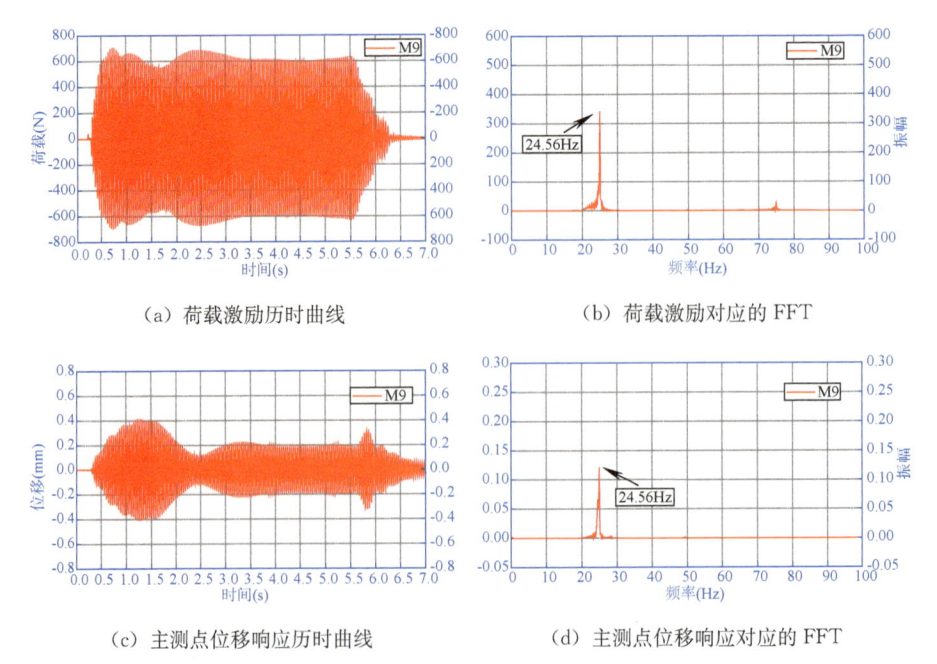

图 4.60　模式 M9 激励作用下荷载激励及位移响应分布特性

第4章 水电站厂房组合框架高性能组合楼板激励响应特性

(a) 荷载激励历时曲线

(b) 荷载激励对应的FFT

(c) 主测点位移响应历时曲线

(d) 主测点位移响应对应的FFT

图 4.61 模式 M9.5 激励作用下荷载激励及位移响应分布特性

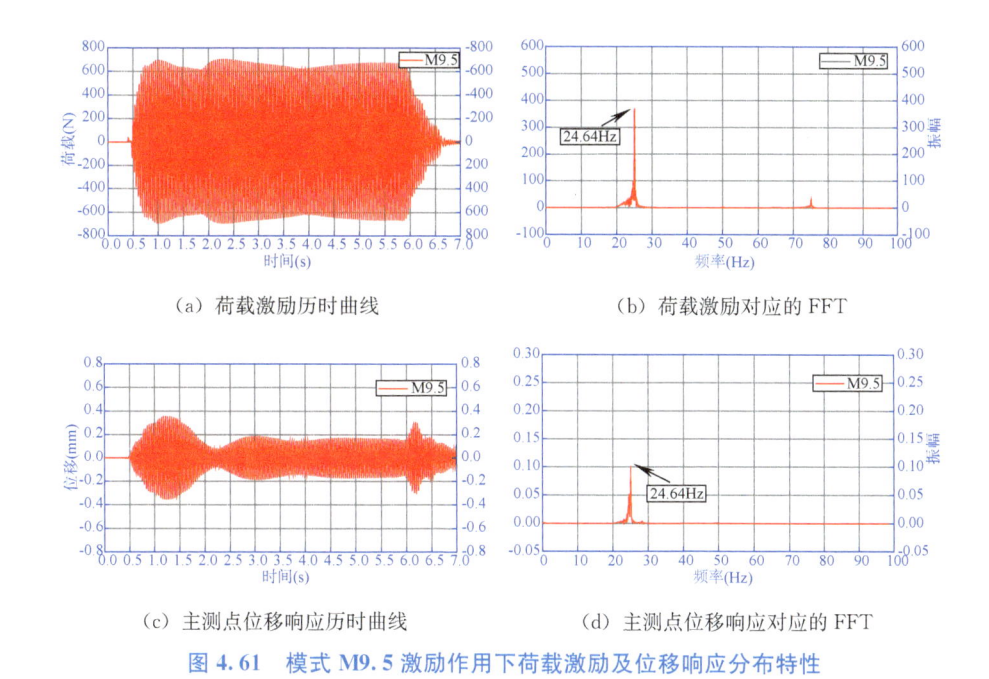

通过对图 4.56～图 4.61 进行分析,得到 6 种不同模式下的激励特征参数,见表 4.5。

表 4.5　6 种不同模式下激励特征参数一览表

节流调频转换模式		荷载激励			主测点位移响应		
		瞬态幅值 $F_{瞬}$(N)	稳态频率 $f_{稳}$(Hz)	稳态幅值 $F_{稳}$(N)	瞬态幅值 $\delta_{瞬}$(mm)	稳态频率 $f_{稳}$(Hz)	稳态幅值 $\delta_{主}$(mm)
M7	0.22 MPa	665.53	23.83	612.37	1.849	23.83	0.255
M7.5	0.23 MPa	679.41	24.02	646.12	0.273	24.02	0.241
M8	0.24 MPa	708.08	24.13	679.58	0.331	24.13	0.273
M8.5	0.25 MPa	728.43	24.32	697.62	0.417	24.32	0.334
M9	0.26 MPa	703.92	24.56	622.35	0.403	24.56	0.221
M9.5	0.27 MPa	706.69	24.64	641.84	0.356	24.64	0.172

通过对表 4.5 中主测点位移响应稳态幅值进行对比表明:在模式 M8.5 作用下,该种装配式高性能组合楼板在榀三条件下的激励效果最显著,被选作为榀三激励响应试验的激励频率。

(2) 激励测试过程

根据榀三测试内容及测区测点布置,进行该种工况下的激励响应试验测试,

093

测点布置及测试现场如图 4.62 所示，本次测试激励时长取为 5 s。

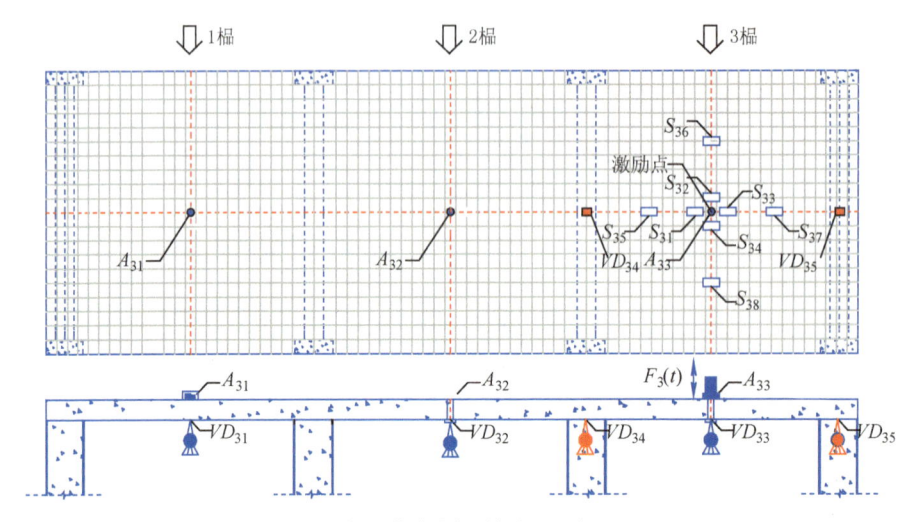

(a) 榀三激励响应测点布置示意图

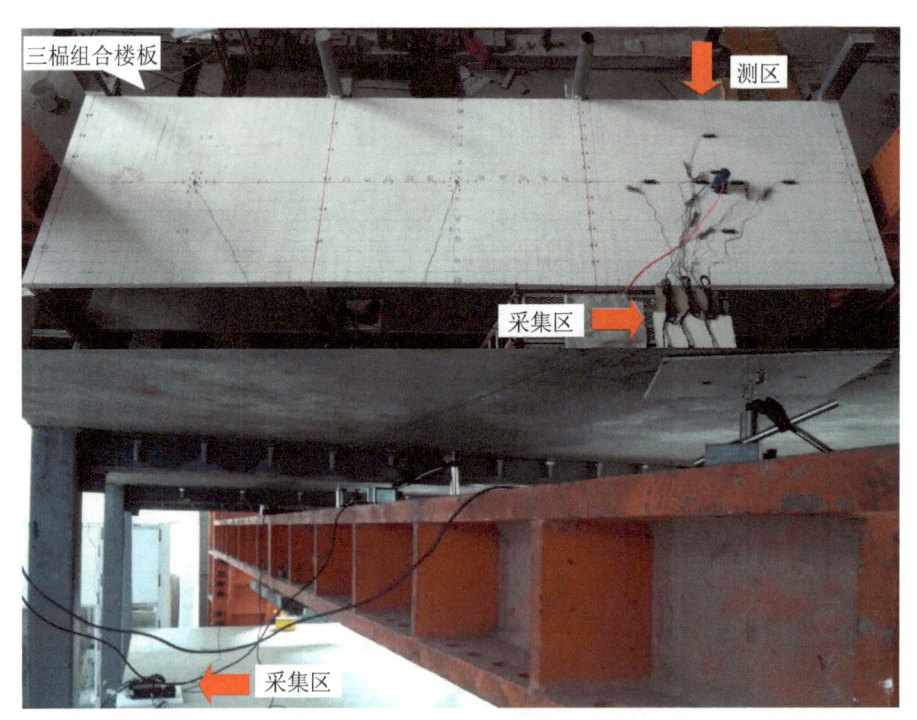

(b) 榀三激励响应测试现场

图 4.62 水电站厂房三榀高性能组合楼板榀三试验测试

通过开发的空气调频激励系统，进行榀三条件下的激励测试，得到在模式 M8.5 激励下的荷载激励 F_3 分布特性，如图 4.63 所示。

第4章 水电站厂房组合框架高性能组合楼板激励响应特性

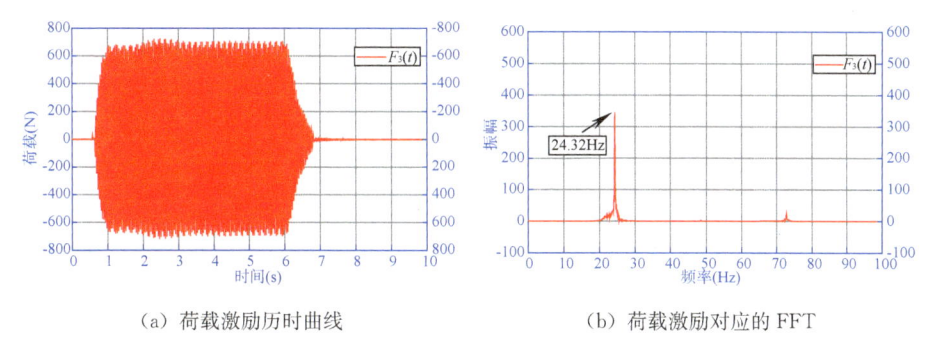

(a) 荷载激励历时曲线　　　　　(b) 荷载激励对应的FFT

图 4.63　模式 M8.5 激励作用下 F_3 荷载激励分布特性

由图 4.63(a)可知,激励过程主要由三个阶段(开阀阶段、稳态阶段、闭阀阶段)组成。其中,开阀阶段荷载激励幅值为 726.12 N;对稳态阶段的荷载激励过程进行 FFT 分析,得到稳态阶段荷载激励对应的激励主频率为 24.32 Hz,荷载激励幅值为 708.08 N。

(3) 试验结果分析

进行楒三条件下的激励试验,得到水电站厂房三楒高性能组合楼板不同楒板心位置处的加速度响应分布特性(加速度方向垂直于楼板板面),如图 4.64~图 4.66 所示。

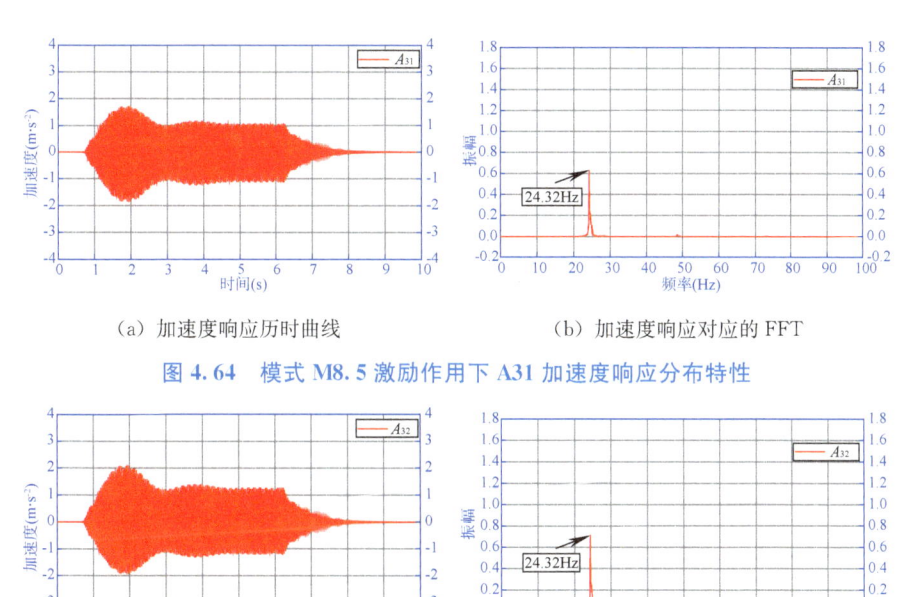

(a) 加速度响应历时曲线　　　　　(b) 加速度响应对应的FFT

图 4.64　模式 M8.5 激励作用下 A_{31} 加速度响应分布特性

(a) 加速度响应历时曲线　　　　　(b) 加速度响应对应的FFT

图 4.65　模式 M8.5 激励作用下 A_{32} 加速度响应分布特性

(a) 加速度响应历时曲线　　　　　　(b) 加速度响应对应的 FFT

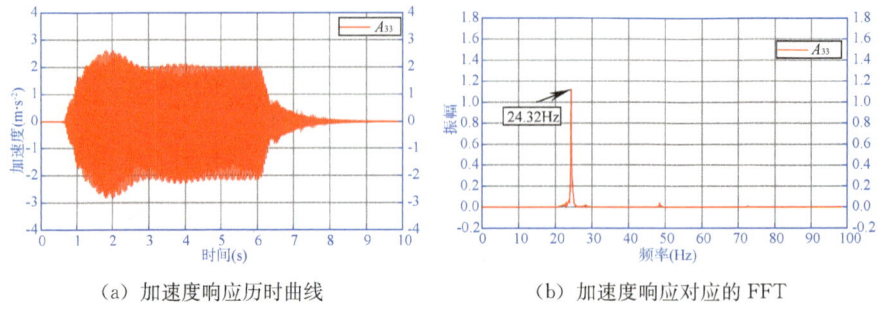

图 4.66　模式 M8.5 激励作用下 A_{33} 加速度响应分布特性

通过图 4.64～图 4.66 可知,加速度响应过程可以由瞬态响应阶段、稳态响应阶段、自由衰减阶段三个阶段加以描述。瞬态阶段测点 A_{31}、A_{32}、A_{33} 处的加速度响应幅值分别为 1.868 m·s^{-2}、2.111 m·s^{-2}、2.837 m·s^{-2};通过对稳态响应阶段进行分析,分别得到 A_{31}、A_{32}、A_{33} 测点处加速度响应幅值分别为 1.136 m·s^{-2}、1.283 m·s^{-2}、2.185 m·s^{-2},加速度响应主频率都为 24.32 Hz,同样表明不同测点处的振动响应传播特性一样,加速度响应幅值不同,与榀一加速度响应特性类似。

进行榀三条件下的激励试验,得到不同榀板心处(VD_{31}、VD_{32}、VD_{33})及校核点(VD_{34}、VD_{35})的位移响应分布特性(方向垂直于楼板板面),如图 4.67～图 4.71 所示。

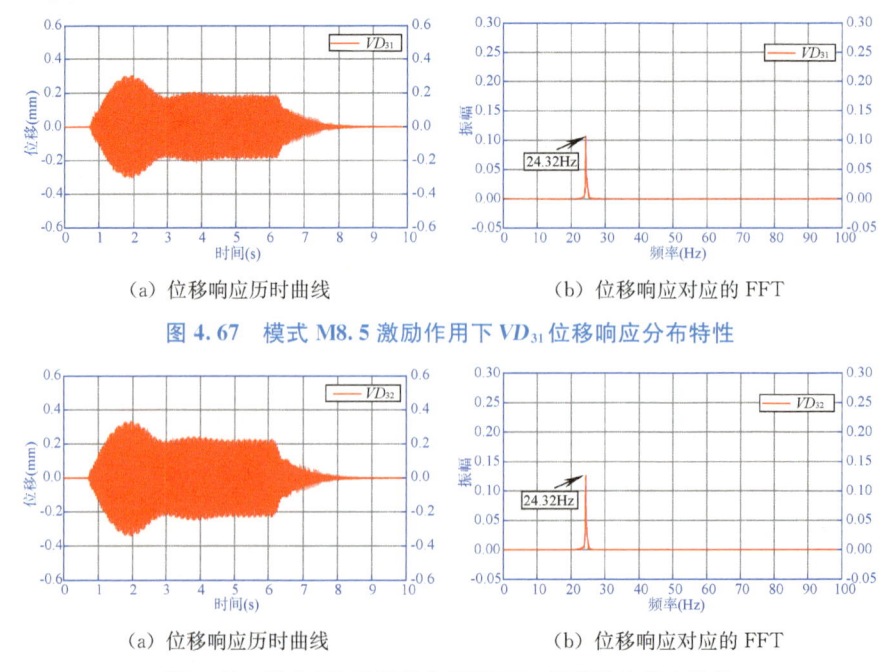

(a) 位移响应历时曲线　　　　　　(b) 位移响应对应的 FFT

图 4.67　模式 M8.5 激励作用下 VD_{31} 位移响应分布特性

(a) 位移响应历时曲线　　　　　　(b) 位移响应对应的 FFT

图 4.68　模式 M8.5 激励作用下 VD_{32} 位移响应分布特性

(a) 位移响应历时曲线 (b) 位移响应对应的 FFT

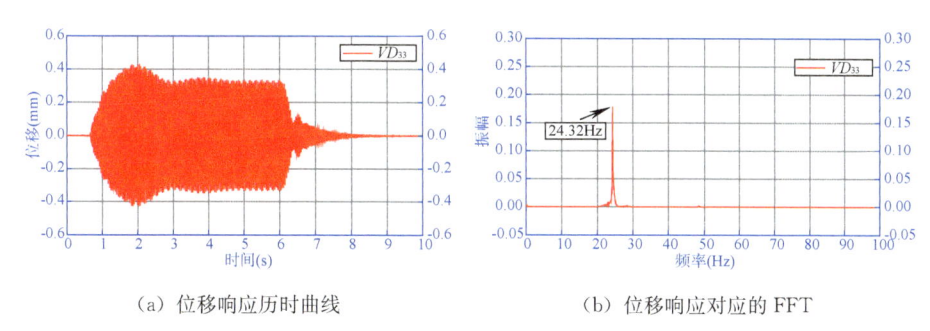

图 4.69　模式 M8.5 激励作用下 VD_{33} 位移响应分布特性

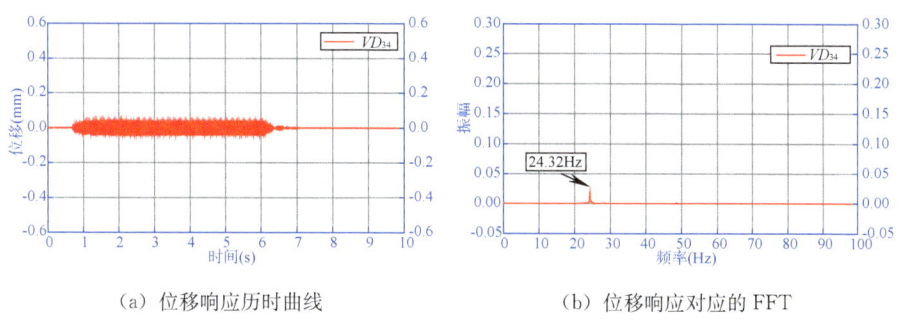

(a) 位移响应历时曲线 (b) 位移响应对应的 FFT

图 4.70　模式 M8.5 激励作用下 VD_{34} 位移响应分布特性

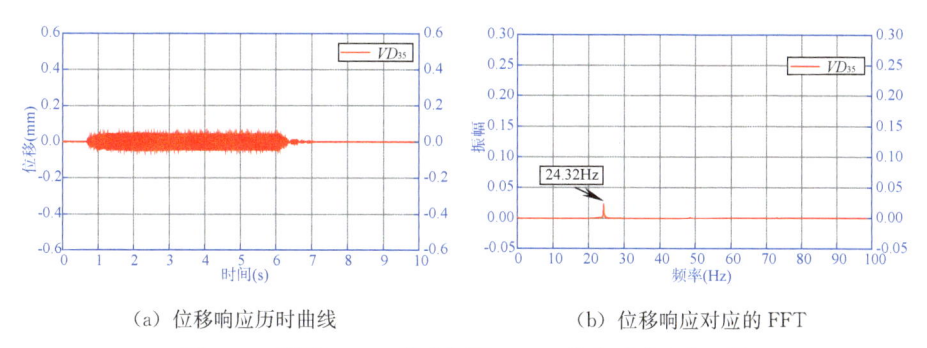

(a) 位移响应历时曲线 (b) 位移响应对应的 FFT

图 4.71　模式 M8.5 激励作用下 VD_{35} 位移响应分布特性

通过对图 4.67~图 4.71 分析表明,对于不同测点处位移响应过程可分为三个阶段(瞬态响应阶段、稳态响应阶段、自由衰减阶段)加以讨论。其中,瞬态响应阶段 VD_{31}、VD_{32}、VD_{33}、VD_{34}、VD_{35} 测点对应的位移响应幅值分别为 0.305 mm、0.341 mm、0.429 mm、0.048 mm、0.053 mm;通过对稳态响应阶段分析表明,VD_{31}、VD_{32}、VD_{33}、VD_{34}、VD_{35} 测点对应的位移响应幅值分别为 0.190 mm、0.228 mm、0.336 mm、0.043 mm、0.049 mm,位移响应主频率皆为 24.32 Hz。通过位移响应分析表明,水电站厂房三榀高性能组合楼板不同测点处的振动响应传播特性仍然保持一致,位移响应幅值不同,分布特性与榀一类似。

由榀三激励试验,得到水电站厂房三榀高性能组合楼板第三榀楼板上表面不同测点处的应变响应分布特性,如图 4.72~图 4.79 所示。

通过图 4.72~图 4.79 中应变响应分布特性可得,其响应过程仍然由瞬态响应、稳态响应、自由衰减三个部分组成。首先,瞬态阶段应变响应幅值分别为：31.27 $\mu\varepsilon$、43.25 $\mu\varepsilon$、36.05 $\mu\varepsilon$、33.50 $\mu\varepsilon$、20.29 $\mu\varepsilon$、36.62 $\mu\varepsilon$、23.14 $\mu\varepsilon$、35.23 $\mu\varepsilon$；通过功率谱分析得到其应变响应主频率都为 24.32 Hz,S_{31}~S_{38} 不同测点处的应变响应幅值分别为：24.28 $\mu\varepsilon$、34.03 $\mu\varepsilon$、28.17 $\mu\varepsilon$、26.46 $\mu\varepsilon$、15.91 $\mu\varepsilon$、28.27 $\mu\varepsilon$、18.13 $\mu\varepsilon$、27.28 $\mu\varepsilon$,呈现出不同的应变响应分布。

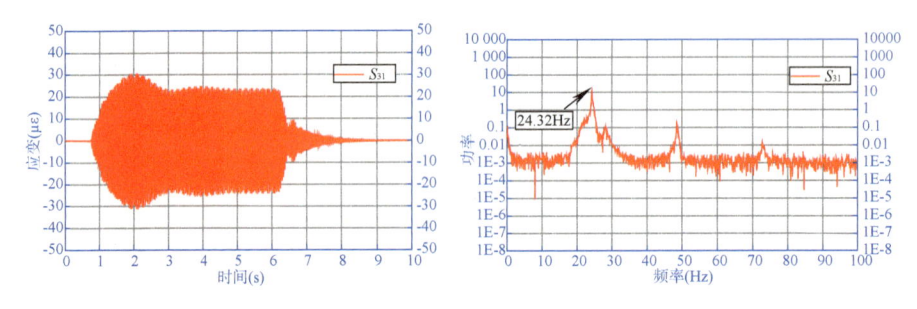

(a) 应变响应历时曲线　　(b) 应变响应对应的自功率谱

图 4.72　模式 M8.5 激励作用下 S_{31} 应变响应分布特性

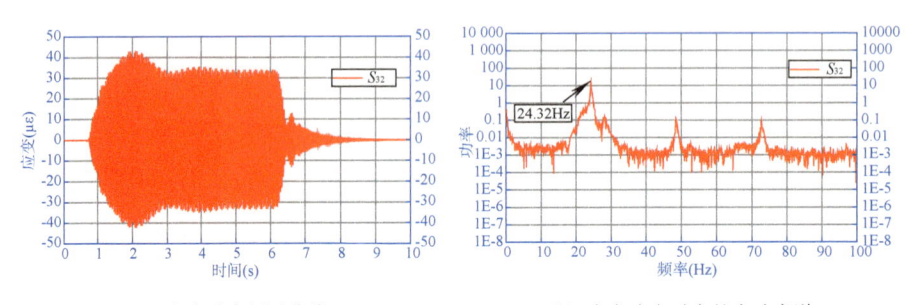

(a) 应变响应历时曲线　　(b) 应变响应对应的自功率谱

图 4.73　模式 M8.5 激励作用下 S_{32} 应变响应分布特性

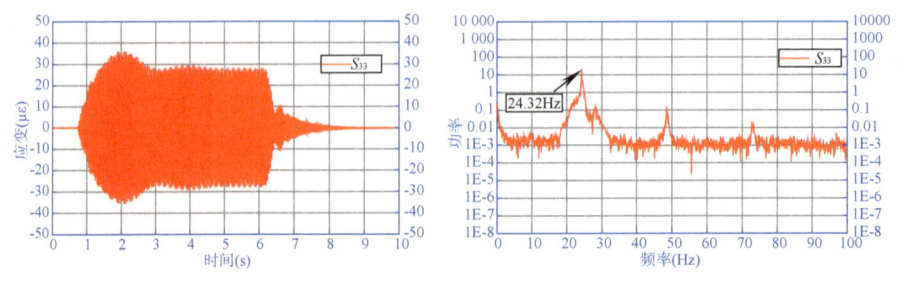

(a) 应变响应历时曲线　　(b) 应变响应对应的自功率谱

图 4.74　模式 M8.5 激励作用下 S_{33} 应变响应分布特性

第 4 章　水电站厂房组合框架高性能组合楼板激励响应特性

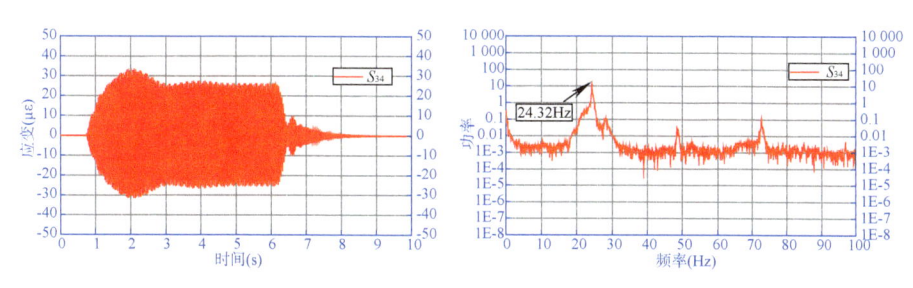

（a）应变响应历时曲线　　　　　　　（b）应变响应对应的自功率谱

图 4.75　模式 M8.5 激励作用下 S_{34} 应变响应分布特性

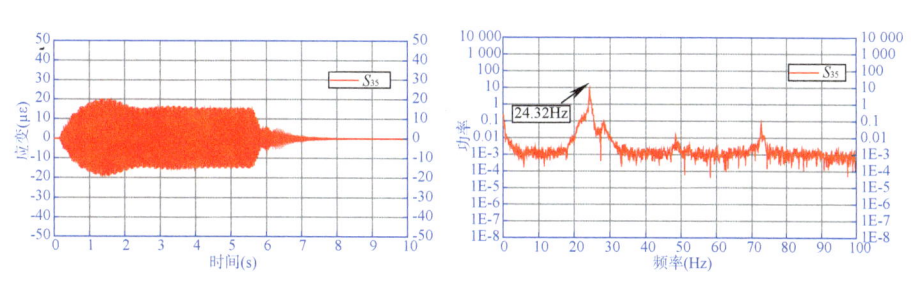

（a）应变响应历时曲线　　　　　　　（b）应变响应对应的自功率谱

图 4.76　模式 M8.5 激励作用下 S_{35} 应变响应分布特性

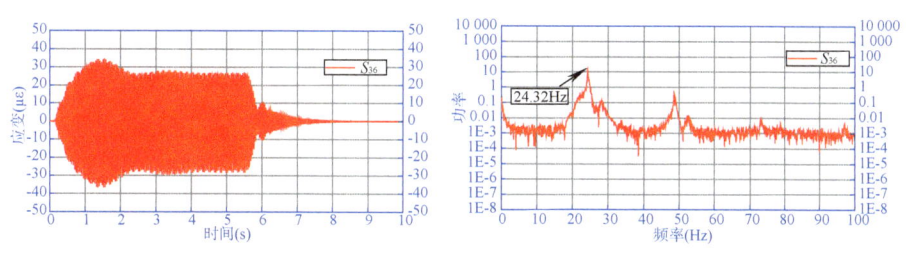

（a）应变响应历时曲线　　　　　　　（b）应变响应对应的自功率谱

图 4.77　模式 M8.5 激励作用下 S_{36} 应变响应分布特性

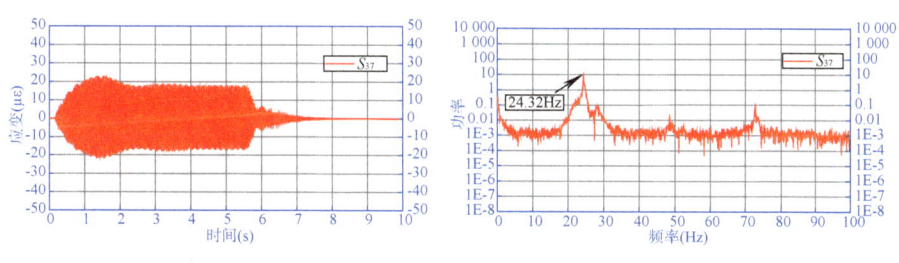

（a）应变响应历时曲线　　　　　　　（b）应变响应对应的自功率谱

图 4.78　模式 M8.5 激励作用下 S_{37} 应变响应分布特性

(a) 应变响应历时曲线　　　　　(b) 应变响应对应的自功率谱

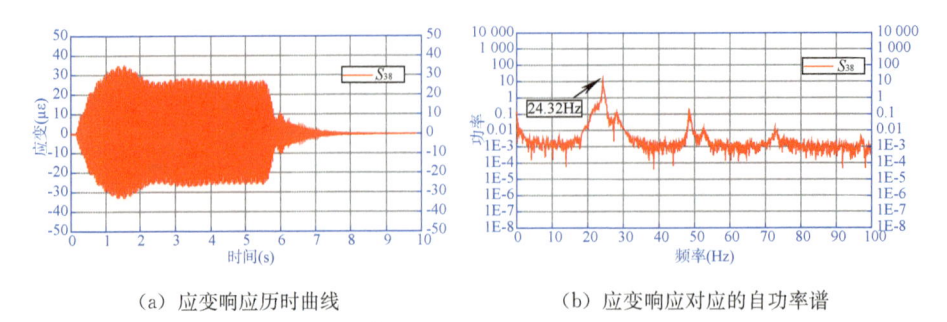

图 4.79　模式 M8.5 激励作用下 S_{38} 应变响应分布特性

4.4　水电站厂房三榀高性能组合楼板榀-榀互相关分析

对被测结构构件进行有计划、有目的、有规律的激励作用,得到的响应信号是其载体所表现出的具体信息形式。进一步对响应信号进行接收、转化、识别,以探测原被测结构构件的某种物理量,获取其相关的物理力学属性[77-78]。早在 20 世纪末,James 等就提出,环境激励作用下结构构件中两点之间的相关函数与脉冲响应函数具有一定的相似之处,由此求得结构构件中两点之间的响应相关函数,进行相关的模态参数分析。Lin 等[79]、寇立夯等[80]将环境激励技术与 Hilbert-Huang 变换结合,得到了结构构件的动力响应互相关函数关系表达式如下:

$$R(t) = \sum_{i=1}^{m} R_i(t) = \sum_{i=1}^{m} e^{-\xi_i \omega_i t} B_i(t) \cdot \cos(\omega_i t + \theta_0) \quad (4.5)$$

通常情况下,互相关函数分析能够真实有效地反映两种随机波形或信号之间的相关程度及时延特性关系。当结构构件受到外界环境激励时,假定其构件中任意两个测点之间的响应为平稳随机过程 $y_1(t)$ 和 $y_2(t)$,其联合分布概率为 $\rho(y_1, y_2)$,则这两种随机过程之间的互相关函数关系可表达为:

$$\Phi_{y_1 y_2}(\tau) = \int_{-\infty}^{+\infty} \int_{-\infty}^{+\infty} y_1 y_2 \rho(y_1, y_2) dy_1 dy_2 \quad (4.6)$$

结构构件中各个测点的响应是一系列不连续的时间序列,很难用数学表达式精确表达,假定采样时长为 T,样本总量为 $N = \dfrac{T}{\Delta t} + 1$,则互相关函数可表达为:

$$\Phi_{y_1 y_2}(k) = \frac{1}{N} \sum_{I=1}^{N-k} y_1(i) y_2(i+k); (k = 0, 1, 2, \cdots, N) \quad (4.7)$$

第4章　水电站厂房组合框架高性能组合楼板激励响应特性

然而,上述互相关函数关系很难揭示结构构件激励响应的互相关函数与结构物理参数(结构位移、加速度等)之间的实质关系。基于这种研究思路,下面对多自由度结构构件进行任意两点的加速度响应、位移响应的互相关函数推导分析,并结合三榀组合楼板激励响应试验研究,对其进行不同工况激励响应榀-榀相关分析。

对于环境激励下的结构构件模型而言,其基本动力方程为:

$$M\frac{\partial^2 Z(t)}{\partial t^2} + C\frac{\partial Z(t)}{\partial t} + KZ(t) = G(t) \quad (4.8)$$

式中:$Z(t)$、$\frac{\partial Z(t)}{\partial t}$、$\frac{\partial^2 Z(t)}{\partial t^2}$ 分别表示结构构件的位移、速度、加速度。

首先,单自由度结构构件在环境因素激励下所产生的位移响应表达式为:

$$z(t) = \int_0^t s(t-\tau)g(t)\mathrm{d}\tau \quad (4.9)$$

式中:$g(t)$ 表示外界激励;$s(t-\tau)$ 表示单位脉冲响应,其表达式为 $s(t-\tau) = \frac{\mathrm{e}^{-\xi\omega_n(t-\tau)}\sin\omega_d(t-\tau)}{m\omega_d}$,其中,$\omega_d$ 和 ω_n 满足关系式 $\omega_d^2\omega_n^{-2} = 1 - \xi^2$。

因此,多自由度结构构件在环境因素激励下所产生的位移响应表达式为:

$$Z(t) = \sum_{r=1}^m \varphi^r z^r(t) \quad (4.10)$$

式中:φ^r 为振型矩阵 $\boldsymbol{\Phi}$ 对应的第 r 阶振型。

$\varphi^r z^r(t)$ 同样也满足等式(4.8),因此有如下等式成立:

$$\frac{\partial^2 z^r(t)}{\partial t^2} + 2\xi^r\omega_d^r\frac{\partial z^r(t)}{\partial t} + (\omega_d^r)^2 z^r(t) = \frac{1}{m^r}(\varphi^r)^T G(t) \quad (4.11)$$

假定初始条件都为0,式(4.11)通过卷积积分,可得:

$$z^r(t) = \int_0^t (\varphi^r)^T G(\tau) s^r(t-\tau)\mathrm{d}\tau \quad (4.12)$$

式中:$s(t) = \frac{\mathrm{e}^{-\xi^r\omega_n^r t}\sin\omega_d^r t}{m^r\omega_d^r}$。

将式(4.12)代回到式(4.10)得:

$$Z(t) = \sum_{r=1}^m \varphi^r \int_0^t (\varphi^r)^T G(\tau) s^r(t-\tau)\mathrm{d}\tau \quad (4.13)$$

对于单激励输入点,设外界环境激励为 $g_j(t)$(作用点为 j),则 i 点的位移响应可表达为:

$$Z_{ij}(t) = \sum_{r=1}^{m} \varphi_i^r (\varphi_j^r)^T \int_0^t G_j(\tau) s^r(t-\tau) d\tau \qquad (4.14)$$

根据互相关函数的定义,多自由度结构构件任意 i、k 两点之间的互相关函数表达式为:

$$\Phi_{z_{ij}z_{kj}}(k) = E[z_{ij}(t)z_{kj}(t+\tau)] \qquad (4.15)$$

对于平稳的白噪声外界激励($G_j(t)$)输入,其自相关函数表达式为:

$$\Phi_{g_{ij}g_{kj}}(\tau-\sigma) = \alpha_j \delta(\tau-\sigma) \qquad (4.16)$$

式中:$\delta(\tau-\sigma)$ 为狄拉克函数。

于是,根据狄拉克函数的性质,多自由度结构构件在作用点为 j 的平稳白噪声外界激励下,任意 i、k 两点之间的位移响应互相关函数表达式为:

$$\Phi_{z_{ij}z_{kj}}(T) = \sum_{r=1}^{m}\sum_{s=1}^{n} \varphi_i^r (\varphi_j^r)^T \varphi_k^s (\varphi_j^s)^T \alpha_j s^r(t-\tau) s^s(t+T-\tau) d\tau \qquad (4.17)$$

式(4.17)中:

$$s^r(t-\tau)s^s(t+T-\tau) = \frac{e^{-\xi^r \omega_n^r(t-\tau)} e^{-\xi^s \omega_n^s(t-\tau)} \sin \omega_d^r(t-\tau) \sin \omega_d^s(t+T-\tau)}{m^r \omega_d^r m^s \omega_d^s}$$

$$(4.18)$$

同理,参考任意两点之间的位移响应互相关函数关系的推导过程,进行加速度响应互相关函数关系式的推导。

多自由度结构构件在作用点为 j 的平稳白噪声外界激励下,任意 i、k 两点之间的加速度响应互相关函数表达式为:

$$\Phi_{\ddot{z}_{ij}\ddot{z}_{kj}}(T) = \sum_{r=1}^{m}\sum_{s=1}^{n} \varphi_i^r (\varphi_j^r)^T \varphi_k^s (\varphi_j^s)^T \int_0^t \int_0^{t+T} \ddot{s}^r(t-\tau) \ddot{s}^s(t+T-\tau) E[g_j(\tau)g_j(\sigma)] d\tau d\sigma$$

$$(4.19)$$

式(4.19)进一步简化为:

$$\Phi_{\ddot{z}_{ij}\ddot{z}_{kj}}(T) = \sum_{r=1}^{m}\sum_{s=1}^{n} \varphi_i^r (\varphi_j^r)^T \varphi_k^s (\varphi_j^s)^T \alpha_j \int_0^t \ddot{s}^r(t-\tau) \ddot{s}^s(t+T-\tau) d\tau \qquad (4.20)$$

式(4.20)中:

$$\ddot{s}^r(t-\tau) \ddot{s}^s(t+T-\tau) = \frac{\omega_d^r \omega_d^s}{m^r m^s} e^{-(\xi^r \omega_n^r + \xi^s \omega_n^s)(t-\tau)} e^{-\xi^s \omega_n^s T} f(t-\tau) \qquad (4.21)$$

式(4.21)中：

$$\begin{aligned}f(t-\tau) = &\{\mu^r\mu^s\sin[\omega_d^s T]\cos[\omega_d^s(t-\tau)] + \mu^r\mu^s\cos[\omega_d^s T]\sin[\omega_d^s(t-\tau)]\} \cdot \\&\sin[\omega_d^r(t-\tau)] + \{\nu^r\mu^s\sin[\omega_d^s T]\cos[\omega_d^s(t-\tau)] + \\&\nu^r\mu^s\cos[\omega_d^s T]\sin[\omega_d^s(t-\tau)]\}\cos[\omega_d^r(t-\tau)] + \\&\{\mu^r\nu^s\cos[\omega_d^s T]\sin[\omega_d^s(t-\tau)] - \mu^r\nu^s\sin[\omega_d^s T] \cdot \\&\cos[\omega_d^s(t-\tau)]\}\sin[\omega_d^r(t-\tau)] + \{\nu^r\nu^s\cos[\omega_d^s T] \cdot \\&\sin[\omega_d^s(t-\tau)] - \nu^r\nu^s\sin[\omega_d^s T]\cos[\omega_d^s(t-\tau)]\} \cdot \\&\cos[\omega_d^r(t-\tau)]\end{aligned}$$

(4.22)

式中：$\mu^s = (1-2\xi^2)(1-\xi^2)^{-1}$；$\mu^r = (1-2\xi^2)(1-\xi^2)^{-1}$；$\nu^s = 2\xi \cdot (1-\xi^2)^{-1}$；$\nu^r = 2\xi(1-\xi^2)^{-1}$。

4.4.1 榀—激励响应榀-榀互相关分析

结合榀一条件下的三榀组合楼板激励响应试验测试结果，对其进行单点激励下的响应互相关分析。由于激励过程由瞬态阶段、稳态阶段、衰减阶段三个部分组成，此次榀-榀互相关分析从三个方面分别加以进行。

（1）瞬态阶段榀-榀互相关分析

根据公式(4.17)分析原理编制分析程序，并结合试验测试数据，进行瞬态阶段位移响应互相关对比分析，如图 4.80 所示。

对于榀一条件下的瞬态激励过程，由图 4.80 分析表明，测点 VD_{12}、VD_{13}、VD_{14}、VD_{15} 较 VD_{11}，其互相关性规律非常一致，均表现出强烈的线性变化规律，而互相关系数大小不一。VD_{11} 的阶段性典型自相关系数最大幅值和最小幅值分别是 28.368 和 5.714。而 VD_{12}、VD_{13}、VD_{14}、VD_{15} 与 VD_{11} 的阶段性典型互相关系数最大幅值发生在 Number=0.0，分别是 23.161、15.677、5.613、5.168；阶段性典型互相关系数最小幅值发生在 Number=1.2，分别是 3.021、2.156、0.978、0.901。

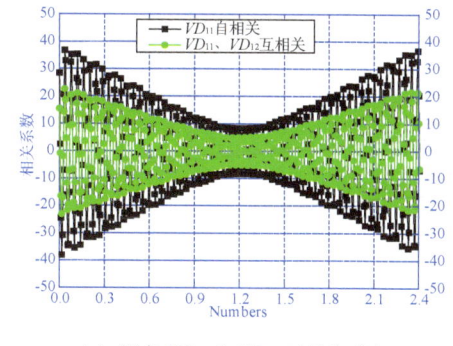

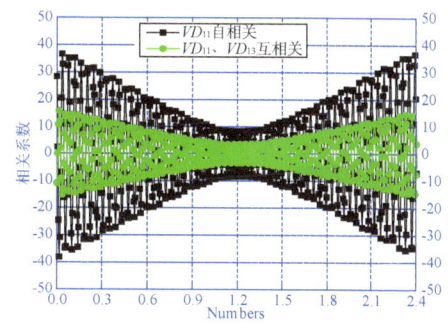

(a) 测点 VD_{11} 和 VD_{12} 互相关对比　　(b) 测点 VD_{11} 和 VD_{13} 互相关对比

(c) 测点 VD_{11} 和 VD_{14} 互相关对比　　　　(d) 测点 VD_{11} 和 VD_{15} 互相关对比

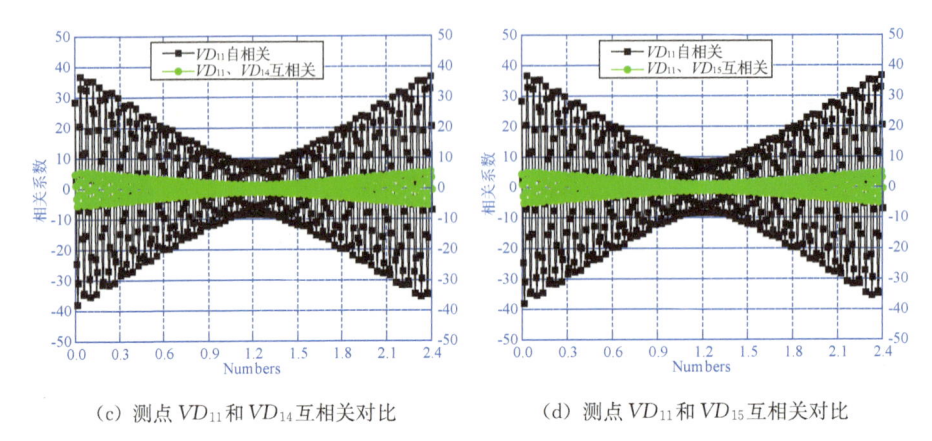

图 4.80　榀一瞬态阶段位移响应互相关对比分析

根据公式(4.19),并结合试验测试数据,进行瞬态阶段加速度响应互相关对比分析,如图 4.81 所示。

(a) 测点 A_{11} 和 A_{12} 互相关对比　　　　(b) 测点 A_{11} 和 A_{13} 互相关对比

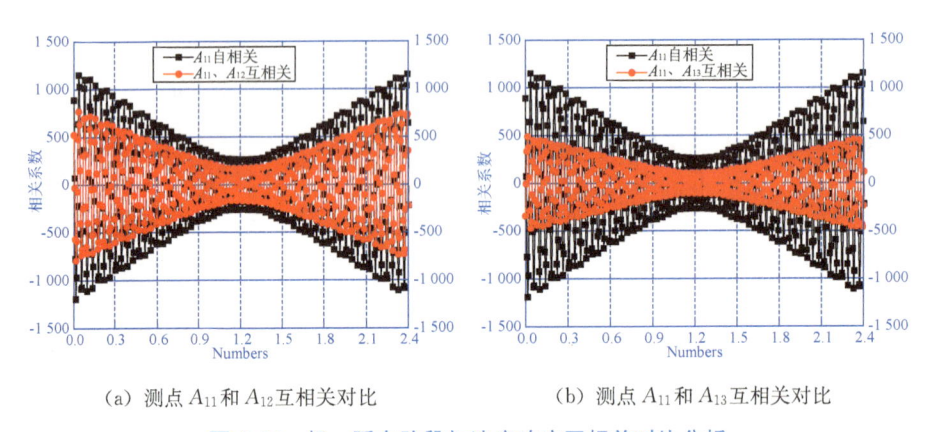

图 4.81　榀一瞬态阶段加速度响应互相关对比分析

由图 4.81 分析表明,测点 A_{12}、A_{13} 较 A_{11} 而言,互相关性均表现出强烈的线性变化规律,与位移响应互相关性规律一致,而互相关系数大小不一。A_{11} 的阶段性典型自相关系数最大幅值和最小幅值分别是 1 149.28 和 261.52。而 A_{12}、A_{13} 与 A_{11} 的阶段性典型互相关系数最大幅值发生在 Number=0.0,分别是 788.70、169.97;阶段性典型互相关系数最小幅值发生在 Number=1.195,分别是 169.97、106.74。

(2) 稳态阶段榀-榀互相关分析

根据公式(4.17),进行稳态阶段位移响应互相关对比分析,如图 4.82 所示。

第 4 章　水电站厂房组合框架高性能组合楼板激励响应特性

(a) 测点 VD_{11} 和 VD_{12} 互相关对比

(b) 测点 VD_{11} 和 VD_{13} 互相关对比

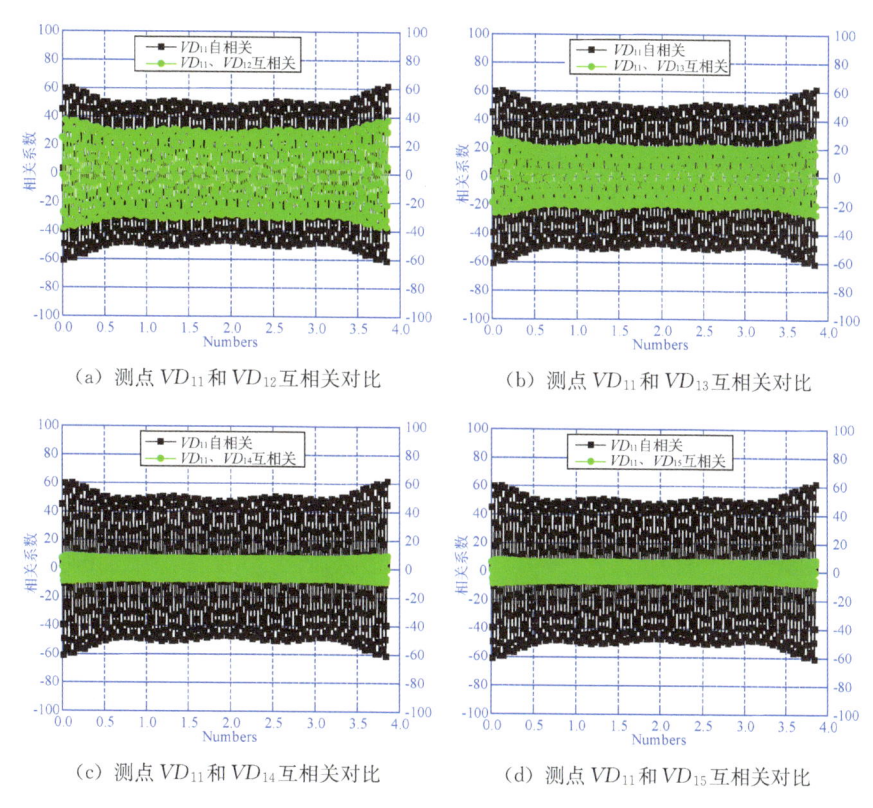

(c) 测点 VD_{11} 和 VD_{14} 互相关对比

(d) 测点 VD_{11} 和 VD_{15} 互相关对比

图 4.82　榀一稳态阶段位移响应互相关对比分析

由图 4.82 可知,测点 VD_{12}、VD_{13}、VD_{14}、VD_{15} 较 VD_{11},其互相关性规律一致,均表现出周期性波动变化规律。VD_{11} 的阶段性典型自相关系数最大幅值是 61.13。而 VD_{12}、VD_{13}、VD_{14}、VD_{15} 与 VD_{11} 的阶段性典型互相关系数最大幅值分别是 37.901、26.146、8.937、8.230。

根据公式(4.19),进行稳态阶段加速度响应互相关对比分析,如图 4.83 所示。

(a) 测点 A_{11} 和 A_{12} 互相关对比

(b) 测点 A_{11} 和 A_{13} 互相关对比

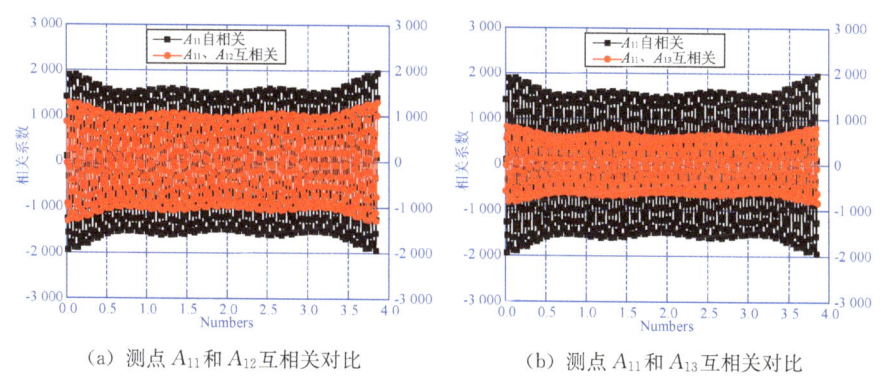

图 4.83　榀一稳态阶段加速度响应互相关对比分析

由图 4.83 分析表明,测点 A_{12}、A_{13} 较 A_{11} 而言,其互相关性同样存在周期性波动变化规律,与位移响应互相关性规律一致。A_{11} 的阶段性典型自相关系数最大幅值为 1 895.38。而 A_{12}、A_{13} 与 A_{11} 的阶段性典型互相关系数最大幅值分别是 1 308.84 和 827.01。

(3) 衰减阶段榀-榀互相关分析

根据公式(4.17)并结合试验测试数据,进行衰减阶段位移响应互相关对比分析,如图 4.84 所示。

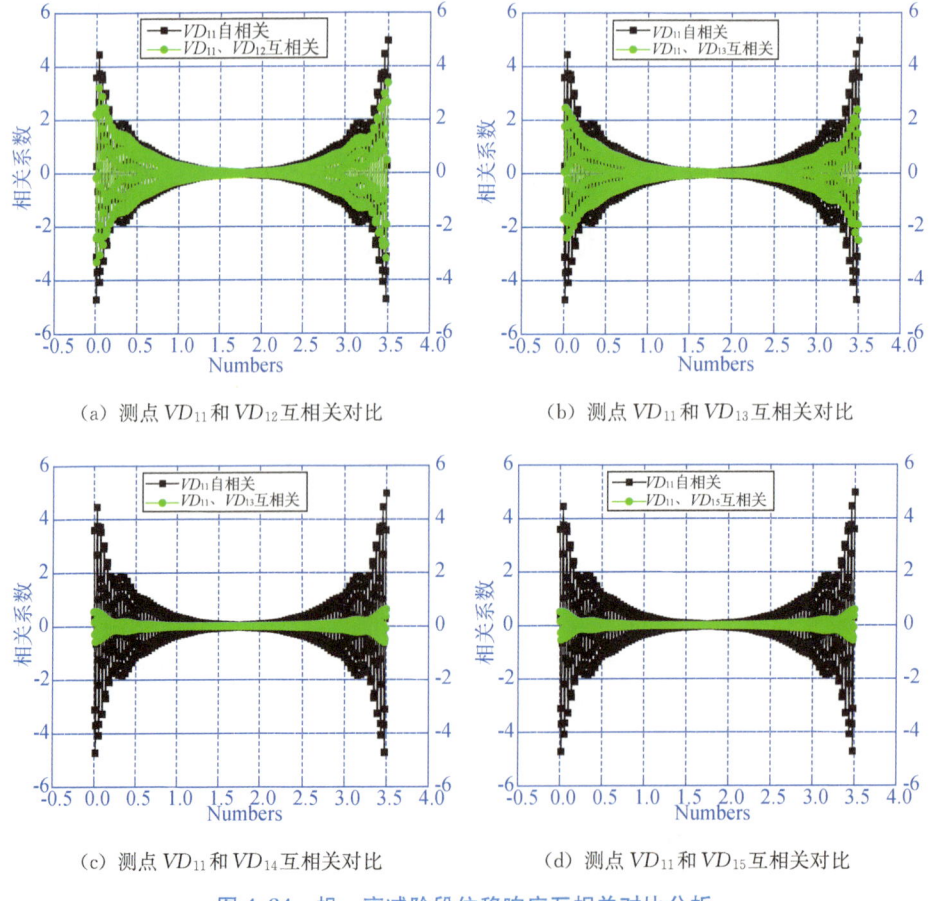

(a) 测点 VD_{11} 和 VD_{12} 互相关对比

(b) 测点 VD_{11} 和 VD_{13} 互相关对比

(c) 测点 VD_{11} 和 VD_{14} 互相关对比

(d) 测点 VD_{11} 和 VD_{15} 互相关对比

图 4.84 榀—衰减阶段位移响应互相关对比分析

由图 4.84 分析表明,测点 VD_{12}、VD_{13} 较 VD_{11},其互相关性规律非常一致,表现出抛物线变化规律;而 VD_{14}、VD_{15} 较 VD_{11} 而言,其互相关性规律与前者不一致。VD_{11} 的阶段性典型自相关系数最大幅值和最小幅值分别是 4.956 和 0.028。而 VD_{12}、VD_{13}、VD_{14}、VD_{15} 与 VD_{11} 的阶段性典型互相关系数最大幅值分别是 3.316、2.465、0.586、0.539;阶段性典型互相关系数最小幅值分别是

0.039、0.030、0.004、0.001。

根据公式(4.19),进行衰减阶段加速度响应互相关对比分析,如图4.85所示。

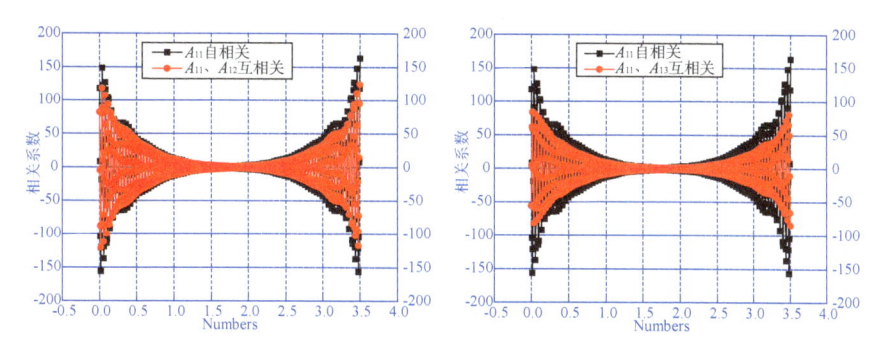

(a) 测点 A_{11} 和 A_{12} 互相关对比　　　(b) 测点 A_{11} 和 A_{13} 互相关对比

图 4.85　榀一衰减阶段加速度响应互相关对比分析

由图4.85分析可知,测点 A_{12}、A_{13} 较 A_{11} 而言,互相关性均表现出强烈的抛物线分布规律,与位移响应互相关性规律一致。A_{11} 的阶段性典型自相关系数最大幅值和最小幅值分别是163.19和1.734。而 A_{12}、A_{13} 与 A_{11} 的阶段性典型互相关系数最大幅值分别是123.53、84.82;阶段性典型互相关系数最小幅值分别是1.556、1.448。

4.4.2　榀二激励响应榀-榀互相关分析

与榀一中榀-榀互相关分析类似,结合榀二条件下的三榀组合楼板激励响应测试结果,进行单点激励下的响应互相关分析,此次榀-榀互相关分析同样从三个方面分别进行。

(1) 瞬态阶段榀-榀互相关分析

根据公式(4.17),结合试验测试,进行榀二瞬态阶段位移响应互相关对比分析,如图4.86所示。

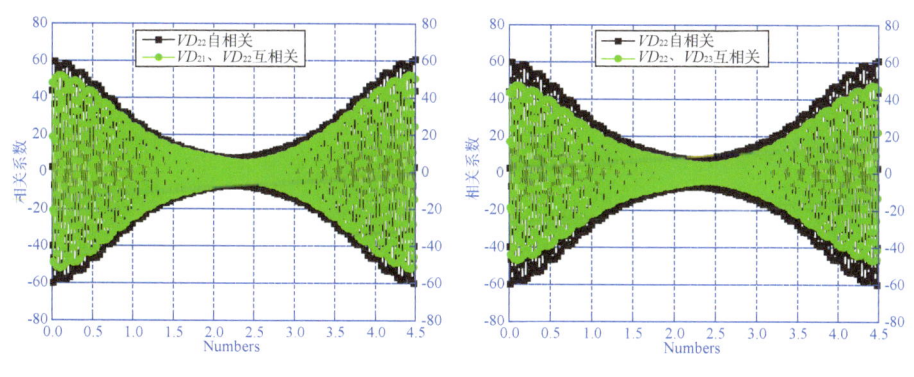

(a) 测点 VD_{21} 和 VD_{22} 互相关对比　　　(b) 测点 VD_{22} 和 VD_{23} 互相关对比

（c）测点VD_{22}和VD_{24}互相关对比　　　　（d）测点VD_{22}和VD_{25}互相关对比

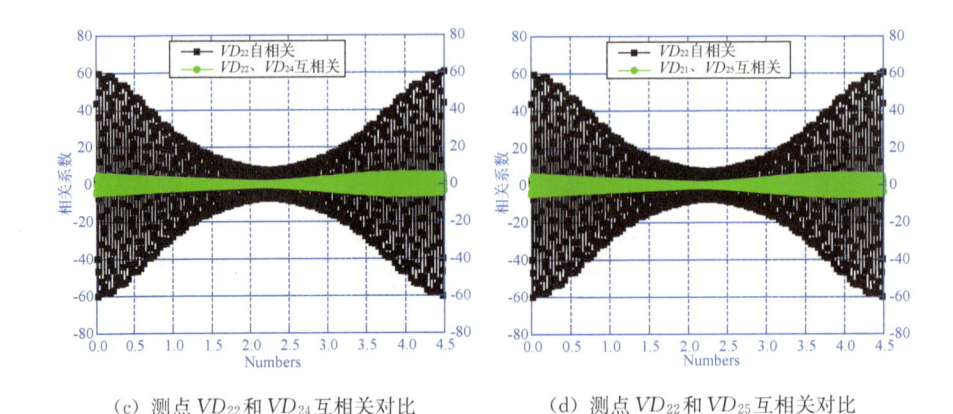

图 4.86　榀二瞬态阶段位移响应互相关对比分析

由图 4.86 分析表明，测点VD_{21}、VD_{23}较VD_{22}，均表现出抛物线变化规律，互相关系数大小不一。VD_{22}的阶段性典型自相关系数最大幅值和最小幅值分别是 59.474 和 7.118。而VD_{21}、VD_{23}、VD_{24}、VD_{25}与VD_{22}的阶段性典型互相关系数最大幅值分别是 50.722、46.659、4.710、4.822；阶段性典型互相关系数最小幅值分别是 5.364、4.734、0.389、0.399。

根据公式(4.19)，并结合试验测试数据，进行榀二瞬态阶段加速度响应互相关对比分析，如图 4.87 所示。

（a）测点A_{21}和A_{22}互相关对比　　　　（b）测点A_{22}和A_{23}互相关对比

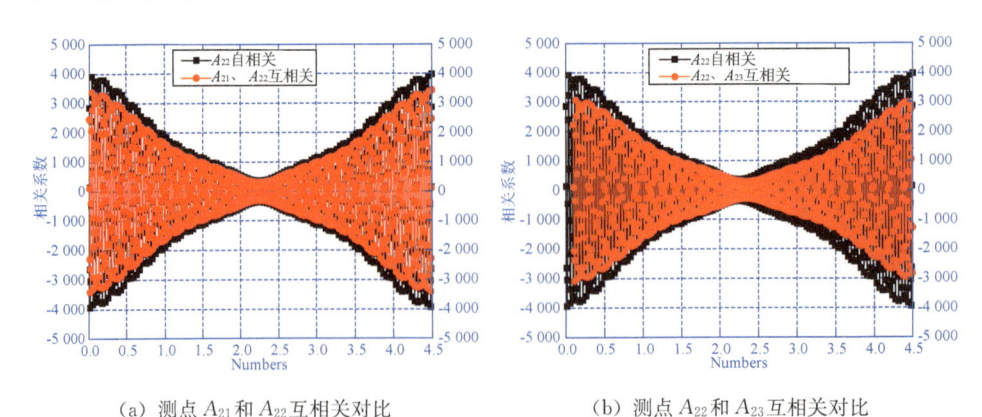

图 4.87　榀二瞬态阶段加速度响应互相关对比分析

由图 4.87 分析表明，测点A_{21}、A_{23}较A_{22}而言，互相关性表现出非稳定的抛物线分布规律，局部出现抖动现象。A_{22}的阶段性典型自相关系数最大幅值和最小幅值分别是 3 936.81 和 369.39。而A_{21}、A_{23}与A_{22}的阶段性典型互相关系数最大幅值分别是 3 403.19、3 081.59；阶段性典型互相关系数最小幅值分别是 319.32、289.15。

第 4 章 水电站厂房组合框架高性能组合楼板激励响应特性

(2) 稳态阶段榀-榀互相关分析

根据公式及其试验测试数据,进行榀二稳态阶段位移响应互相关对比分析,分析结果如图 4.88 所示。

(a) 测点 VD_{21} 和 VD_{22} 互相关对比

(b) 测点 VD_{22} 和 VD_{23} 互相关对比

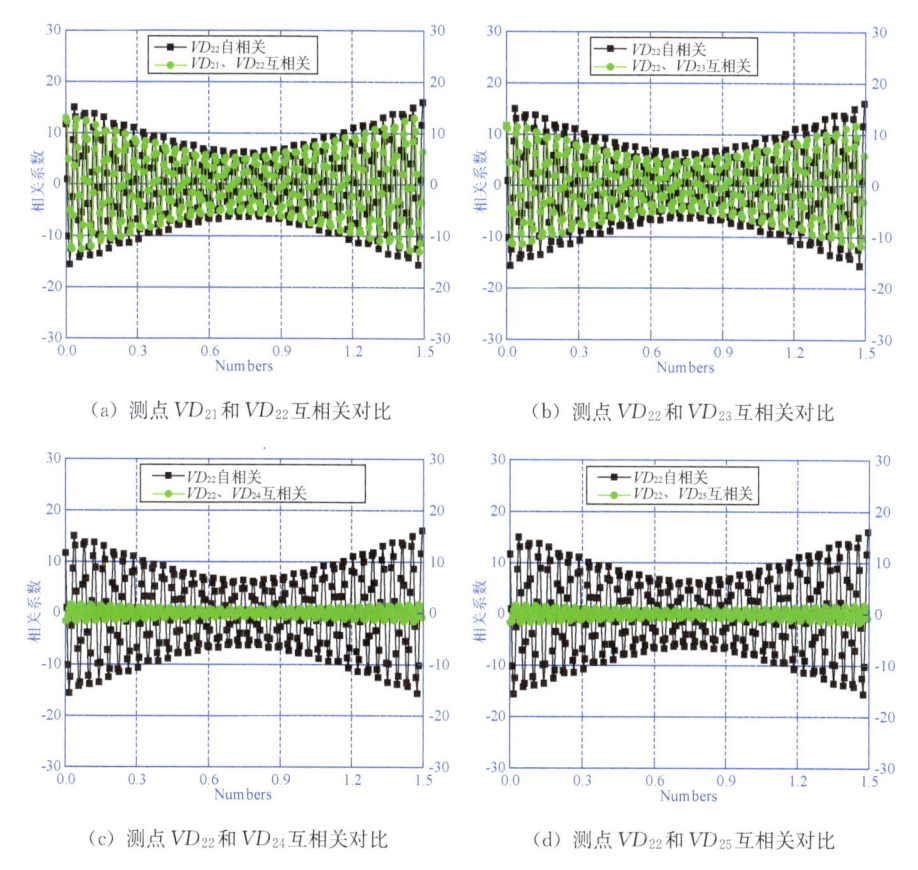

(c) 测点 VD_{22} 和 VD_{24} 互相关对比

(d) 测点 VD_{22} 和 VD_{25} 互相关对比

图 4.88 榀二稳态阶段位移响应互相关对比分析

由图 4.88 分析表明,测点 VD_{21}、VD_{23}、VD_{24}、VD_{25} 较 VD_{22},其互相关性规律一致。其中,VD_{22} 的阶段性典型自相关系数最大幅值是 15.602,最小幅值是 6.384。而 VD_{21}、VD_{23}、VD_{24}、VD_{25} 与 VD_{22} 的阶段性典型互相关系数最大幅值分别是 12.946、11.715、1.633、1.673;最小幅值分别是 5.013、4.537、0.691、0.723。

根据公式(4.19),进行榀二稳态阶段加速度响应互相关对比分析,如图 4.89 所示。

由图 4.89 分析表明,测点 A_{21}、A_{23} 较 A_{22} 而言,其分布规律与位移响应互相关性规律一致。A_{22} 的阶段性典型自相关系数最大幅值为 917.825,最小幅值为 376.883。而 A_{21}、A_{23} 与 A_{22} 的阶段性典型互相关系数最大幅值分别是 763.079 和 718.441,最小幅值分别是 325.798 和 295.012。

(a) 测点 A_{21} 和 A_{22} 互相关对比

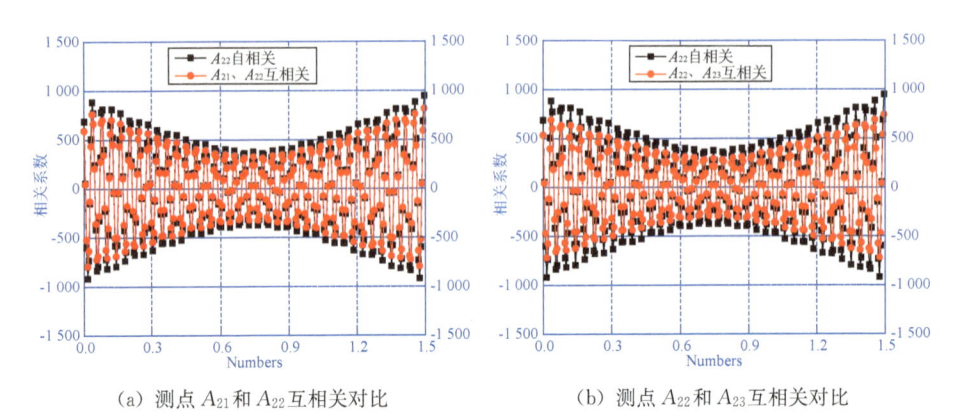

(b) 测点 A_{22} 和 A_{23} 互相关对比

图 4.89　榀二稳态阶段加速度响应互相关对比分析

(3) 衰减阶段榀-榀互相关分析

根据公式 (4.17) 并结合试验测试数据,进行榀二衰减阶段位移响应互相关对比分析,如图 4.90 所示。

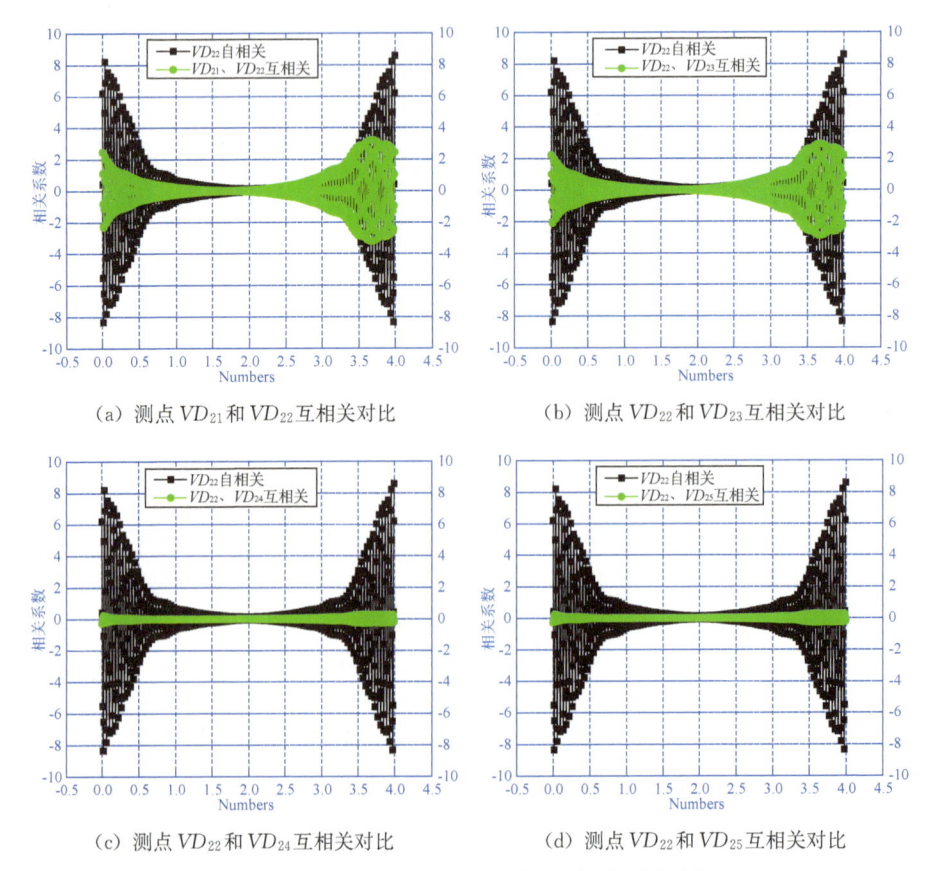

(a) 测点 VD_{21} 和 VD_{22} 互相关对比

(b) 测点 VD_{22} 和 VD_{23} 互相关对比

(c) 测点 VD_{22} 和 VD_{24} 互相关对比

(d) 测点 VD_{22} 和 VD_{25} 互相关对比

图 4.90　榀二衰减阶段位移响应互相关对比分析

由图 4.90 分析表明，测点 VD_{21}、VD_{23} 较 VD_{22}，其互相关性规律非常一致，表现出"榔头状"变化规律；而 VD_{24}、VD_{25} 较 VD_{22} 而言，其互相关性规律与前者不一致。VD_{22} 的阶段性典型自相关系数最大幅值和最小幅值分别是 8.579 和 0.140。而 VD_{21}、VD_{23}、VD_{24}、VD_{25} 与 VD_{22} 的阶段性典型互相关系数最大幅值分别是 2.465、2.906、0.269、0.276；阶段性典型互相关系数最小幅值分别是 0.049、0.038、0.006、0.011。

根据公式(4.19)，进行榀二衰减阶段加速度响应互相关对比分析，如图 4.91 所示。

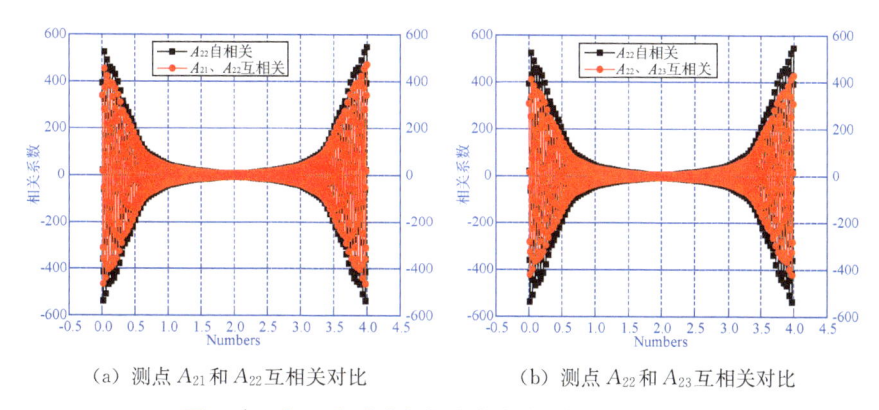

(a) 测点 A_{21} 和 A_{22} 互相关对比　　(b) 测点 A_{22} 和 A_{23} 互相关对比

图 4.91　榀二衰减阶段加速度响应互相关对比分析

由图 4.91 分析可知，测点 A_{21}、A_{23} 较 A_{22} 而言，互相关性均表现出宽"U"形分布规律。A_{22} 的阶段性典型自相关系数最大幅值和最小幅值分别是 526.087、7.641。而 A_{21}、A_{23} 与 A_{22} 的阶段性典型互相关系数最大幅值分别是 464.623、420.73；阶段性典型互相关系数最小幅值分别是 6.605、5.981。

4.4.3　榀三激励响应榀-榀互相关分析

与榀一、榀二中榀-榀互相关分析方法一样，结合组合楼板激励响应测试结果，从三个方面分别进行响应互相关分析。

(1) 瞬态阶段榀-榀互相关分析

仍然根据公式(4.17)基本原理，结合试验测试，进行榀三瞬态阶段位移响应互相关对比分析，如图 4.92 所示。

由图 4.92 分析表明，测点 VD_{31}、VD_{32}、VD_{34}、VD_{35} 较 VD_{33}，其互相关性规律表现一致，互相关系数大小不一。VD_{33} 的阶段性典型自相关系数最大幅值和最小幅值分别是 47.097 和 25.836。而 VD_{31}、VD_{32}、VD_{34}、VD_{35} 与 VD_{33} 的阶段性典型互相关系数最大幅值发生在 Number=0.015，分别是 27.204、32.411、4.219、6.308；阶段性典型互相关系数最小幅值发生在 Number=2.205，分别是

15.088、17.619、3.066、3.452。

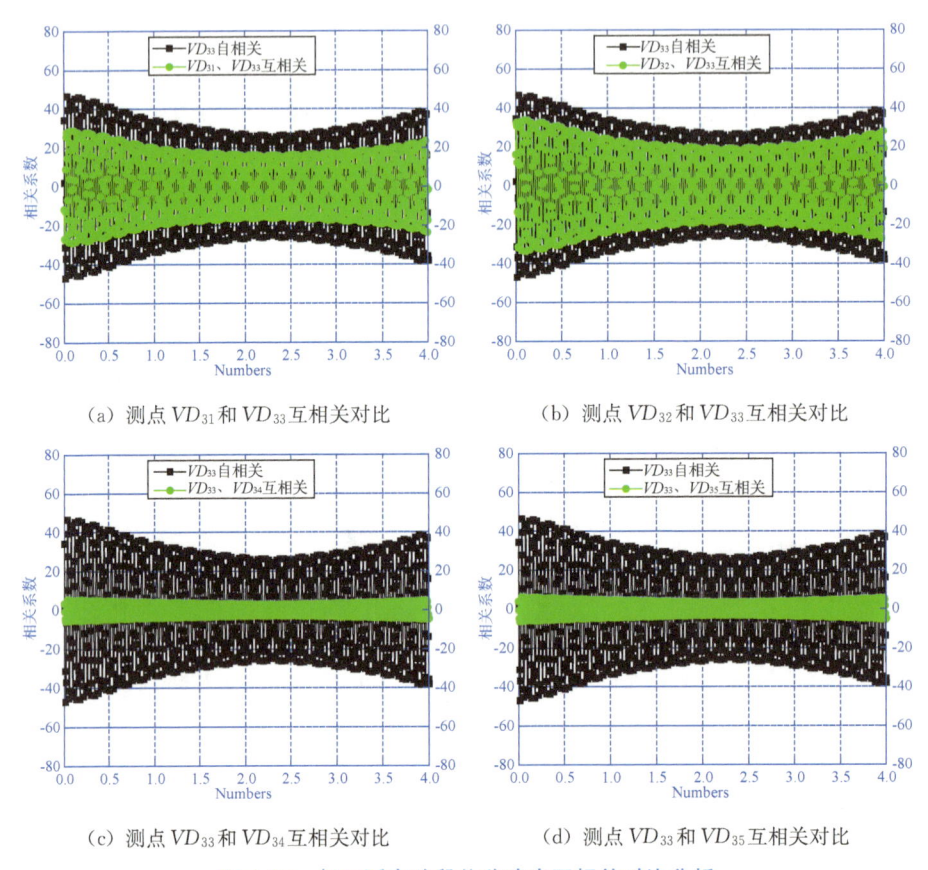

(a) 测点 VD_{31} 和 VD_{33} 互相关对比

(b) 测点 VD_{32} 和 VD_{33} 互相关对比

(c) 测点 VD_{33} 和 VD_{34} 互相关对比

(d) 测点 VD_{33} 和 VD_{35} 互相关对比

图 4.92　榀三瞬态阶段位移响应互相关对比分析

根据公式(4.19)，并结合试验测试数据，进行榀三瞬态阶段加速度响应互相关对比分析，如图 4.93 所示。

(a) 测点 A_{31} 和 A_{33} 互相关对比

(b) 测点 A_{32} 和 A_{33} 互相关对比

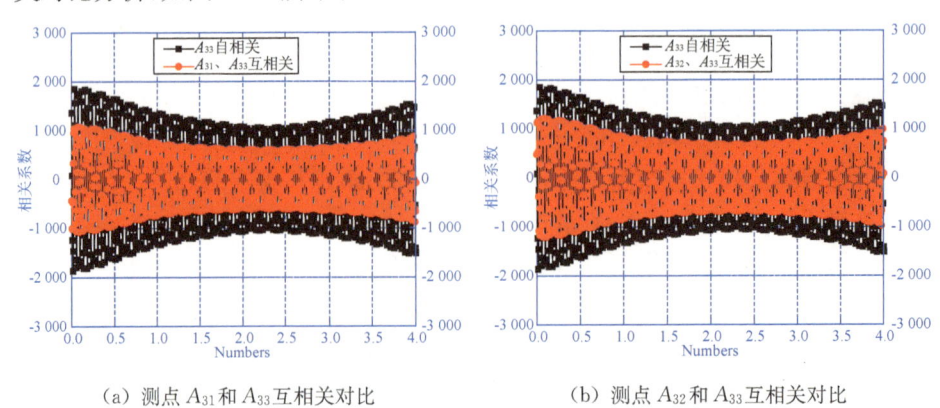

图 4.93　榀三瞬态阶段加速度响应互相关对比分析

第 4 章　水电站厂房组合框架高性能组合楼板激励响应特性

由图 4.93 分析表明,测点 A_{31}、A_{32} 较 A_{33} 而言,互相关性表现规律一致。A_{33} 的阶段性典型自相关系数最大幅值和最小幅值分别是 1 869.112 和 1 046.849。而 A_{31}、A_{32} 与 A_{33} 的阶段性典型互相关系数最大幅值分别是 1 043.859、1 145.313;阶段性典型互相关系数最小幅值分别是 561.535、655.414。

(2) 稳态阶段楣-楣互相关分析

根据公式(4.17)及其试验测试数据,进行楣三稳态阶段位移响应互相关对比分析,分析结果如图 4.94 所示。

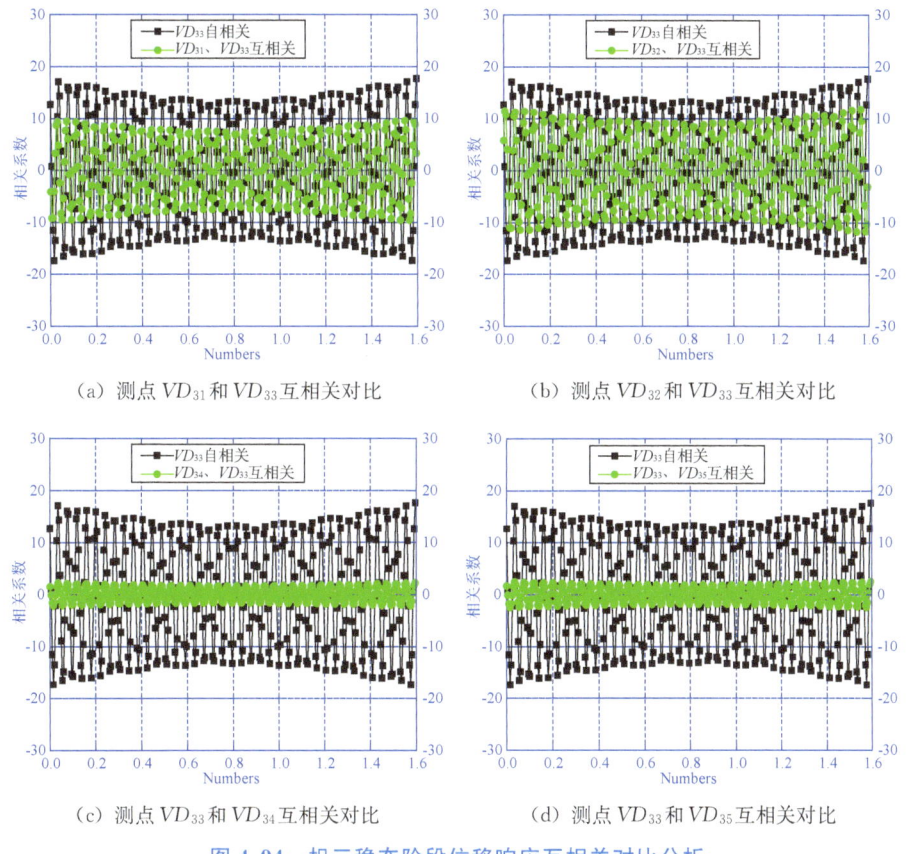

(a) 测点 VD_{31} 和 VD_{33} 互相关对比　　(b) 测点 VD_{32} 和 VD_{33} 互相关对比

(c) 测点 VD_{33} 和 VD_{34} 互相关对比　　(d) 测点 VD_{33} 和 VD_{35} 互相关对比

图 4.94　楣三稳态阶段位移响应互相关对比分析

由图 4.94 分析表明,测点 VD_{31}、VD_{32}、VD_{34}、VD_{35} 较 VD_{33},其互相关性规律一致,基本呈现周期性变化规律。其中,VD_{33} 的阶段性典型自相关系数最大幅值是 17.407,最小幅值是 13.248。而 VD_{31}、VD_{32}、VD_{34}、VD_{35} 与 VD_{33} 的阶段性典型互相关系数最大幅值分别是 9.366、11.468、2.198、2.475;最小幅值分别是 6.917、8.812、1.650、1.881。

根据公式(4.19),并结合试验测试数据,进行楣三稳态阶段加速度响应互相关对比分析,如图 4.95 所示。

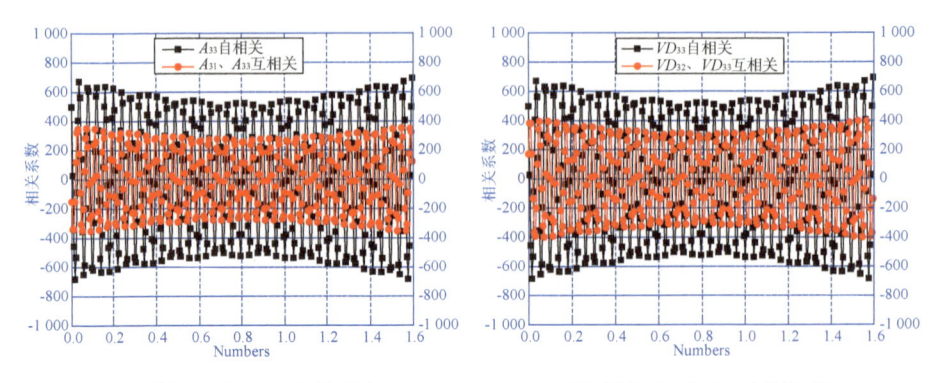

(a) 测点 A_{31} 和 A_{33} 互相关对比　　　　　　(b) 测点 A_{32} 和 A_{33} 互相关对比

图 4.95　榀三稳态阶段加速度响应互相关对比分析

由图 4.95 分析表明,测点 A_{31}、A_{32} 较 A_{33} 而言,其互相关性同样存在周期性波动变化规律,与位移响应互相关性规律一致。A_{33} 的阶段性典型自相关系数最大幅值为 683.303,最小幅值为 490.206。而 A_{31}、A_{32} 与 A_{33} 的阶段性典型互相关系数最大幅值分别是 345.857 和 390.817,最小幅值分别为 275.717 和 296.895。

(3) 衰减阶段榀-榀互相关分析

根据公式(4.17)并结合试验测试数据,进行榀三衰减阶段位移响应互相关对比分析,如图 4.96 所示。

由图 4.96 分析表明,测点 VD_{31}、VD_{32} 较 VD_{33},其互相关性规律非常一致,表现出显著的抛物线变化规律;而 VD_{34}、VD_{35} 较 VD_{33} 而言,其互相关性规律与前者不一致。VD_{33} 的阶段性典型自相关系数最大幅值和最小幅值分别是 1.086 和 0.025。而 VD_{31}、VD_{32}、VD_{34}、VD_{35} 与 VD_{33} 的阶段性典型互相关系数最大幅值分别是 0.947、1.029、0.069、0.078;阶段性典型互相关系数最小幅值分别是 0.016、0.014、0.002、0.005。

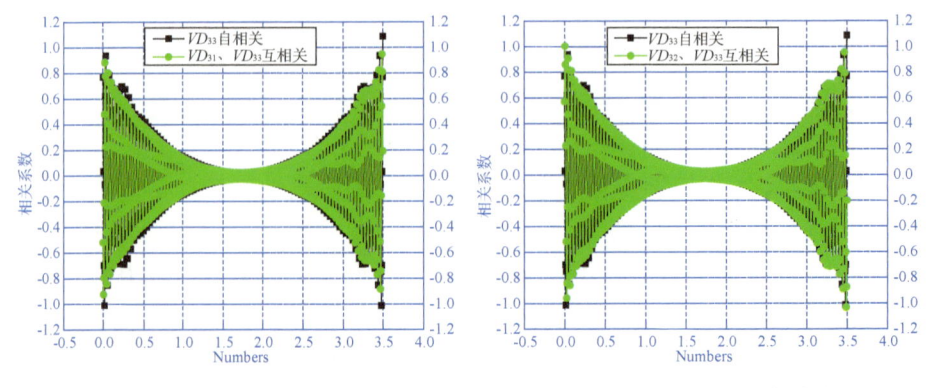

(a) 测点 VD_{31} 和 VD_{33} 互相关对比　　　　　　(b) 测点 VD_{32} 和 VD_{33} 互相关对比

第 4 章 水电站厂房组合框架高性能组合楼板激励响应特性

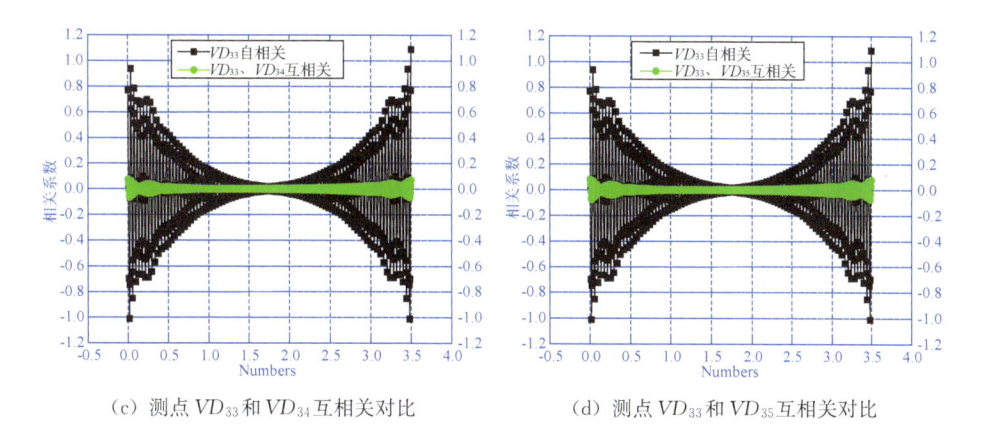

(c) 测点 VD_{33} 和 VD_{34} 互相关对比

(d) 测点 VD_{33} 和 VD_{35} 互相关对比

图 4.96 榀三衰减阶段位移响应互相关对比分析

根据公式(4.19),进行榀三衰减阶段加速度响应互相关对比分析,如图 4.97 所示。

(a) 测点 A_{31} 和 A_{33} 互相关对比

(b) 测点 A_{32} 和 A_{33} 互相关对比

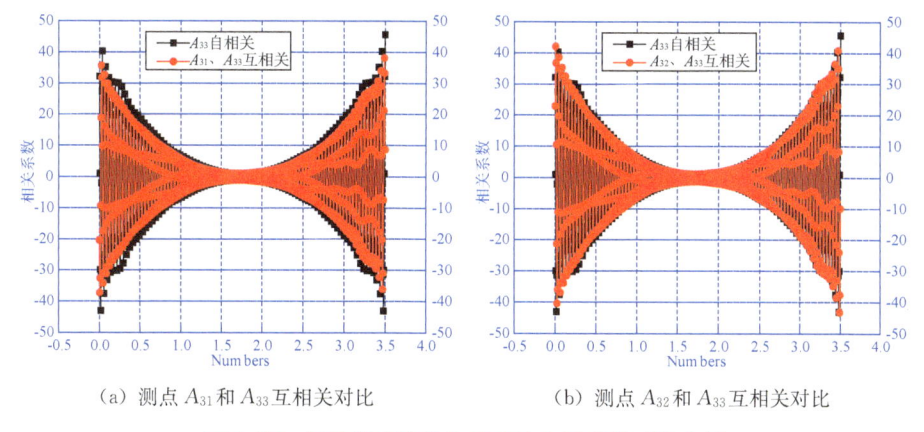

图 4.97 榀三衰减阶段加速度响应互相关对比分析

经过衰减阶段激励响应互相关分析,由图 4.97 分析可知,测点 A_{31}、A_{32} 较 A_{33} 而言,互相关性均表现出抛物线分布规律。A_{33} 的阶段性典型自相关系数最大幅值和最小幅值分别是 45.605、1.167。而 A_{31}、A_{32} 与 A_{33} 的阶段性典型互相关系数最大幅值分别是 36.104、43.152;阶段性典型互相关系数最小幅值分别是 0.701、1.040。

4.5 本章小结

本章在归纳总结国内外组合楼板振动性能研究现状及其相关评价准则的基

础上,通过开发的基于最优布置数学模型的空气调频激励系统,以节流调频转换器为反馈控制指标(0.10~0.70 MPa),以压力传感检测系统为核心控制参数(激励频率),分别对水电站厂房三榀高性能组合楼板进行了激励响应试验研究及其榀-榀互相关分析,通过试验测试与参数研究,建立了瞬态阶段、稳态阶段和衰减阶段的振动性能参数及反馈参数指标,提出了一套精确甄别组合板结构基频、主响应等特性参数的研究方法,建立了评估组合楼板动力特性的力学参数评价指标,为大型水电站水工建筑物中板结构,以及组合楼板结构的基频的测试与识别提供了工程运用价值。主要得到以下结论:

(1) 开发了一套用于测试结构激励响应特性的空气调频激励测试系统。该系统通过动力压缩机提供的动力空气输入、SC-SL 控制阀节流调频转换、压力传感检测模块输出,实现了激励响应参数的反馈控制,得到了节流调频模式与荷载激励频率等激励特征参数。

(2) 通过水电站厂房三榀高性能组合楼板激励响应试验研究表明,对于该种类型的高性能组合楼板,其激励响应过程主要由瞬态阶段、稳态阶段和衰减阶段三个部分组成。对于瞬态阶段,榀一中 1 榀、2 榀、3 榀典型测点加速度响应幅值分别为 $3.255 \text{ m} \cdot \text{s}^{-2}$、$2.354 \text{ m} \cdot \text{s}^{-2}$、$1.529 \text{ m} \cdot \text{s}^{-2}$,1 榀、2 榀、3 榀典型测点位移响应幅值分别为 0.562 mm、0.363 mm、0.261 mm,榀二中 1 榀、2 榀、3 榀典型测点加速度响应幅值分别为 $4.171 \text{ m} \cdot \text{s}^{-2}$、$4.825 \text{ m} \cdot \text{s}^{-2}$、$3.776 \text{ m} \cdot \text{s}^{-2}$,1 榀、2 榀、3 榀典型测点位移响应幅值分别为 0.474 mm、0.529 mm、0.429 mm,榀三中 1 榀、2 榀、3 榀典型测点加速度响应幅值分别为 $1.868 \text{ m} \cdot \text{s}^{-2}$、$2.111 \text{ m} \cdot \text{s}^{-2}$、$2.837 \text{ m} \cdot \text{s}^{-2}$,1 榀、2 榀、3 榀典型测点位移响应幅值分别为 0.305 mm、0.341 mm、0.429 mm;对于稳态阶段,榀一和榀三中主激励频率分别为 24.13 Hz、24.32 Hz,而榀二中主激励频率为 24.56 Hz,榀一中 1 榀、2 榀、3 榀典型测点的加速度响应幅值为 $2.364 \text{ m} \cdot \text{s}^{-2}$、$1.567 \text{ m} \cdot \text{s}^{-2}$、$0.979 \text{ m} \cdot \text{s}^{-2}$,1 榀、2 榀、3 榀典型测点的位移响应幅值分别为 0.411 mm、0.250 mm、0.171 mm,榀二中 1 榀、2 榀、3 榀典型测点的加速度响应幅值分别为 $2.164 \text{ m} \cdot \text{s}^{-2}$、$2.695 \text{ m} \cdot \text{s}^{-2}$、$2.108 \text{ m} \cdot \text{s}^{-2}$,1 榀、2 榀、3 榀典型测点位移响应幅值分别为 0.288 mm、0.334 mm、0.261 mm,榀三中 1 榀、2 榀、3 榀典型测点加速度响应幅值分别为 $1.136 \text{ m} \cdot \text{s}^{-2}$、$1.283 \text{ m} \cdot \text{s}^{-2}$、$2.185 \text{ m} \cdot \text{s}^{-2}$,1 榀、2 榀、3 榀典型测点的位移响应幅值分别为 0.190 mm、0.228 mm、0.336 mm。

(3) 通过水电站厂房三榀高性能组合楼板榀-榀互相关分析表明:对于榀一中瞬态过程,其加速度响应互相关性和位移响应互相关性规律非常一致,均表现出线性变化规律,对于稳态过程,表现出周期性波动变化规律,对于衰减过程,表现出抛物线变化规律;对于榀二中瞬态过程,其加速度响应和位移响应互相关性规律为抛物线变化规律,对于衰减过程,表现出"榔头状"变化规律;对于榀三中瞬态过程,表现出非线性非对称的变化规律,其加速度响应和位移响应互相关性规律一致,基本呈现周期性变化规律,对于衰减过程,表现出显著的抛物线变化规律。

第 5 章

水电站厂房组合框架服役性态响应谱分析

5.1 概况

本章以足尺寸水电站厂房组合框架全结构模型为研究主体,通过总结响应谱理论研究成果,进一步改进和深化设计反应谱模型,在地震影响系数曲线基础上,建立加速度人工反应谱模型,并提出多自由度组合框架反应谱耦合模型,分别考虑只受到 x 向水平激励作用和只受到 y 向水平激励作用,对水电站厂房组合框架整体结构进行服役性态响应谱建模,进行 x 向 RSA 分析和 y 向 RSA 分析。

响应谱分析法(RSM)是将工程结构的模态分析(MA)和已知谱分析(SA)相结合的一种耦合分析方法,主要用于确定工程结构对随机荷载激励或随时间变化荷载激励而产生的位移动力响应、应力(应变)动力响应,以及速度(加速度)动力响应等情况[81-82]。响应谱分析法主要运用于航天部件、电子设备、建筑构件、桥梁结构、框架结构等的动力响应分析。其中,振型分解反应谱法(MSRSM)是响应谱分析法的核心,该种分析方法的原理是将工程结构的人工反应谱与结构体系的振型进行分解,求解得到工程结构各阶振型与之相对应的等效动力作用,并按照一定的组合原则,对各阶振型的动力作用进行组合,从而得到整个工程结构的动力作用效应,对工程结构进行线弹性多自由度体系动力分析[83-85]。

对于单个结构受到任意脉冲波 $\delta_p(t)$ 的单自由度体系而言,其标准方程为:

$$\frac{\partial^2 x(t)}{\partial t^2} + f_n^2 x(t) = \delta_p(t) \tag{5.1}$$

式中：f_n 表示结构固有频率。

根据杜哈曼积分运算，求得其精确时间历程表达式为：

$$x(t) = \int_0^t \delta_p(\tau) h(t-\tau) \mathrm{d}\tau \tag{5.2}$$

根据式(5.2)进一步得到加速度、速度和位移动力响应谱的定义表达式：

$$\begin{cases} S_a(f_n) = \max[\ddot{x}(t)]; \\ S_v(f_n) = \max[\dot{x}(t)]; \\ S_u(f_n) = \max[x(t)]. \end{cases} \tag{5.3}$$

式(5.3)等价于：

$$S_u(f_n) \approx \frac{S_v(f_n)}{f_n} \approx \frac{S_a(f_n)}{f_n^2} \tag{5.4}$$

对于组合构件受到任意脉冲波 $\delta_p(t)$ 的多自由度体系而言，假定系统方程为：

$$[M]\frac{\partial^2 x(t)}{\partial t^2} + [K]x(t) = -[M][E]\delta_p(t) \tag{5.5}$$

式中：$[M]$ 表示质量矩阵；$[K]$ 表示刚度矩阵；$[E]$ 表示单位矩阵。

令模态坐标为 $q(t)$，$x(t) = \phi q(t)$，对式(5.5)进行模态分解可得：

$$\frac{\partial^2 q(t)}{\partial t^2} + (\phi^T M \phi)^{-1} \phi^T K \phi q(t) = -(\phi^T M \phi)^{-1} \phi^T M E \delta_p(t) \tag{5.6}$$

于是，求得第(a)阶解耦后的模态方程为：

$$\frac{\partial^2 q_a(t)}{\partial t^2} + f_n^2 q_a(t) = \Re_a \delta_p(t) \tag{5.7}$$

式中：$\Re_a = \dfrac{\phi^{(a)T} M E}{\phi^{(a)T} M \phi^{(a)}}$，表示模态参与因子。

由式(5.1)和式(5.2)得到 $q_a(t)$ 的最大动力响应表达式：

$$\max[q_a(t)] = \Re_a S_u(f_n) \approx \Re_a \frac{S_a(f_n)}{f_n^2} = A_a \tag{5.8}$$

式中：A_a 称为模态系数。

因此，在物理坐标系下组合构件各节点的最大位移动力响应表达式为：

$$x^{(a)}(t_{\max}) = \phi^{(a)} \max[q_a(t)] = \phi^{(a)} A_a \tag{5.9}$$

通过式(5.9)得到各阶模态的最大位移动力响应 $x^{(a)}(t_{\max})$ 后,按照绝对值叠加,于是得到合成最大位移动力响应,即有:

$$x(t_{\max}) = \sum_a \left| x^{(a)}(t_{\max}) \right| \tag{5.10}$$

同理,在求得了组合构件各阶模态惯性力作用下系统的应力(应变)动力响应之后,根据标准要求,再次计算合成应力(应变)动力响应;速度(加速度)动力响应同样如此。

5.2 响应谱理论模型的研究

自19世纪50年代Biot[86]首次提出反应谱概念以来,已有70多年发展历史。我国对反应谱的研究,开始于1958年由刘恢先[87]引入的反应谱理论。近几十年来,反应谱理论逐渐得到全世界工程界的认可,尤其是吸引了全世界地震科学家和工程师们的眼球。伴随着地震记录数据和震害经验的累积,学者们逐渐认识到反应谱理论与震级大小、传播途径、场地条件等因素密切相关[88],并根据这些因素对反应谱理论进行了不断设计、不断改进、不断优化、不断完善。我国学者以"不同场地条件"为因变量对反应谱形状进行了分析,陈达生通过总结国内外场地条件资料,首次确定了将土质场地分为3类的想法,周锡元则通过考虑土层刚度分类,针对4类场地条件提出了平均反应谱模型[89-91]。伴随着工程建设的与时俱进,工程界对反应谱的研究提出了更高、更广泛的要求。近年来,诸多学者通过考虑地震动分量、地震动幅值、频谱特征、场地影响几个方面因素对反应谱进行了更加精确的研究探讨,并取得了诸多具有实用价值的研究结论[92-95]。

5.2.1 设计反应谱理论研究

1955年,我国学者翻译了苏联出版的《地震区建筑规范Ⅱ》,并以此作为我国工程界抗震设计参考依据。1959年,我国出版了第一本抗震规范标准《地震区建筑抗震设计规范(草案)》,该规范规定:按照场地烈度进行设防,以绝对加速度反应谱作为计算设计依据。到了1964年,我国出版了《地震区建筑设计规范(草案)》,这是我国第一个自行编写并加以实施的建筑抗震设计规范,规范中给出了4类场地设计的特征周期。1974年,我国颁发的《工业与民用建筑抗震设计规范(试行)》(TJ 11—74),在1964年规范基础上做了补充,对反应谱的特征周期进行了调整。在经历了1976年唐山大地震的惨重教训后,我国又颁布了《建筑抗震设计规范》(GB J11—89),该规范中增加了剪切波速、覆盖层厚度等内容,更加全面地反映了实际问题[96]。我国不同时期抗震规范设计谱如图5.1所示。

第 5 章　水电站厂房组合框架服役性态响应谱分析

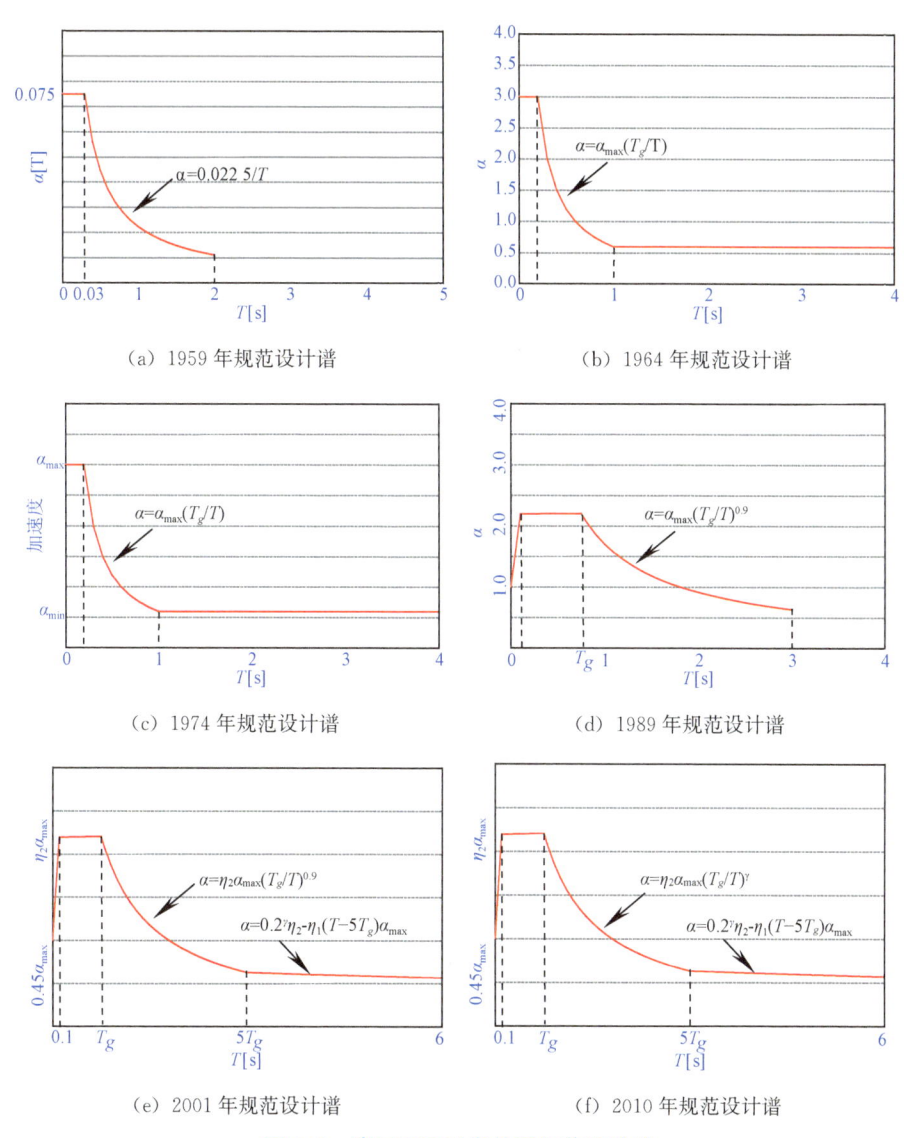

(a) 1959 年规范设计谱

(b) 1964 年规范设计谱

(c) 1974 年规范设计谱

(d) 1989 年规范设计谱

(e) 2001 年规范设计谱

(f) 2010 年规范设计谱

图 5.1　我国不同时期抗震规范设计谱

由图 5.1 可知，1959 年规范中采用水平段和曲线下降段 2 段设计，其周期范围为 2 s；1964 年规范采用水平段、曲线下降段、直线水平段 3 段设计，其周期范围增加到 4 s；1974 年规范同样采用水平段、曲线下降段、直线水平段 3 段设计，其周期范围为 4 s；1989 年规范则采用直线上升段、水平段、曲线下降段 3 段设计，其周期范围为 3 s；2001 年规范和 2010 年规范采用相同的设计模式，分为直线上升段、水平段、曲线下降段、直线下降段 4 部分，其周期范围扩大到 6 s，不仅考虑到近震、远震模式，还涉及大震、小震模式，并增加了阻尼比对反应谱的影响等内容。

5.2.2 加速度人工反应谱模型的建立

我国同世界上许多国家抗震设计思路一样,设计反应谱的理论模型通过规范设计标准、平均设计标准、平滑化设计标准和经验化模式4个简单程序进行。因此,依据我国《建筑抗震设计规范》(GB 50011—2010)和《水电工程水工建筑物抗震设计规范》(NB 35047—2015)[97-98]中相关内容,在地震影响系数曲线基础上,进行加速度人工反应谱模型研究。

加速度人工反应谱模型由直线上升段、水平段、曲线下降段、直线下降段4部分组成,如图5.2所示。

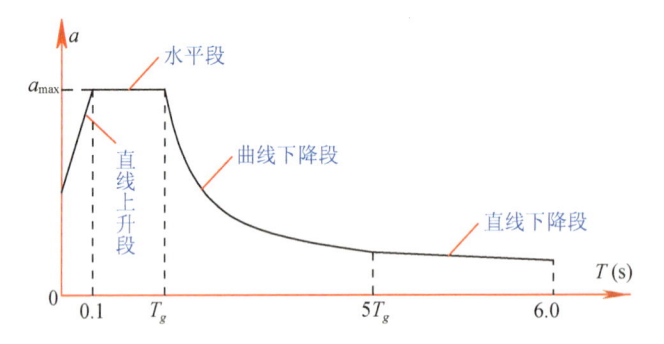

图 5.2　加速度人工反应谱模型

其表达式 $a(T)$ 为:

$$a(T) = \begin{cases} 10\alpha_{max}g(\eta_2-0.45)T+0.45\alpha_{max}g, & (0 \leqslant T < 0.1\text{s}); \\ \eta_2\alpha_{max}g, & (0.1\text{s} \leqslant T < T_g); \\ T_g^{\gamma}T^{-\gamma}\eta_2\alpha_{max}g, & (T_g \leqslant T < 5T_g); \\ [0.2^{\gamma}\eta_2-\eta_1(T-5T_g)]\alpha_{max}g, & (5T_g \leqslant T < 6\text{s}). \end{cases} \quad (5.11)$$

$$\eta_1 = 0.02 + \frac{0.05-\zeta}{4+32\zeta} \quad (5.12)$$

$$\eta_2 = 1 + \frac{0.05-\zeta}{0.08+1.6\zeta} \quad (5.13)$$

$$\gamma = 0.9 + \frac{0.05-\zeta}{0.3+6\zeta} \quad (5.14)$$

式中:α_{max} 表示地震影响系数最大值;g 表示结构所在地区的重力加速度;η_1 表

示直线下降段的下降斜率调整系数,小于 0 时取 0;η_2 表示阻尼调整系数,小于 0.55 时取 0.55;γ 表示曲线下降段衰减指数;ζ 表示阻尼比;T_g 表示特征周期;T 表示结构自振周期;$a(T)$ 表示自振周期 T 对应的加速度($\mathrm{m \cdot s^{-2}}$)。

5.2.3 多自由度组合框架反应谱耦合模型的建立

在相关抗震设计规范中建议,对于竖向悬臂构件中的质量分布均匀、刚度均匀的规则几何建筑物体,通过理论、大量试验和统计表明,作用于其上的任一质点 m_i 的水平地震作用模式可表达为:

$$p_j = \frac{W_i H_i}{\sum_{i=1}^{n} W_i H_i} \alpha W_{eq} \tag{5.15}$$

式中:W_i 表示质点 m_i 的重量;H_i 表示质点 m_i 相对地面的高度;α 表示规则几何建筑物体基本周期的地震影响系数;W_{eq} 表示规则几何建筑物体的等效总重量。

对于由规则几何构件组成的规则几何框架结构,由该种组合法进行叠加可求得整体水平地震作用模式[99-100]。

(1) x 向多自由度组合框架模型

对水电站厂房组合框架整体结构进行服役性态响应谱建模。首先,考虑只受到 x 向水平激励作用,则 x 向多自由度组合框架反应谱模型如图 5.3 所示。

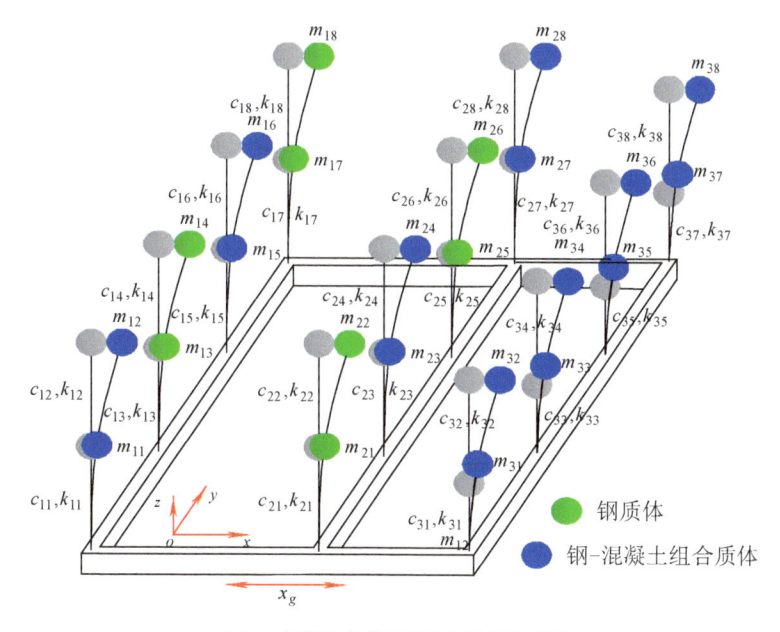

(a) x 向激励多自由度组合框架示意图

(b) 模式一

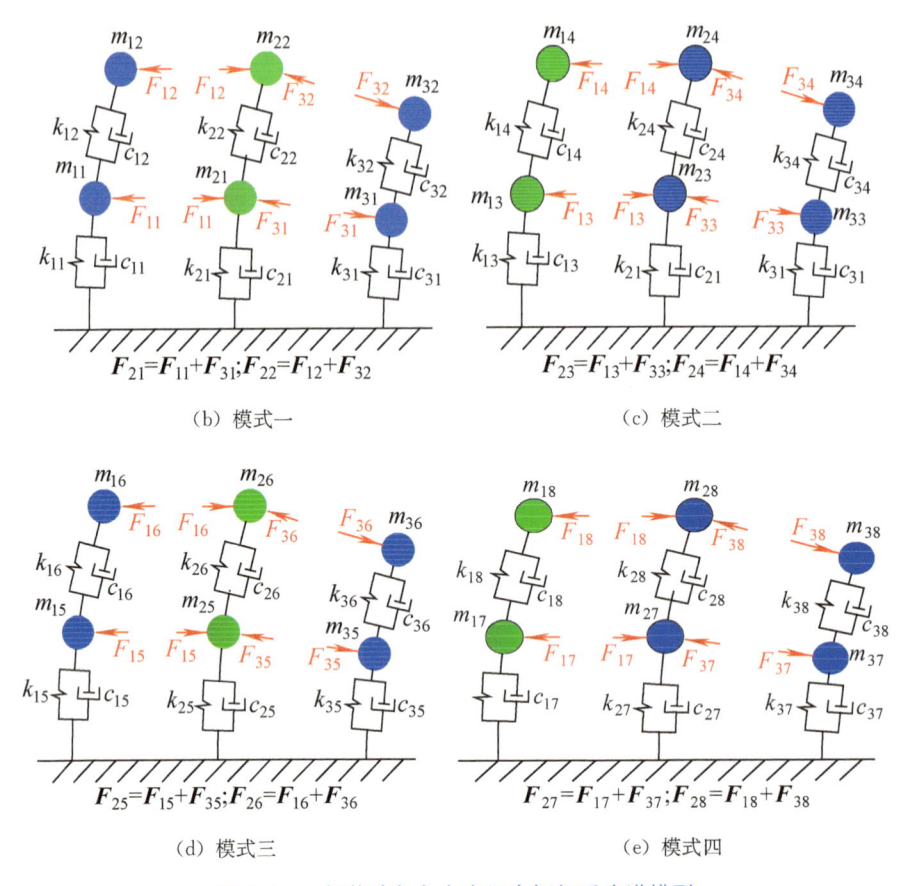

(c) 模式二

(d) 模式三

(e) 模式四

图 5.3 x 向激励多自由度组合框架反应谱模型

对于图 5.3 中 x 向多自由度组合框架反应谱模型而言,将不同类型组合柱等效为质体,将牛腿等效为质体进行响应谱分析。分析过程中,当组合框架受到 x 向激励时,各个质体受到 y 向和 z 向的激励较受到 x 向激励偏弱,响应谱分析时可忽略受到 y 向激励和受到 z 向激励的影响,仅考虑各个质体受到 x 向之间的相互激励模式。

因此,对于相互激励模式一中 m_{11}、m_{12}、m_{21}、m_{22}、m_{31}、m_{32} 每个质体的运动方程为:

$$m_{11}\left(\frac{\partial^2 x_{11}}{\partial t^2} - \frac{\partial^2 x_g}{\partial t^2}\right) + c_{11}\left(\frac{\partial x_{11}}{\partial t} - \frac{\partial x_g}{\partial t}\right) + c_{12}\left(\frac{\partial x_{11}}{\partial t} - \frac{\partial x_{12}}{\partial t}\right) \quad (5.16)$$
$$+ k_{11}(x_{11} - x_g) + k_{12}(x_{11} - x_{12}) = F_{11}$$

$$m_{12}\left(\frac{\partial^2 x_{12}}{\partial t^2} - \frac{\partial^2 x_g}{\partial t^2}\right) + c_{12}\left(\frac{\partial x_{12}}{\partial t} - \frac{\partial x_{11}}{\partial t}\right) + k_{12}(x_{12} - x_{11}) = F_{12} \quad (5.17)$$

$$m_{21}\left(\frac{\partial^2 x_{21}}{\partial t^2} - \frac{\partial^2 x_g}{\partial t^2}\right) + c_{21}\left(\frac{\partial x_{21}}{\partial t} - \frac{\partial x_g}{\partial t}\right) + c_{22}\left(\frac{\partial x_{21}}{\partial t} - \frac{\partial x_{22}}{\partial t}\right) \quad (5.18)$$
$$+ k_{21}(x_{21} - x_g) + k_{22}(x_{21} - x_{22}) = F_{21}$$

$$m_{22}\left(\frac{\partial^2 x_{22}}{\partial t^2} - \frac{\partial^2 x_g}{\partial t^2}\right) + c_{22}\left(\frac{\partial x_{22}}{\partial t} - \frac{\partial x_{21}}{\partial t}\right) + k_{22}(x_{22} - x_{21}) = F_{22} \quad (5.19)$$

$$m_{31}\left(\frac{\partial^2 x_{31}}{\partial t^2} - \frac{\partial^2 x_g}{\partial t^2}\right) + c_{31}\left(\frac{\partial x_{31}}{\partial t} - \frac{\partial x_g}{\partial t}\right) + c_{32}\left(\frac{\partial x_{31}}{\partial t} - \frac{\partial x_{32}}{\partial t}\right) \quad (5.20)$$
$$+ k_{31}(x_{31} - x_g) + k_{32}(x_{31} - x_{32}) = F_{31}$$

$$m_{32}\left(\frac{\partial^2 x_{32}}{\partial t^2} - \frac{\partial^2 x_g}{\partial t^2}\right) + c_{32}\left(\frac{\partial x_{32}}{\partial t} - \frac{\partial x_{31}}{\partial t}\right) + k_{32}(x_{32} - x_{31}) = F_{32} \quad (5.21)$$

式中：m_{ij}、c_{ij}、k_{ij} 分别表示第 i 排第 j 层质体的质量、阻尼和刚度；$\frac{\partial^2 x_{ij}}{\partial t^2}$、$\frac{\partial x_{ij}}{\partial t}$、$x_{ij}$ 分别表示第 i 排第 j 层质体的加速度、速度和位移；F_{ij} 表示第 i 排第 j 层质体受到的 x 向相互激励（$i=1,2,3;j=1,2$）。

相互激励模式二中 m_{13}、m_{14}、m_{23}、m_{24}、m_{33}、m_{34} 每个质体的运动方程为：

$$m_{13}\left(\frac{\partial^2 x_{13}}{\partial t^2} - \frac{\partial^2 x_g}{\partial t^2}\right) + c_{13}\left(\frac{\partial x_{13}}{\partial t} - \frac{\partial x_g}{\partial t}\right) + c_{14}\left(\frac{\partial x_{13}}{\partial t} - \frac{\partial x_{14}}{\partial t}\right) \quad (5.22)$$
$$+ k_{13}(x_{13} - x_g) + k_{14}(x_{13} - x_{14}) = F_{13}$$

$$m_{14}\left(\frac{\partial^2 x_{14}}{\partial t^2} - \frac{\partial^2 x_g}{\partial t^2}\right) + c_{14}\left(\frac{\partial x_{14}}{\partial t} - \frac{\partial x_{13}}{\partial t}\right) + k_{14}(x_{14} - x_{13}) = F_{14} \quad (5.23)$$

$$m_{23}\left(\frac{\partial^2 x_{23}}{\partial t^2} - \frac{\partial^2 x_g}{\partial t^2}\right) + c_{23}\left(\frac{\partial x_{23}}{\partial t} - \frac{\partial x_g}{\partial t}\right) + c_{24}\left(\frac{\partial x_{23}}{\partial t} - \frac{\partial x_{24}}{\partial t}\right) \quad (5.24)$$
$$+ k_{23}(x_{23} - x_g) + k_{24}(x_{23} - x_{24}) = F_{23}$$

$$m_{24}\left(\frac{\partial^2 x_{24}}{\partial t^2} - \frac{\partial^2 x_g}{\partial t^2}\right) + c_{24}\left(\frac{\partial x_{24}}{\partial t} - \frac{\partial x_{23}}{\partial t}\right) + k_{24}(x_{24} - x_{23}) = F_{24} \quad (5.25)$$

$$m_{33}\left(\frac{\partial^2 x_{33}}{\partial t^2} - \frac{\partial^2 x_g}{\partial t^2}\right) + c_{33}\left(\frac{\partial x_{33}}{\partial t} - \frac{\partial x_g}{\partial t}\right) + c_{34}\left(\frac{\partial x_{33}}{\partial t} - \frac{\partial x_{34}}{\partial t}\right) \quad (5.26)$$
$$+ k_{33}(x_{33} - x_g) + k_{34}(x_{33} - x_{34}) = F_{33}$$

$$m_{34}\left(\frac{\partial^2 x_{34}}{\partial t^2} - \frac{\partial^2 x_g}{\partial t^2}\right) + c_{34}\left(\frac{\partial x_{34}}{\partial t} - \frac{\partial x_{33}}{\partial t}\right) + k_{34}(x_{34} - x_{33}) = F_{34} \quad (5.27)$$

相互激励模式三中 m_{15}、m_{16}、m_{25}、m_{26}、m_{35}、m_{36} 每个质体的运动方程为：

$$m_{15}\left(\frac{\partial^2 x_{15}}{\partial t^2}-\frac{\partial^2 x_g}{\partial t^2}\right)+c_{15}\left(\frac{\partial x_{15}}{\partial t}-\frac{\partial x_g}{\partial t}\right)+c_{16}\left(\frac{\partial x_{15}}{\partial t}-\frac{\partial x_{16}}{\partial t}\right) \quad (5.28)$$
$$+k_{15}(x_{15}-x_g)+k_{16}(x_{15}-x_{16})=F_{15}$$

$$m_{16}\left(\frac{\partial^2 x_{16}}{\partial t^2}-\frac{\partial^2 x_g}{\partial t^2}\right)+c_{16}\left(\frac{\partial x_{16}}{\partial t}-\frac{\partial x_{15}}{\partial t}\right)+k_{16}(x_{16}-x_{15})=F_{16} \quad (5.29)$$

$$m_{25}\left(\frac{\partial^2 x_{25}}{\partial t^2}-\frac{\partial^2 x_g}{\partial t^2}\right)+c_{25}\left(\frac{\partial x_{25}}{\partial t}-\frac{\partial x_g}{\partial t}\right)+c_{26}\left(\frac{\partial x_{25}}{\partial t}-\frac{\partial x_{26}}{\partial t}\right) \quad (5.30)$$
$$+k_{25}(x_{25}-x_g)+k_{26}(x_{25}-x_{26})=F_{25}$$

$$m_{26}\left(\frac{\partial^2 x_{26}}{\partial t^2}-\frac{\partial^2 x_g}{\partial t^2}\right)+c_{26}\left(\frac{\partial x_{26}}{\partial t}-\frac{\partial x_{25}}{\partial t}\right)+k_{26}(x_{26}-x_{25})=F_{26} \quad (5.31)$$

$$m_{35}\left(\frac{\partial^2 x_{35}}{\partial t^2}-\frac{\partial^2 x_g}{\partial t^2}\right)+c_{35}\left(\frac{\partial x_{35}}{\partial t}-\frac{\partial x_g}{\partial t}\right)+c_{36}\left(\frac{\partial x_{35}}{\partial t}-\frac{\partial x_{36}}{\partial t}\right) \quad (5.32)$$
$$+k_{35}(x_{35}-x_g)+k_{36}(x_{35}-x_{36})=F_{35}$$

$$m_{36}\left(\frac{\partial^2 x_{36}}{\partial t^2}-\frac{\partial^2 x_g}{\partial t^2}\right)+c_{36}\left(\frac{\partial^2 x_{36}}{\partial t^2}-\frac{\partial^2 x_{35}}{\partial t^2}\right)+k_{36}(x_{36}-x_{35})=F_{36} \quad (5.33)$$

相互激励模式四中 m_{17}、m_{18}、m_{27}、m_{28}、m_{37}、m_{38} 每个质体的运动方程为：

$$m_{17}\left(\frac{\partial^2 x_{17}}{\partial t^2}-\frac{\partial^2 x_g}{\partial t^2}\right)+c_{17}\left(\frac{\partial x_{17}}{\partial t}-\frac{\partial x_g}{\partial t}\right)+c_{18}\left(\frac{\partial x_{17}}{\partial t}-\frac{\partial x_{18}}{\partial t}\right) \quad (5.34)$$
$$+k_{17}(x_{17}-x_g)+k_{18}(x_{17}-x_{18})=F_{17}$$

$$m_{18}\left(\frac{\partial^2 x_{18}}{\partial t^2}-\frac{\partial^2 x_g}{\partial t^2}\right)+c_{18}\left(\frac{\partial x_{18}}{\partial t}-\frac{\partial x_{17}}{\partial t}\right)+k_{18}(x_{18}-x_{17})=F_{18} \quad (5.35)$$

$$m_{27}\left(\frac{\partial^2 x_{27}}{\partial t^2}-\frac{\partial^2 x_g}{\partial t^2}\right)+c_{27}\left(\frac{\partial x_{27}}{\partial t}-\frac{\partial x_g}{\partial t}\right)+c_{28}\left(\frac{\partial x_{27}}{\partial t}-\frac{\partial x_{28}}{\partial t}\right) \quad (5.36)$$
$$+k_{27}(x_{27}-x_g)+k_{28}(x_{27}-x_{28})=F_{27}$$

$$m_{28}\left(\frac{\partial^2 x_{28}}{\partial t^2}-\frac{\partial^2 x_g}{\partial t^2}\right)+c_{28}\left(\frac{\partial x_{28}}{\partial t}-\frac{\partial x_{27}}{\partial t}\right)+k_{28}(x_{28}-x_{27})=F_{28} \quad (5.37)$$

$$m_{37}\left(\frac{\partial^2 x_{37}}{\partial t^2}-\frac{\partial^2 x_g}{\partial t^2}\right)+c_{37}\left(\frac{\partial x_{37}}{\partial t}-\frac{\partial x_g}{\partial t}\right)+c_{38}\left(\frac{\partial x_{37}}{\partial t}-\frac{\partial x_{38}}{\partial t}\right) \quad (5.38)$$
$$+k_{37}(x_{37}-x_g)+k_{38}(x_{37}-x_{38})=F_{37}$$

$$m_{38}\left(\frac{\partial^2 x_{38}}{\partial t^2}-\frac{\partial^2 x_g}{\partial t^2}\right)+c_{38}\left(\frac{\partial x_{38}}{\partial t}-\frac{\partial x_{37}}{\partial t}\right)+k_{38}(x_{38}-x_{37})=F_{38} \quad (5.39)$$

第5章 水电站厂房组合框架服役性态响应谱分析

将式(5.16)~式(5.39)写成矩阵形式,有:

$$\begin{bmatrix} M_1 & 0 & 0 & 0 \\ 0 & M_2 & 0 & 0 \\ 0 & 0 & M_3 & 0 \\ 0 & 0 & 0 & M_4 \end{bmatrix} \begin{Bmatrix} \dfrac{\partial^2 X_1}{\partial t^2} \\ \dfrac{\partial^2 X_2}{\partial t^2} \\ \dfrac{\partial^2 X_3}{\partial t^2} \\ \dfrac{\partial^2 X_4}{\partial t^2} \end{Bmatrix} + \begin{bmatrix} C_1 & 0 & 0 & 0 \\ 0 & C_2 & 0 & 0 \\ 0 & 0 & C_3 & 0 \\ 0 & 0 & 0 & C_4 \end{bmatrix} \begin{Bmatrix} \dfrac{\partial X_1}{\partial t} \\ \dfrac{\partial X_2}{\partial t} \\ \dfrac{\partial X_3}{\partial t} \\ \dfrac{\partial X_4}{\partial t} \end{Bmatrix} \quad (5.40)$$

$$+ \begin{bmatrix} K_1 & 0 & 0 & 0 \\ 0 & K_2 & 0 & 0 \\ 0 & 0 & K_3 & 0 \\ 0 & 0 & 0 & K_4 \end{bmatrix} \begin{Bmatrix} X_1 \\ X_2 \\ X_3 \\ X_4 \end{Bmatrix} = \begin{Bmatrix} F_1 \\ F_2 \\ F_3 \\ F_4 \end{Bmatrix}$$

式中:$M_i = \mathrm{diag}(m_{1(2i-1)}, m_{1(2i)}, m_{2(2i-1)}, m_{2(2i)}, m_{3(2i-1)}, m_{3(2i)})$,$(i=1,2,3,4)$;$X_i = [x_{1(2i-1)}, x_{1(2i)}, x_{2(2i-1)}, x_{2(2i)}, x_{3(2i-1)}, x_{3(2i)}]^T$,$(i=1,2,3,4)$;$F_i = [F_{1(2i-1)}, F_{1(2i)}, F_{2(2i-1)}, F_{2(2i)}, F_{3(2i-1)}, F_{3(2i)}]^T$,$(i=1,2,3,4)$;$C_i =$

$$\begin{bmatrix} c_{1(2i-1)}+c_{1(2i)} & -c_{1(2i)} & 0 & 0 & 0 & 0 \\ -c_{1(2i)} & c_{1(2i)} & 0 & 0 & 0 & 0 \\ 0 & 0 & c_{2(2i-1)}+c_{2(2i)} & -c_{2(2i)} & 0 & 0 \\ 0 & 0 & -c_{2(2i)} & c_{2(2i)} & 0 & 0 \\ 0 & 0 & 0 & 0 & c_{3(2i-1)}+c_{3(2i)} & -c_{3(2i)} \\ 0 & 0 & 0 & 0 & -c_{3(2i)} & c_{3(2i)} \end{bmatrix};$$

$K_i =$

$$\begin{bmatrix} k_{1(2i-1)}+k_{1(2i)} & -k_{1(2i)} & 0 & 0 & 0 & 0 \\ -k_{1(2i)} & k_{1(2i)} & 0 & 0 & 0 & 0 \\ 0 & 0 & k_{2(2i-1)}+k_{2(2i)} & -k_{2(2i)} & 0 & 0 \\ 0 & 0 & -k_{2(2i)} & k_{2(2i)} & 0 & 0 \\ 0 & 0 & 0 & 0 & k_{3(2i-1)}+k_{3(2i)} & -k_{3(2i)} \\ 0 & 0 & 0 & 0 & -k_{3(2i)} & k_{3(2i)} \end{bmatrix}。$$

(2) y 向多自由度组合框架模型

其次,考虑只受到 y 向水平激励作用,则 y 向多自由度组合框架反应谱模型如图5.4所示。

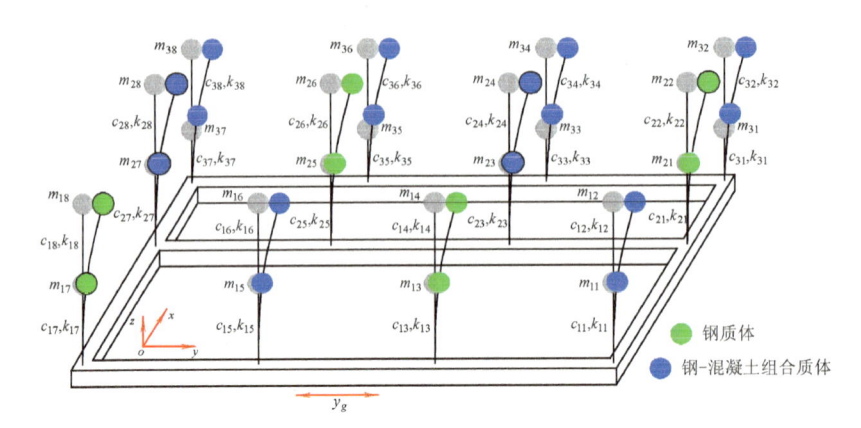

(a) y 向激励多自由度组合框示意图

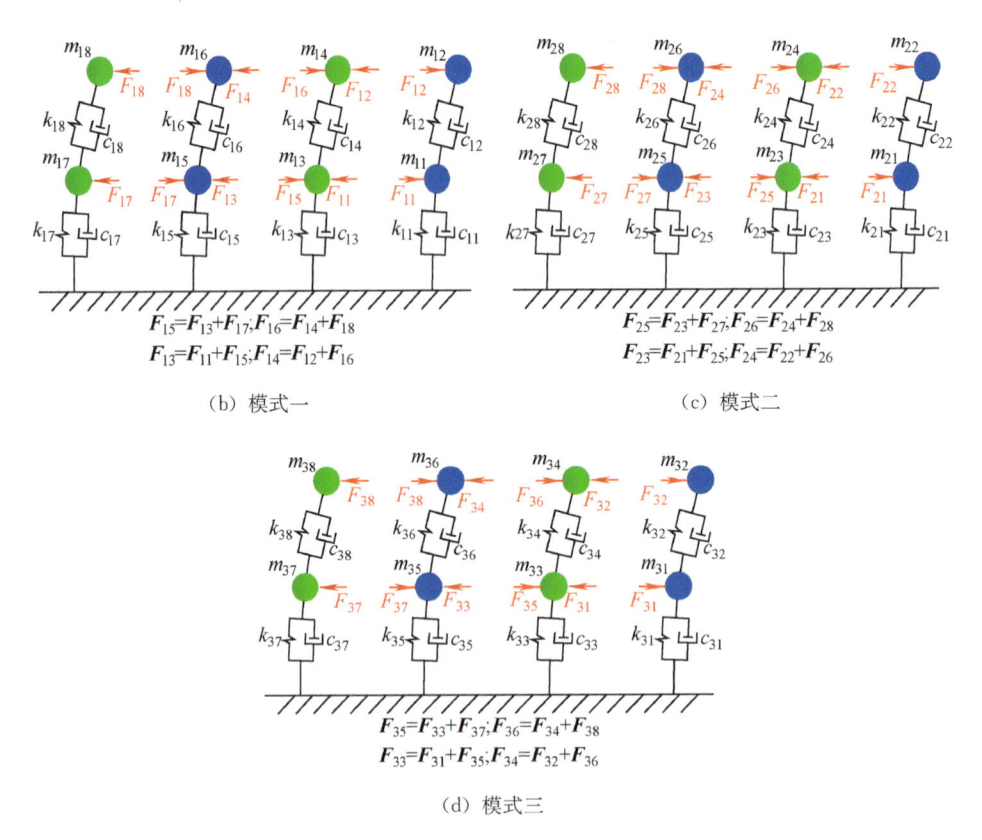

(b) 模式一

(c) 模式二

$F_{15}=F_{13}+F_{17}, F_{16}=F_{14}+F_{18}$
$F_{13}=F_{11}+F_{15}; F_{14}=F_{12}+F_{16}$

$F_{25}=F_{23}+F_{27}, F_{26}=F_{24}+F_{28}$
$F_{23}=F_{21}+F_{25}; F_{24}=F_{22}+F_{26}$

(d) 模式三

$F_{35}=F_{33}+F_{37}; F_{36}=F_{34}+F_{38}$
$F_{33}=F_{31}+F_{35}; F_{34}=F_{32}+F_{36}$

图 5.4　y 向激励多自由度组合框架反应谱模型

对于图 5.4 中多自由度耦合组合框架 y 向反应谱模型而言，仅考虑各个物体 y 向之间的相互激励，同理，可得 y 向相互激励模式一 m_{11}、m_{12}、m_{13}、m_{14}、m_{15}、m_{16} 每个质体的运动方程为：

$$m_{11}\left(\frac{\partial^2 y_{11}}{\partial t^2}-\frac{\partial^2 y_g}{\partial t^2}\right)+c_{11}\left(\frac{\partial y_{11}}{\partial t}-\frac{\partial y_g}{\partial t}\right)+c_{12}\left(\frac{\partial y_{11}}{\partial t}-\frac{\partial y_{12}}{\partial t}\right) \quad (5.41)$$
$$+k_{11}(y_{11}-y_g)+k_{12}(y_{11}-y_{12})=F_{11}$$

$$m_{12}\left(\frac{\partial^2 y_{12}}{\partial t^2}-\frac{\partial^2 y_g}{\partial t^2}\right)+c_{12}\left(\frac{\partial y_{12}}{\partial t}-\frac{\partial y_{11}}{\partial t}\right)+k_{12}(y_{12}-y_{11})=F_{12} \quad (5.42)$$

$$m_{13}\left(\frac{\partial^2 y_{13}}{\partial t^2}-\frac{\partial^2 y_g}{\partial t^2}\right)+c_{13}\left(\frac{\partial y_{13}}{\partial t}-\frac{\partial y_g}{\partial t}\right)+c_{14}\left(\frac{\partial y_{13}}{\partial t}-\frac{\partial y_{14}}{\partial t}\right) \quad (5.43)$$
$$+k_{13}(y_{13}-y_g)+k_{14}(y_{13}-y_{14})=F_{13}$$

$$m_{14}\left(\frac{\partial^2 y_{14}}{\partial t^2}-\frac{\partial^2 y_g}{\partial t^2}\right)+c_{14}\left(\frac{\partial y_{14}}{\partial t}-\frac{\partial y_{13}}{\partial t}\right)+k_{14}(y_{14}-y_{13})=F_{14} \quad (5.44)$$

$$m_{15}\left(\frac{\partial^2 y_{15}}{\partial t^2}-\frac{\partial^2 y_g}{\partial t^2}\right)+c_{15}\left(\frac{\partial y_{15}}{\partial t}-\frac{\partial y_g}{\partial t}\right)+c_{16}\left(\frac{\partial y_{15}}{\partial t}-\frac{\partial y_{16}}{\partial t}\right) \quad (5.45)$$
$$+k_{15}(y_{15}-y_g)+k_{16}(y_{15}-y_{16})=F_{15}$$

$$m_{16}\left(\frac{\partial^2 y_{16}}{\partial t^2}-\frac{\partial^2 y_g}{\partial t^2}\right)+c_{16}\left(\frac{\partial y_{16}}{\partial t}-\frac{\partial y_{15}}{\partial t}\right)+k_{16}(y_{14}-y_{15})=F_{16} \quad (5.46)$$

$$m_{17}\left(\frac{\partial^2 y_{17}}{\partial t^2}-\frac{\partial^2 y_g}{\partial t^2}\right)+c_{17}\left(\frac{\partial y_{17}}{\partial t}-\frac{\partial y_g}{\partial t}\right)+c_{18}\left(\frac{\partial y_{17}}{\partial t}-\frac{\partial y_{18}}{\partial t}\right) \quad (5.47)$$
$$+k_{17}(y_{17}-y_g)+k_{18}(y_{17}-y_{18})=F_{17}$$

$$m_{18}\left(\frac{\partial^2 y_{18}}{\partial t^2}-\frac{\partial^2 y_g}{\partial t^2}\right)+c_{18}\left(\frac{\partial y_{18}}{\partial t}-\frac{\partial y_{17}}{\partial t}\right)+k_{18}(y_{18}-y_{17})=F_{18} \quad (5.48)$$

y 向相互激励模式二 m_{21}、m_{22}、m_{23}、m_{24}、m_{25}、m_{26}、m_{27}、m_{28} 每个质体的运动方程为：

$$m_{21}\left(\frac{\partial^2 y_{21}}{\partial t^2}-\frac{\partial^2 y_g}{\partial t^2}\right)+c_{21}\left(\frac{\partial y_{21}}{\partial t}-\frac{\partial y_g}{\partial t}\right)+c_{22}\left(\frac{\partial y_{21}}{\partial t}-\frac{\partial y_{22}}{\partial t}\right) \quad (5.49)$$
$$+k_{21}(y_{21}-y_g)+k_{22}(y_{21}-y_{22})=F_{21}$$

$$m_{22}\left(\frac{\partial^2 y_{22}}{\partial t^2}-\frac{\partial^2 y_g}{\partial t^2}\right)+c_{22}\left(\frac{\partial y_{22}}{\partial t}-\frac{\partial y_{21}}{\partial t}\right)+k_{22}(y_{22}-y_{21})=F_{22} \quad (5.50)$$

$$m_{23}\left(\frac{\partial^2 y_{23}}{\partial t^2}-\frac{\partial^2 y_g}{\partial t^2}\right)+c_{23}\left(\frac{\partial y_{23}}{\partial t}-\frac{\partial y_g}{\partial t}\right)+c_{24}\left(\frac{\partial y_{23}}{\partial t}-\frac{\partial y_{24}}{\partial t}\right) \quad (5.51)$$
$$+k_{23}(y_{23}-y_g)+k_{24}(y_{23}-y_{24})=F_{23}$$

$$m_{24}\left(\frac{\partial^2 y_{24}}{\partial t^2}-\frac{\partial^2 y_g}{\partial t^2}\right)+c_{24}\left(\frac{\partial y_{24}}{\partial t}-\frac{\partial y_{23}}{\partial t}\right)+k_{24}(y_{24}-y_{23})=F_{24} \quad (5.52)$$

$$m_{25}\left(\frac{\partial^2 y_{25}}{\partial t^2} - \frac{\partial^2 y_g}{\partial t^2}\right) + c_{25}\left(\frac{\partial y_{25}}{\partial t} - \frac{\partial y_g}{\partial t}\right) + c_{26}\left(\frac{\partial y_{25}}{\partial t} - \frac{\partial y_{26}}{\partial t}\right) \quad (5.53)$$
$$+ k_{25}(y_{25} - y_g) + k_{26}(y_{25} - y_{26}) = F_{25}$$

$$m_{26}\left(\frac{\partial^2 y_{26}}{\partial t^2} - \frac{\partial^2 y_g}{\partial t^2}\right) + c_{26}\left(\frac{\partial y_{26}}{\partial t} - \frac{\partial y_{25}}{\partial t}\right) + k_{26}(y_{26} - y_{25}) = F_{26} \quad (5.54)$$

$$m_{27}\left(\frac{\partial^2 y_{27}}{\partial t^2} - \frac{\partial^2 y_g}{\partial t^2}\right) + c_{27}\left(\frac{\partial y_{27}}{\partial t} - \frac{\partial y_g}{\partial t}\right) + c_{28}\left(\frac{\partial y_{27}}{\partial t} - \frac{\partial y_{28}}{\partial t}\right) \quad (5.55)$$
$$+ k_{27}(y_{27} - y_g) + k_{28}(y_{27} - y_{28}) = F_{27}$$

$$m_{28}\left(\frac{\partial^2 y_{28}}{\partial t^2} - \frac{\partial^2 y_g}{\partial t^2}\right) + c_{28}\left(\frac{\partial y_{28}}{\partial t} - \frac{\partial y_g}{\partial t}\right) + k_{28}(y_{28} - y_{27}) = F_{28} \quad (5.56)$$

y 向相互激励模式三 m_{31}、m_{32}、m_{33}、m_{34}、m_{35}、m_{36}、m_{37}、m_{38} 每个质体的运动方程为：

$$m_{31}\left(\frac{\partial^2 y_{31}}{\partial t^2} - \frac{\partial^2 y_g}{\partial t^2}\right) + c_{31}\left(\frac{\partial y_{31}}{\partial t} - \frac{\partial y_g}{\partial t}\right) + c_{32}\left(\frac{\partial y_{31}}{\partial t} - \frac{\partial y_{32}}{\partial t}\right) \quad (5.57)$$
$$+ k_{31}(y_{31} - y_g) + k_{32}(y_{31} - y_{32}) = F_{31}$$

$$m_{32}\left(\frac{\partial^2 y_{32}}{\partial t^2} - \frac{\partial^2 y_g}{\partial t^2}\right) + c_{32}\left(\frac{\partial y_{32}}{\partial t} - \frac{\partial y_g}{\partial t}\right) + k_{32}(y_{32} - y_{31}) = F_{32} \quad (5.58)$$

$$m_{33}\left(\frac{\partial^2 y_{33}}{\partial t^2} - \frac{\partial^2 y_g}{\partial t^2}\right) + c_{33}\left(\frac{\partial y_{33}}{\partial t} - \frac{\partial y_g}{\partial t}\right) + c_{34}\left(\frac{\partial y_{33}}{\partial t} - \frac{\partial y_{34}}{\partial t}\right) \quad (5.59)$$
$$+ k_{33}(y_{33} - y_g) + k_{34}(y_{33} - y_{34}) = F_{33}$$

$$m_{34}\left(\frac{\partial^2 y_{34}}{\partial t^2} - \frac{\partial^2 y_g}{\partial t^2}\right) + c_{34}\left(\frac{\partial y_{34}}{\partial t} - \frac{\partial y_{33}}{\partial t}\right) + k_{34}(y_{34} - y_{33}) = F_{34} \quad (5.60)$$

$$m_{35}\left(\frac{\partial^2 y_{35}}{\partial t^2} - \frac{\partial^2 y_g}{\partial t^2}\right) + c_{35}\left(\frac{\partial y_{35}}{\partial t} - \frac{\partial y_g}{\partial t}\right) + c_{36}\left(\frac{\partial y_{35}}{\partial t} - \frac{\partial y_{36}}{\partial t}\right) \quad (5.61)$$
$$+ k_{35}(y_{35} - y_g) + k_{36}(y_{35} - y_{36}) = F_{35}$$

$$m_{36}\left(\frac{\partial^2 y_{36}}{\partial t^2} - \frac{\partial^2 y_g}{\partial t^2}\right) + c_{36}\left(\frac{\partial y_{36}}{\partial t} - \frac{\partial y_{35}}{\partial t}\right) + k_{36}(y_{36} - y_{35}) = F_{36} \quad (5.62)$$

$$m_{37}\left(\frac{\partial^2 y_{37}}{\partial t^2} - \frac{\partial^2 y_g}{\partial t^2}\right) + c_{37}\left(\frac{\partial y_{37}}{\partial t} - \frac{\partial y_g}{\partial t}\right) + c_{38}\left(\frac{\partial y_{37}}{\partial t} - \frac{\partial y_{38}}{\partial t}\right) \quad (5.63)$$
$$+ k_{37}(y_{37} - y_g) + k_{38}(y_{37} - y_{38}) = F_{37}$$

$$m_{38}\left(\frac{\partial^2 y_{38}}{\partial t^2} - \frac{\partial^2 y_g}{\partial t^2}\right) + c_{38}\left(\frac{\partial y_{38}}{\partial t} - \frac{\partial y_{37}}{\partial t}\right) + k_{38}(y_{38} - y_{37}) = F_{38} \quad (5.64)$$

将式(5.41)~式(5.64)写成矩阵形式,有:

$$\begin{bmatrix} M_1 & & \\ & M_2 & \\ & & M_3 \end{bmatrix} \begin{Bmatrix} \frac{\partial^2 Y_1}{\partial t^2} \\ \frac{\partial^2 Y_2}{\partial t^2} \\ \frac{\partial^2 Y_3}{\partial t^2} \end{Bmatrix} + \begin{bmatrix} C_1 & & \\ & C_2 & \\ & & C_3 \end{bmatrix} \begin{Bmatrix} \frac{\partial Y_1}{\partial t} \\ \frac{\partial Y_2}{\partial t} \\ \frac{\partial Y_3}{\partial t} \end{Bmatrix} + \begin{bmatrix} K_1 & & \\ & K_2 & \\ & & K_3 \end{bmatrix} \begin{Bmatrix} Y_1 \\ Y_2 \\ Y_3 \end{Bmatrix} = \begin{Bmatrix} F_1 \\ F_2 \\ F_3 \end{Bmatrix}$$

(5.65)

式中:$M_k = \mathrm{diag}(m_{k1}, m_{k2}, m_{k3}, m_{k4}, m_{k5}, m_{k6}, m_{k7}, m_{k8})$,$(k=1,2,3)$;$Y_k = [y_{k1}, y_{k2}, y_{k3}, y_{k4}, y_{k5}, y_{k6}, y_{k7}, y_{k8}]^T$,$(k=1,2,3)$;$F_k = [F_{k1}, F_{k2}, F_{k3}, F_{k4}, F_{k5}, F_{k6}, F_{k7}, F_{k8}]^T$,$(k=1,2,3)$;

$$C_k = \begin{bmatrix} c_{k1}+c_{k2} & -c_{k2} & 0 & 0 & 0 & 0 & 0 & 0 \\ -c_{k2} & c_{k2} & 0 & 0 & 0 & 0 & 0 & 0 \\ 0 & 0 & c_{k3}+c_{k4} & -c_{k4} & 0 & 0 & 0 & 0 \\ 0 & 0 & -c_{k4} & c_{k4} & 0 & 0 & 0 & 0 \\ 0 & 0 & 0 & 0 & c_{k5}+c_{k6} & -c_{k6} & 0 & 0 \\ 0 & 0 & 0 & 0 & -c_{k6} & c_{k6} & 0 & 0 \\ 0 & 0 & 0 & 0 & 0 & 0 & c_{k7}+c_{k8} & -c_{k8} \\ 0 & 0 & 0 & 0 & 0 & 0 & -c_{k8} & c_{k8} \end{bmatrix};$$

$$K_k = \begin{bmatrix} k_{k1}+k_{k2} & -k_{k2} & 0 & 0 & 0 & 0 & 0 & 0 \\ -k_{k2} & k_{k2} & 0 & 0 & 0 & 0 & 0 & 0 \\ 0 & 0 & k_{k3}+k_{k4} & -k_{k4} & 0 & 0 & 0 & 0 \\ 0 & 0 & -k_{k4} & k_{k4} & 0 & 0 & 0 & 0 \\ 0 & 0 & 0 & 0 & k_{k5}+k_{k6} & -k_{k6} & 0 & 0 \\ 0 & 0 & 0 & 0 & -k_{k6} & k_{k6} & 0 & 0 \\ 0 & 0 & 0 & 0 & 0 & 0 & k_{k7}+k_{k8} & -k_{k8} \\ 0 & 0 & 0 & 0 & 0 & 0 & -k_{k8} & k_{k8} \end{bmatrix}。$$

5.3 水电站厂房组合框架结构响应谱参数研究

5.3.1 混凝土材料响应谱参数研究

目前,研究者从理论分析、数值模拟和试验研究出发,对混凝土材料的本构关系进行了研究,并取得了大量研究成果。但混凝土材料的力学特性受加载条件、加载频率等影响显著,特别是在冲击荷载、循环荷载下更甚。在结构构件的自由端部位,压缩波突然转换为反射拉伸波,致使混凝土极易产生裂纹甚至破坏。因此,借鉴国内外相关研究成果,从状态方程、强度面、应变率效应几个方面,定义混凝土材料本构,为水电站厂房组合框架结构服役性态响应谱的研究提供了参数支持。

混凝土的状态方程采用 Herrmann[101] 提出的孔隙状态方程,如图 5.5 所示,其表达式为:

$$\alpha = 1 + (\alpha_0 - 1)\left(\frac{p_L - p}{p_L - p_C}\right)^n \tag{5.66}$$

$$\mu^* = \frac{\alpha}{\alpha_0}(1+\mu) - 1 \tag{5.67}$$

$$p = K_1\mu^* + K_2(\mu^*)^2 + K_3(\mu^*)^3 \tag{5.68}$$

式中:p_C 表示孔隙开始压缩时的压力;p_L 表示孔隙完全被压实时的压力;α_0 表示初始孔隙度;α 表示孔隙度;n 表示状态方程的形状系数;$\mu = (\rho - \rho_0)/\rho_0$,表示体积应变;$K_1$、$K_2$、$K_3$ 表示实体材料的体积应变。

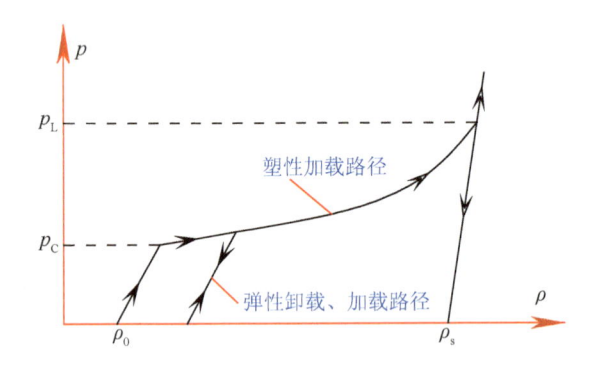

图 5.5 孔隙状态方程示意图

通过定义压缩强度 f_{cc} 和拉伸强度 f_{tt} 来确定混凝土材料的强度面模型。如图 5.7 所示,混凝土材料的强度面表达式为:

$$Z = \begin{cases} 3r(\theta)(f_{tt}+p), & p<0; \\ r(\theta)[3f_{tt}+3p(1-3f_{tt}/f_{cc})], & 0<p<f_{cc}/3; \\ r(\theta)[f_{cc}+Bf'_c(p/f'_c-f_{cc}/3f'_c)^N], & p>f_{cc}/3. \end{cases} \tag{5.69}$$

式中:$r(\theta)$ 表示 Lode 角效应;B 和 N 表示材料参数。

式(5.69)中强度面模型考虑到了 Lode 角效应、剪切和拉伸损伤,以及应变率影响的几个因素,下面分别加以论述。

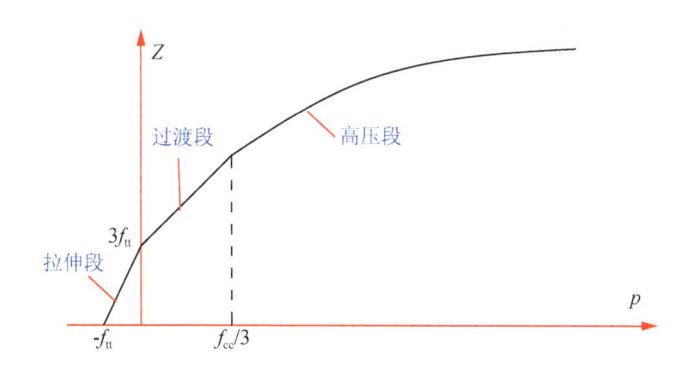

图 5.6　混凝土材料强度面示意图

(a) Lode 角效应

根据 Willam-Warnke 模型[102],Lode 角效应关系式为:

$$r(\theta, g(p)) = \frac{2[1-g^2(p)]\cos\theta + [2g(p)-1]\sqrt{5g^2(p)-4g(p)+4[1-g^2(p)]\cos^2\theta}}{4[1-g^2(p)]\cos^2\theta + [2g(p)-1]^2} \tag{5.70}$$

$$g(p) = g_1 + g_2 \frac{p}{f'_c} + (g_1 - 0.5)\text{EXP}\left(-\frac{g_3 p}{f'_c}\right) \tag{5.71}$$

式中:$g(p)$ 表示形状函数;g_1、g_2、g_3 为材料参数,$g_1 = 0.65$,$g_2 = 0.01$,$g_3 = 5$。

(b) 剪切和拉伸损伤

f_{cc} 和 f_{tt} 表达式为:

$$f_{cc} = \eta_c F_c^{DI} f'_c \tag{5.72}$$

$$f_{tt} = \eta_t F_t^{DI} f_t \tag{5.73}$$

式中:η_c、η_t 分别表示压缩强度形状函数和拉伸强度形状函数;F_c^{DI}、F_t^{DI} 分别表示压缩动态增强因子和拉伸动态增强因子;f'_c、f_t 分别表示准静态单轴压缩强度和单轴拉伸强度。

不同阶段压缩强度形状函数 η_c 的表达式为:

$$\eta_c = \begin{cases} l + (1-l)\eta(\lambda), & \lambda \leqslant \lambda_m; \\ r + (1-r)\eta(\lambda), & \lambda > \lambda_m. \end{cases} \tag{5.74}$$

$$\eta(\lambda) = a\lambda(\lambda-1)\text{EXP}(-b\lambda) \tag{5.75}$$

式中：λ_m 表示混凝土材料达到最大强度时的剪切损伤值，$\lambda_m = 0.3$；根据文献[103]确定：$l = 0.45$；根据文献[104]确定：$r = 0.3$。

于是，可得混凝土材料在不同应变率和压力条件下的破坏应变函数表达式：

$$\varepsilon_f = \frac{0.002}{\lambda_m} \text{MAX}\left[1.1 + \lambda_s\left(\frac{p}{f'_c} - \frac{1}{3}\right)\right]\left(\frac{\dot{\varepsilon}}{\dot{\varepsilon}_0}\right)^{0.02} \tag{5.76}$$

式中：$\lambda_s = 4.60$；参考应变率 $\dot{\varepsilon}_0 = 3\text{E} - 05$。

不同阶段拉伸强度形状函数 η_t 的表达式为：

$$\eta_t = \left[\left(c_1 \frac{\varepsilon_t}{\varepsilon_F}\right)^3 + 1\right]\text{EXP}\left(-c_2 \frac{\varepsilon_t}{\varepsilon_F}\right) - \frac{\varepsilon_t}{\varepsilon_F}(c_1^3 + 1)\text{EXP}(-c_2) \tag{5.77}$$

式中：ε_F 表示混凝土材料的断裂应变；根据文献[105]确定：$c_1 = 3.00$、$c_2 = 6.93$。

(c) 应变率效应

为了表述混凝土材料受动态荷载影响，通过引入动态增强因子来分别定义压缩动态增强因子 F_c^{DI} 和拉伸动态增强因子 F_t^{DI}。

根据经典 CEB 公式[106]，混凝土材料的压缩动态增强因子 F_c^{DI} 为：

$$F_c^{DI} = \begin{cases} \left[\dfrac{\dot{\varepsilon}}{\dot{\varepsilon}_s}\right]^{\frac{1.026}{5+9f_{cs}/f_{c0}}}, & \dot{\varepsilon} \leqslant 30\ s^{-1}; \\ 10^{\frac{6.156}{5+9f_{cs}/f_{c0}}-2}\left[\dfrac{\dot{\varepsilon}}{\dot{\varepsilon}_s}\right]^{\frac{1}{3}}, & \dot{\varepsilon} > 30\ s^{-1}. \end{cases} \tag{5.78}$$

式中：$\dot{\varepsilon}_s = 3\text{E} - 5\ s^{-1}$；$f_{c0} = 10\text{MPa}$。

根据文献[107]中拟合的经验公式确定混凝土材料的拉伸动态增强因子 F_t^{DI}：

$$F_t^{DI} = W_y\left\{\left[\tanh\left(\left(\text{Log}\left(\frac{\dot{\varepsilon}}{\dot{\varepsilon}_0}\right) - W_x\right)S\right)\right]\left[\frac{F_m}{W_y} - 1\right] + 1\right\} \tag{5.79}$$

式中：$\dot{\varepsilon}$ 表示应变率；$\dot{\varepsilon}_0$ 表示参考应变率；根据文献[108-109]中对大量试验数据的统计，确定 $W_x = 1.6$，$W_y = 5.5$，$S = 0.8$，$F_m = 10$。

C60 混凝土材料参数取值见表 5.1。

表 5.1　C60 混凝土材料参数取值一览表

$P \sim \alpha$ 状态方程参数	$\rho_0 (\text{kg} \cdot \text{m}^{-3})$	$\rho_s (\text{kg} \cdot \text{m}^{-3})$	$p_C (\text{MPa})$	$p_L (\text{MPa})$
	2 440	2 680	12.83	3 000
	n	K_1	K_2	K_3
	3	20	30	10

续表

	E (GPa)	f_c (MPa)	f_t (MPa)	G(GPa)	B	N	g_1	g_2	g_3
本构参数	36.0	38.5	2.85	15	1.62	0.86	0.65	0.01	5
	ν	F_m	W_x	S	λ_m	λ_s	μ_F	c_1	c_2
	0.18	10	1.6	0.8	0.30	4.6	0.007	3.00	6.93

5.3.2 钢材料响应谱参数研究

钢材料的本构关系模型主要有 4 种经典的材料选项,包括经典双线性随动强化模型(BKIN)、双线性等向强化模型(BISO)、多线性随动强化模型(MKIN)和多线性等向强化模型(MISO)。

钢材料本构关系采用双线性随动强化模型(BKIN),该种模型使用一个双线性来表示应力-应变曲线关系,关系中有两个斜率,一个表示弹性斜率,另一个表示塑性斜率;并采用 Von Mises 屈服准则,根据试验测定参数,以及推荐强化模型,钢材料弹性模量取为 $E_s = 206\text{GPa}$,强化模量取为 $E_s' = 0.01E_s = 2.06\text{GPa}$,所得应力-应变曲线关系表达式为:

$$\sigma_s = \begin{cases} E_s\varepsilon, & (\varepsilon \leqslant \varepsilon_y); \\ f_y + E_s'\varepsilon, & (\varepsilon \geqslant \varepsilon_y). \end{cases} \tag{5.80}$$

式中:f_y 表示钢材屈服应力,ε_y 表示屈服应变。

钢材料参数如表 5.2 所示。

表 5.2 钢材料参数一览表

密度 $\rho_s(\text{kg} \cdot \text{m}^{-3})$	弹性模量 $E_s(\text{GPa})$	泊松比 ν_s	温度 $t(℃)$	屈服强度 $f_y(\text{MPa})$	强化模量 $E_s'(\text{GPa})$	体积模量 $K_s(\text{GPa})$	剪切模量 $G_s(\text{GPa})$
7 850	206	0.30	22	300	2.06	137.33	82.4

5.3.3 水电站厂房组合框架结构响应谱参数研究

阻尼作为结构动力分析的参数之一,其实质是表征结构振动过程中的能量耗散特性[110]。其能量耗散成因主要表现在以下几个方面:(1)空气阻尼因素;(2)地基中能量耗散;(3)结构内部摩擦导致;(4)节点处摩擦损失。综合目前大量的研究成果表明:以地基以上的上部结构为主的结构系统,其阻尼耗能因素也是多方面的[111-112]。笔者认为,上部结构阻尼耗能中,空气阻尼耗能只占总耗能的1%左右,摩擦耗能是主要因素。摩擦耗能又分为材料内摩擦耗能和构件间干摩擦耗能。材料内摩擦是微观意义上的摩擦,其比重较轻;构件间干摩擦是宏观意义上的摩擦,其比重占主要部分。总之,阻尼耗能与结构的质量(表征附属构件大小)、刚度(表征位移大小)有关,而干摩擦耗能则与质量和刚度均有关。因此,本次据《型钢混凝土组合结构技术规程》(JGJ 138—2001)[113]中4.2.3条相关规定,对于型钢混凝土框架结构而言,其结构分析时阻尼比取值为0.04。

目前,对于单一的结构体系,结构的质量阻尼系数(ALPHAD)和刚度阻尼系数(BETAD)可通过Rayleigh阻尼公式 $\alpha/(2\omega)+\beta\omega/2=\xi$ 求得。然而,对于复杂结构体系,尤其是近些年出现的钢-混凝土组合框架结构体系,阻尼表现出千差万别的特征。因此,对于复杂结构体系的复杂阻尼,亟须找到合理的方法进行处理。如前所述,阻尼耗能机制以干摩擦为主,那么,不同结构组合而成的结构体系均应遵循一样的耗能机制,即单元层次耗能与由单元层次组合成的整体耗能满足相同的耗能机理。因此,本书提出"离散分配法",通过单元层次的阻尼进一步推导出复杂结构体系的阻尼。定义阻尼耗能表达式(DE)和单元应变能表达式(U_{ij})分别为:

$$DE = \sum_{i=1}^{n}\sum_{j=1}^{m} DE_{ij} = \sum_{i=1}^{n}\sum_{j=1}^{m}\int_{0}^{\frac{2\pi}{\omega_j}}\left[\frac{\partial s_{ij}}{\partial t}\right]^T c_i \frac{\partial s_{ij}}{\partial t}\mathrm{d}t \tag{5.81}$$

$$U_{ij} = \frac{1}{2}\varphi_{ij}^T k_i \varphi_{ij} \tag{5.82}$$

式中:$s_{ij}=\varphi_{ij}\sin(\omega_j t)$;$\varphi_{ij}$表示第$j$振型向量中与$i$单元相关的向量;$c_i$表示阻尼比,$c_i=\alpha_i m_i+\beta_i k_i$,$k_i$表示刚度。

于是得到i单元相对于j振型的阻尼比ξ_{ij}。

$$\xi_{ij}=\frac{\alpha_i\omega_j\varphi_{ij}^T m_i\varphi_{ij}}{2\varphi_{ij}^T k_i\varphi_{ij}}+\frac{\beta_i\omega_j}{2} \tag{5.83}$$

进一步得到:

$$\alpha_i=\frac{2\omega_{in}^2\omega_{im}^2(\xi_{im}\omega_n-\xi_{in}\omega_m)}{\omega_m\omega_n(\omega_{in}^2-\omega_{im}^2)} \tag{5.84}$$

$$\beta_i=\frac{2(\omega_m\omega_{in}^2\xi_{in}-\omega_n\omega_{im}^2)}{\omega_m\omega_n(\omega_{in}^2-\omega_{im}^2)} \tag{5.85}$$

根据《建筑抗震设计规范》(GB 50011—2010),进行加速度人工反应谱流程设计,如图5.7所示。

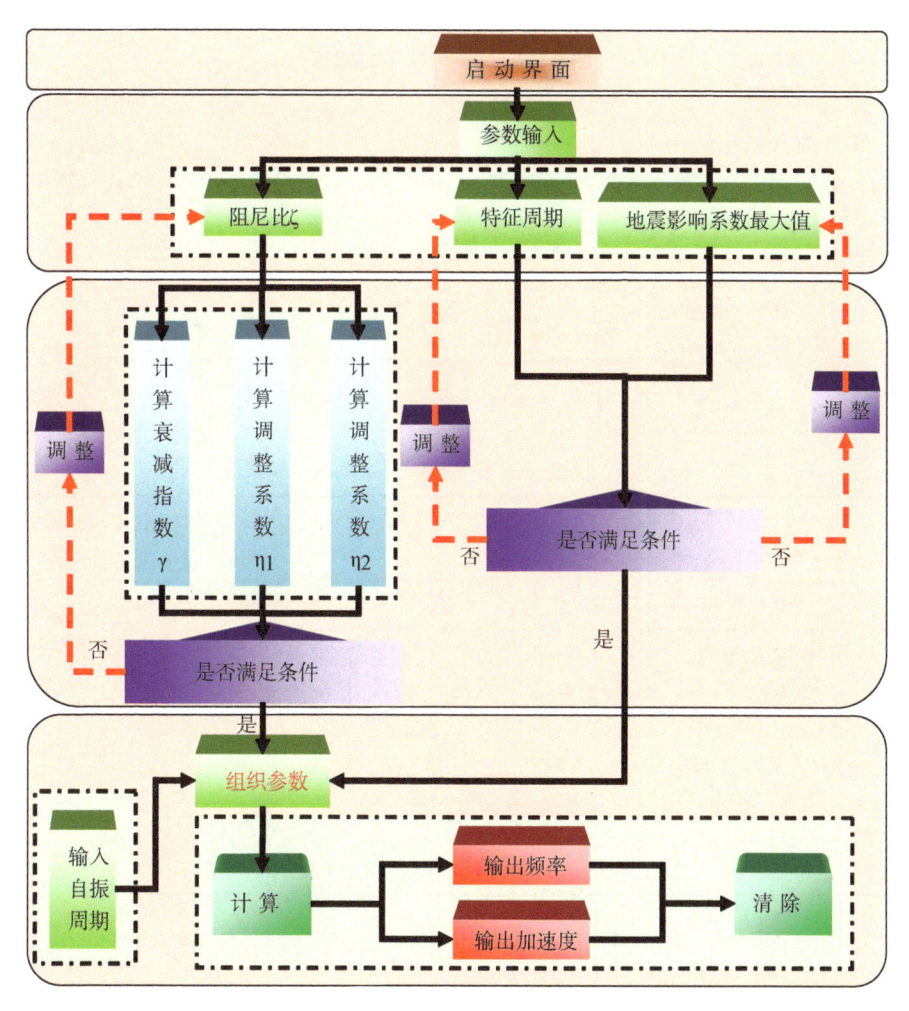

图 5.7 加速度人工反应谱流程图

与此同时,进一步借助 Visual Basic 编程软件,开发出计算与"加速度人工反应谱"相关的频率和加速度参数的输出界面,如图 5.8 所示。

根据《建筑抗震设计规范》(GB 50011—2010)相关内容,对我国主要城镇抗震设防烈度(6 度、7 度、8 度和 9 度),及其相对应的设计基本地震加速度进行区划分布。

根据我国设计基本地震加速度区划分布规律,按照地震动峰值加速度区划带,分别确定其地震动峰值加速度,进一步得到水平地震影响系数最大值 α_{max},形成 8 种不同工况,进行服役性态响应谱分析。8 种组合工况输入参数组合情况如表 5.3 所示。

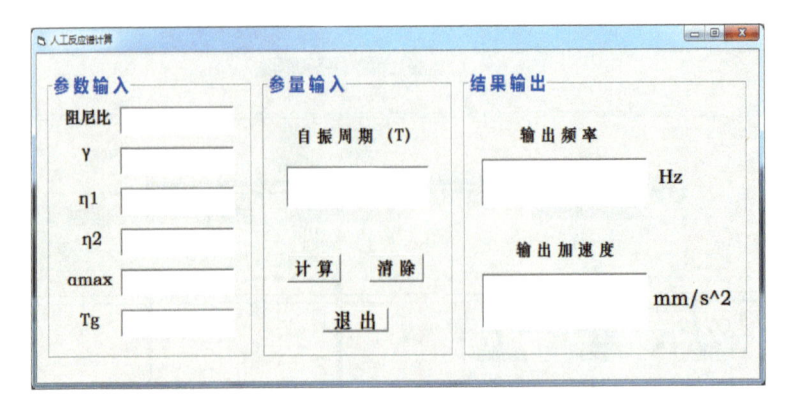

图 5.8　加速度人工反应谱程序界面

表 5.3　加速度人工反应谱参数输入一览表

工况组合	水平地震影响系数最大值 α_{max}								阻尼比 ζ 型钢混凝土组合结构	特征周期 T_g 场地类别 I
	6度(G6)		7度(G7)		8度(G8)		9度(G9)			
	多遇地震	罕遇地震	多遇地震	罕遇地震	多遇地震	罕遇地震	多遇地震	罕遇地震		
工况1 (M-1)	0.04	—	—	—	—	—	—	—	0.04	0.25
工况2 (M-2)	—	0.28	—	—	—	—	—	—	0.04	0.30
工况3 (M-3)	—	—	0.08	—	—	—	—	—	0.04	0.25
工况4 (M-4)	—	—	—	0.50	—	—	—	—	0.04	0.30
工况5 (M-5)	—	—	—	—	0.16	—	—	—	0.04	0.25
工况6 (M-6)	—	—	—	—	—	0.90	—	—	0.04	0.30
工况7 (M-7)	—	—	—	—	—	—	0.32	—	0.04	0.25
工况8 (M-8)	—	—	—	—	—	—	—	1.40	0.04	0.30

根据表 5.3 中相关输入参数,代入开发的加速度人工反应谱程序,取 30 个频率点,分别对 8 种工况计算加速度频率响应谱,计算所得频率及其对应的加速度如表 5.4～表 5.11 所示。

表 5.4　工况 1(M-1)加速度频率响应谱

频率 f (Hz)	加速度 a (mm·s^{-2})	频率 f (Hz)	加速度 a (mm·s^{-2})	频率 f (Hz)	加速度 a (mm·s^{-2})
1 000	179.011	2.083	354.941	1.000	180.871
500	181.441	2.000	341.878	0.800	147.352
200	188.733	1.818	313.222	0.769	142.138
100	200.887	1.667	289.163	0.741	137.295
50	225.194	1.538	268.666	0.714	132.785
20	298.114	1.429	250.986	0.690	128.573
10	419.648	1.333	235.575	0.667	124.631
5	419.648	1.250	222.016	0.645	120.933
2.50	419.648	1.176	209.991	0.625	117.458
2.22	376.618	1.111	199.250	0.606	114.184

表 5.5　工况 2(M-2)加速度频率响应谱

频率 f (Hz)	加速度 a (mm·s^{-2})	频率 f (Hz)	加速度 a (mm·s^{-2})	频率 f (Hz)	加速度 a (mm·s^{-2})
1 000	1 253.075	2.083	2 484.585	1.000	1 266.099
500	1 270.090	2.000	2 393.149	0.800	1 031.463
200	1 321.134	1.818	2 192.551	0.769	994.966
100	1 406.208	1.667	2 024.138	0.741	961.066
50	1 576.356	1.538	1 880.661	0.714	929.493
20	2 086.799	1.429	1 756.904	0.690	900.011
10	2 937.538	1.333	1 649.022	0.667	872.417
5	2 937.538	1.250	1 554.109	0.645	846.533
2.50	2 937.538	1.176	1 469.934	0.625	822.203
2.22	2 636.324	1.111	1 394.751	0.606	799.290

表 5.6　工况 3(M-3)加速度频率响应谱

频率 f (Hz)	加速度 a (mm·s^{-2})	频率 f (Hz)	加速度 a (mm·s^{-2})	频率 f (Hz)	加速度 a (mm·s^{-2})
1 000	358.021	2.083	709.882	1.000	361.743
500	362.883	2.000	683.757	0.800	294.704
200	377.467	1.818	626.443	0.769	284.276
100	401.774	1.667	578.325	0.741	274.590
50	450.387	1.538	537.332	0.714	265.569
20	596.228	1.429	501.973	0.690	257.146
10	839.297	1.333	471.147	0.667	249.262
5	839.297	1.250	444.031	0.645	241.867
2.50	839.297	1.176	419.981	0.625	234.915
2.22	753.236	1.111	398.500	0.606	228.369

表 5.7　工况 4(M-4)加速度频率响应谱

频率 f (Hz)	加速度 a (mm·s^{-2})	频率 f (Hz)	加速度 a (mm·s^{-2})	频率 f (Hz)	加速度 a (mm·s^{-2})
1 000	2 237.634	2.083	4 436.759	1.000	2 260.891
500	2 268.017	2.000	4 273.480	0.800	1 841.899
200	2 359.168	1.818	3 915.269	0.769	1 776.725
100	2 511.085	1.667	3 614.532	0.741	1 716.190
50	2 814.921	1.538	3 358.323	0.714	1 659.809
20	3 726.427	1.429	3 137.329	0.690	1 607.163
10	5 245.603	1.333	2 944.681	0.667	1 557.888
5	5 245.603	1.250	2 775.194	0.645	1 511.667
2.50	5 245.603	1.176	2 624.882	0.625	1 468.221
2.22	47.7.722	1.111	2 490.627	0.606	1 427.303

第5章 水电站厂房组合框架服役性态响应谱分析

表 5.8 工况 5(M-5)加速度频率响应谱

频率 f (Hz)	加速度 a (mm·s^{-2})	频率 f (Hz)	加速度 a (mm·s^{-2})	频率 f (Hz)	加速度 a (mm·s^{-2})
1 000	716.043	2.083	1 419.763	1.000	723.485
500	725.765	2.000	1 367.514	0.800	589.408
200	754.934	1.818	1 252.886	0.769	568.552
100	803.547	1.667	1 156.650	0.741	549.181
50	900.775	1.538	1 074.663	0.714	531.139
20	1 192.457	1.429	1 003.945	0.690	514.292
10	1 678.593	1.333	942.298	0.667	498.524
5	1 678.593	1.250	888.062	0.645	483.733
2.50	1 678.593	1.176	839.962	0.625	469.831
2.22	1 506.471	1.111	797.001	0.606	456.737

表 5.9 工况 6(M-6)加速度频率响应谱

频率 f (Hz)	加速度 a (mm·s^{-2})	频率 f (Hz)	加速度 a (mm·s^{-2})	频率 f (Hz)	加速度 a (mm·s^{-2})
1 000	4 027.740	2.083	7 986.167	1.000	4 069.603
500	4 082.431	2.000	7 692.264	0.800	3 315.418
200	4 246.502	1.818	7 047.485	0.769	3 198.106
100	4 519.954	1.667	6 506.158	0.741	3 089.142
50	5 066.857	1.538	6 044.981	0.714	2 987.656
20	6 707.568	1.429	5 647.193	0.690	2 892.893
10	9 442.086	1.333	5 300.426	0.667	2 804.198
5	9 442.086	1.250	4 995.349	0.645	2 721.000
2.50	9 442.086	1.176	4 724.787	0.625	2 642.797
2.22	8 473.900	1.111	4 483.129	0.606	2 569.146

表 5.10 工况 7(M-7)加速度频率响应谱

频率 f (Hz)	加速度 a (mm·s^{-2})	频率 f (Hz)	加速度 a (mm·s^{-2})	频率 f (Hz)	加速度 a (mm·s^{-2})
1 000	1 432.085	2.083	2 839.526	1.000	1 446.970
500	1 451.531	2.000	2 735.027	0.800	1 178.815
200	1 509.867	1.818	2 505.772	0.769	1 137.104
100	1 607.095	1.667	2 313.301	0.741	1 098.362
50	1 801.549	1.538	2 149.326	0.714	1 062.278
20	2 384.913	1.429	2 007.891	0.690	1 028.584
10	3 357.186	1.333	1 884.596	0.667	997.048
5	3 357.186	1.250	1 776.124	0.645	967.467
2.50	3 357.186	1.176	1 679.924	0.625	939.661
2.22	3 012.942	1.111	1 594.001	0.606	913.474

表 5.11 工况 8(M-8)加速度频率响应谱

频率 f (Hz)	加速度 a (mm·s^{-2})	频率 f (Hz)	加速度 a (mm·s^{-2})	频率 f (Hz)	加速度 a (mm·s^{-2})
1 000	6 265.374	2.083	12 422.920	1.000	6 330.494
500	6 350.448	2.000	11 965.740	0.800	5 157.317
200	6 605.669	1.818	10 962.750	0.769	4 974.831
100	7 031.039	1.667	10 120.690	0.741	4 805.332
50	7 881.778	1.538	9 403.303	0.714	4 647.465
20	10 433.990	1.429	8 784.522	0.690	4 500.056
10	14 687.680	1.333	8 245.108	0.667	4 362.086
5	14 687.680	1.250	7 770.543	0.645	4 232.667
2.50	14 687.680	1.176	7 349.668	0.625	4 111.017
2.22	13 181.620	1.111	6 973.757	0.606	3 996.449

5.4 水电站厂房组合框架结构服役性态响应谱分析

5.4.1 水电站厂房组合框架结构模态分析(OMA)

模态分析是研究结构动力特性的一种近代方法,也是系统辨别方法在工程振动领域中的应用[114-116]。框架结构中的模态分析(Operational Modal Analysis,OMA)的主要作用在于找出结构在服役性态过程中的自振特性,为结构承受动荷载的设计提供参考指标,同时又为结构响应谱分析提供基础分析平台[117]。本次对提出的足尺寸水电站厂房组合框架全结构模型进行模态分析(OMA),其约束条件为:对地圈梁下表面采用 Fixed Support(FS)约束,无须施加荷载,借助 ANSYS 分析模块计算前 20 阶振型及自振频率,如表 5.12 所示。

表 5.12 水电站厂房组合框架结构自振频率列表

振型	频率 f(Hz)	振型	频率 f(Hz)	振型	频率 f(Hz)	振型	频率 f(Hz)
1	7.733	6	19.292	11	20.791	16	29.322
2	8.435	7	19.315	12	21.012	17	30.767
3	10.291	8	19.332	13	25.909	18	31.432
4	10.751	9	20.729	14	27.090	19	31.952
5	19.215	10	20.774	15	28.985	20	32.400

5.4.2 水电站厂房组合框架结构响应谱分析(RSA)

根据确定的 8 种不同工况下的计算频率及其加速度,以计算所得水电站厂房组合框架全结构模型前 20 阶振型及自振频率为基础,借助 ANSYS 中的"RSA 分析模块",分别从 x 向动力输入、y 向动力输入,对各阶振型的动力作用进行组合分析,从而计算整个水电站厂房组合框架结构在动力作用下的服役性态响应情况。

通过 8 种不同工况水电站厂房组合框架结构响应谱分析表明:三榀组合楼板上层对比下层 x 向水平方向地震响应位移普遍较大,且不同榀组合楼板表现出不同的响应位移分布规律;不同类型组合柱的上部对比柱脚及组合柱下部 x 向水平方向地震响应位移大,且不同类型组合柱表现出不同程度的响应位移分布情况;x 向水平方向响应应力极大值均出现在节点部位(钢梁与组合柱节点、组合柱柱脚部位)。x 向水平方向响应等效应力极大值出现在组合柱柱脚及柱脚周围一定区域内、钢梁与组合柱连接节点及其附近、钢梁两端部位。

在 x 向 RSA 分析的基础上,选取 8 种工况下组合框架全结构模型服役性态响应谱分析的极大响应位移(maximal response displacement,MRD)、极大响应应力(maximal response stress,MRS)、极大响应等效应力(maximal response equivalent stress，MRES)进行类比分析，如图 5.9～图 5.11 所示。

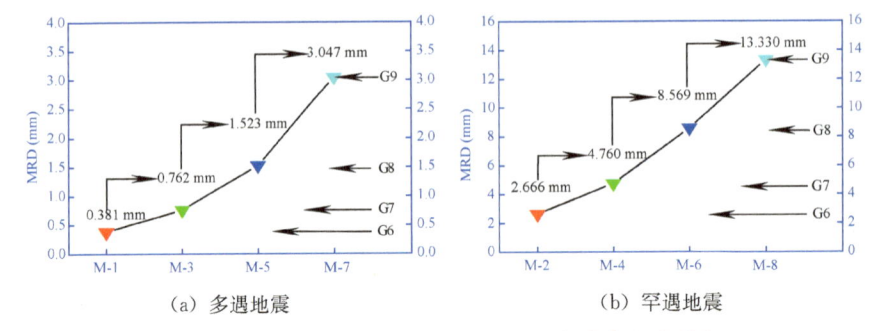

(a) 多遇地震　　　　　　　　(b) 罕遇地震

图 5.9　8 种不同工况下响应谱 x 向极大响应位移对比

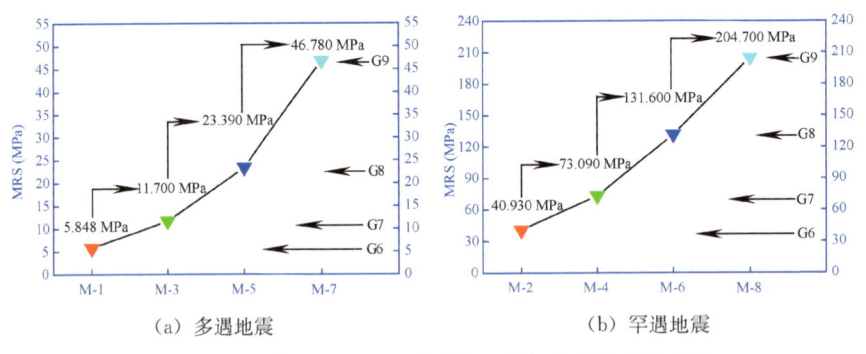

(a) 多遇地震　　　　　　　　(b) 罕遇地震

图 5.10　8 种不同工况下响应谱 x 向极大响应应力对比

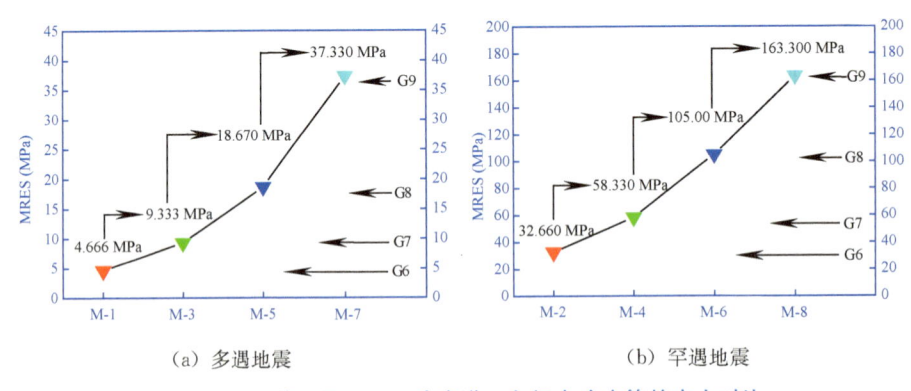

(a) 多遇地震　　　　　　　　(b) 罕遇地震

图 5.11　8 种不同工况下响应谱 x 向极大响应等效应力对比

由图 5.9(a)分析表明，对于"多遇地震"情况，随着抗震设防烈度由 6 级增加到 9 级，服役性态响应谱极大响应位移由 0.381 mm 增长到 3.047 mm，呈现倍数增长。而对于图 5.9(b)中"罕遇地震"情况，伴随着抗震设防烈度的增加，服役性态响应谱极大响应位移由 2.666 mm 增长到 13.330 mm，呈现非线性增加趋势。

由图 5.10(a)可知，对于"多遇地震"情况，随着抗震设防烈度的增加，极大

第5章 水电站厂房组合框架服役性态响应谱分析

响应应力由 5.848 MPa 增加到 11.700 MPa，进而增加到 23.390 MPa，进一步增加到 46.780 MPa，仍然呈现倍数增长。由图 5.10(b)分析表明，对于"罕遇地震"，随着抗震设防烈度的增加，极大响应应力由 40.930 MPa 增加到 204.700 MPa，表现出显著的非线性增长趋势。

由 5.11(a)分析表明，对于"多遇地震"情况，随着抗震设防烈度的增加，极大响应等效应力由 4.666 MPa 增加到 37.330 MPa，仍然呈现稳定的倍数增长。对于 5.11(b)的"罕遇地震"情况，随着抗震设防烈度的增加，极大响应等效应力由 32.660 MPa 增加到 163.300 MPa，仍然表现出非线性增长趋势。

在 y 向 RSA 分析的基础上，选取 8 种工况下组合框架全结构模型服役性态响应谱分析的极大响应位移(MRD)、极大响应应力(MRS)、极大响应等效应力(MRES)进行对比，如图 5.12~图 5.14 所示。

由图 5.12(a)分析可知，对于"多遇地震"情况，随着设防抗震烈度等级的增加，组合框架全结构模型服役性态响应谱极大响应位移由 0.312 mm 增加到 2.495 mm，保持极其稳定的倍数增长趋势。而对于图 5.12(b)中"罕遇地震"情况，极大响应位移由 2.183 mm 增加到 10.910 mm，呈现非线性增加趋势。

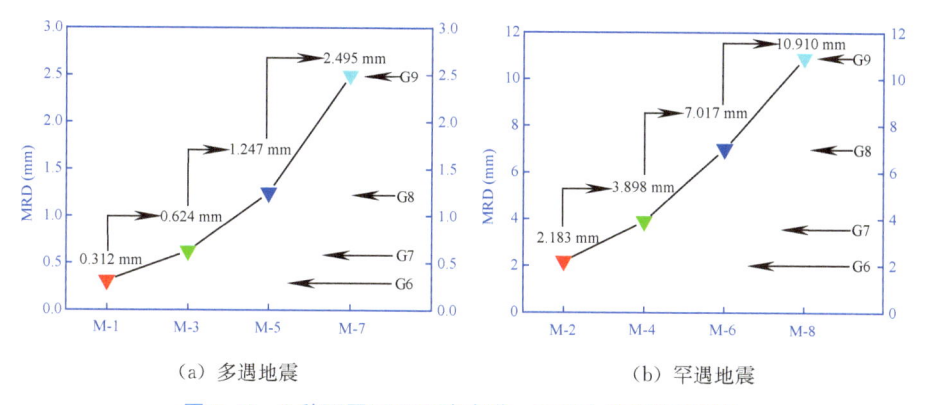

(a) 多遇地震　　(b) 罕遇地震

图 5.12　8 种不同工况下响应谱 y 向极大响应位移对比

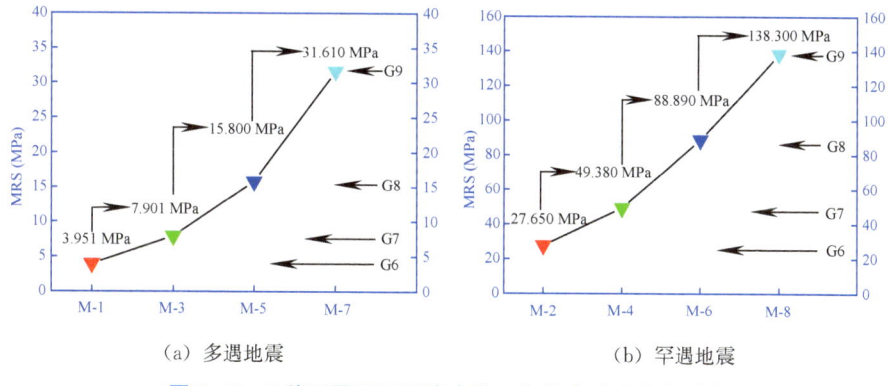

(a) 多遇地震　　(b) 罕遇地震

图 5.13　8 种不同工况下响应谱 y 向极大响应应力对比

(a) 多遇地震　　　　　　　　　　(b) 罕遇地震

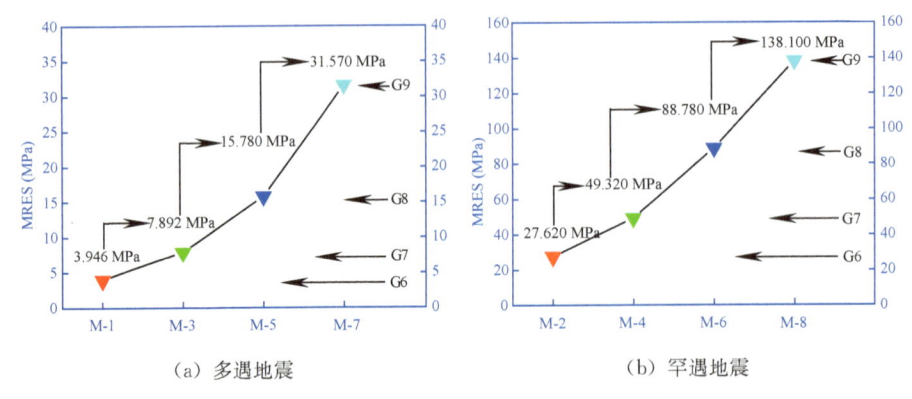

图 5.14　8 种不同工况下响应谱 y 向极大响应等效应力对比

由图 5.13(a)分析表明,对于"多遇地震"情况,随着设防抗震烈度等级的增加,组合框架全结构模型服役性态响应谱极大响应应力由 3.951 MPa 增加到 31.610 MPa,仍然保持极其稳定的倍数增长趋势。而对于图 5.13(b)中"罕遇地震"情况,极大响应应力由 27.650 MPa 增加到 138.300 MPa,呈现非线性增加趋势。

由图 5.14(a)可知,对于"多遇地震"情况,随着设防抗震烈度等级的增加,极大响应等效应力由 3.946 MPa 增加到 31.570 MPa,仍然保持极其稳定的倍数增长趋势。而对于图 5.14(b)中"罕遇地震"情况,极大响应等效应力由 27.620 MPa 增加到 138.100 MPa,与图 5.13 中的 2 种情况保持一样。

5.5　本章小结

本章以水电站厂房组合框架全结构模型为研究核心,根据设计反应谱理论研究成果,在地震影响系数曲线研究的基础上,建立了加速度人工反应谱模型,并将其程序化,开发出"加速度人工反应谱程序"输出界面,成功实现了对加速度频率响应谱参数的显性化。通过建立的多自由度组合框架反应谱耦合模型,完成了水电站厂房组合框架全结构模型的模态分析与服役性态响应谱分析,深入探究了多自由度组合框架反应谱耦合模型的 OMA 和 RSA 行为特征对其在服役期间的性态影响,进一步论证了水电站厂房组合框架全结构模型的服役性态响应谱动力特性。得到主要结论如下:

(1) 基于我国不同时期的建筑抗震设计规范,在地震影响系数曲线基础上,建立了"加速度人工反应谱模型",并通过 Visual Basic 编程软件,开发出计算与"加速度人工反应谱"相关的频率及加速度参数的输出界面。能够根据我国基本地震动峰值加速度区划分布带,有效计算我国不同烈度地震区用于服役性态响应谱分析的频率及其对应的加速度等动力参数指标。

(2) 运用开发的"加速度人工反应谱程序"输出界面,对水电站厂房组合框架全结构模型进行了全面的模态分析(OMA),实现了该类型组合框架全结构模型的前 20 阶振型及自振频率的精确计算。通过水电站厂房组合框架全结构模型的 OMA 深入分析,得到了全结构模型的前 6 阶自振频率特性参数,其值分别为:7.733 Hz、8.435 Hz、10.291 Hz、10.751 Hz、19.215 Hz、19.292 Hz。通过进一步类比分析,找到了水电站厂房组合框架全结构模型的最大自振频率(32.400 Hz),为水电站厂房组合框架全结构模型的服役性态响应谱动力特性分析提供了参数支持。

(3) 通过设计 6 级烈度多遇地震、6 级烈度罕遇地震、7 级烈度多遇地震、7 级烈度罕遇地震、8 级烈度多遇地震、8 级烈度罕遇地震、9 级烈度多遇地震、9 级烈度罕遇地震 8 种工况,以 x 向服役性态响应谱分析的频率及其对应的加速度等动力参数指标输入为基本原则,完成了水电站厂房组合框架全结构模型的服役性态响应谱分析,通过服役性态响应谱分析结果表明:对于"不同烈度多遇地震"情况,随着抗震设防烈度的增加,服役性态响应谱的极大响应位移从 0.381 mm 增加到 3.047 mm,极大响应应力由 5.848 MPa 增加到 46.780 MPa,极大响应等效应力由 4.666 MPa 增加到 37.330 MPa,均呈现出稳定的倍数增长趋势;而对于"不同烈度罕遇地震"情况,服役性态响应谱的极大响应位移由 2.666 mm 增加到 13.330 mm,极大响应应力由 40.930 MPa 增加到 204.700 MPa,极大响应等效应力由 32.660 MPa 增加到 163.300 MPa,呈现出显著的非线性增长趋势。

(4) 以 y 向服役性态响应谱分析的频率及其对应的加速度等动力参数指标输入为基本原则,进行的 8 种工况水电站厂房组合框架全结构模型服役性态响应谱分析表明:对于"不同烈度多遇地震"情况,随着设防抗震烈度等级的增加,其极大响应位移由 0.312 mm 增加到 2.495 mm,极大响应应力由 3.951 MPa 增加到 31.610 MPa,极大响应等效应力由 3.946 MPa 增加到 31.570 MPa,同样保持倍数增长趋势;而对于"不同烈度罕遇地震"情况而言,极大响应位移由 2.183 mm 增加到 10.910 mm,极大响应应力由 27.650 MPa 增加到 138.300 MPa,极大响应等效应力由 27.620 MPa 增加到 138.100 MPa,仍然呈现出非线性增长趋势。

(5) 通过以 x 向与 y 向服役性态响应谱分析的频率及其对应的加速度等动力参数指标输入,进行的水电站厂房组合框架全结构模型服役性态响应谱综合分析表明:本书提出的水电站厂房组合框架全结构模型能够有效抵抗 6~9 级烈度多遇地震的威胁;当面临 6~9 级烈度罕遇地震的威胁时,该种组合框架全结构的部分材料进入塑性阶段,一定程度上出现塑性损伤,影响到水电站厂房组合框架全结构的安全服役。

第 6 章

水电站厂房组合框架全结构抗震动力性能研究

6.1 概况

本章以建立的水电站厂房组合框架全结构模型为研究对象,总结前人研究成果,通过开发的人工地震波生成程序包,以此作为地震动参数输入指标,以相关规范规定的"6 度多遇地震"情况为真实环境,完成水电站厂房组合框架全结构模型的抗震动力性能分析,目的在于甄别在地震波作用下提出的该种结构的自振特性、每个时间点的位移特性等动力参数。在此基础上,与钢框架结构进行类比分析,旨在为进一步完善水电站厂房组合框架结构体系的设计方法提供指导与借鉴。

6.2 人工地震波模型的建立

由于地震原始记录有时找不到合适的地震波时程曲线作为结构动力时程分析的参数输入,不可避免地需要采用人工合成法得到人工地震波参数,用于结构分析计算[118]。人工合成地震波的理论和技术 30 多年来得到了飞速发展,迄今为止,用于合成人工地震波的方法大体可分为两类:一是具有不同频率的随机相角的迭加;二是具有一定幅值的随机脉冲的迭加[119-122]。本次基于原始记录的地震波历时数据,以与抗震相关规范相容的功率谱为目标谱,把地震看成是具有随机相角、具有不同频率的三角级数的迭加。

6.2.1 人工地震波生成程序开发

根据《建筑抗震设计规范》(GB 50011—2010)中的反应谱,通过 Kaul 提出的平稳过程得到如下关系式:

$$S_x(\omega_i) = \frac{2\xi}{\pi\omega_i}\left[S_a^T(\omega_i)\right]^2 \Big/ \left[-2\ln\left(-\frac{\pi}{\omega_i T_d}\ln p\right)\right] \tag{6.1}$$

式中:$S_a^T(\omega_i)$ 表示规范反应谱;ξ 表示阻尼比;T_d 表示地震持续时间;p 表示反应不超过反应谱值的概率。

对于既定的功率谱密度 $S_x(\omega)$,确定高斯平稳过程 $x(t)$ 如下:

$$x(t) = \sum_{i=1}^{N}\sqrt{4S_x(\omega_i)\cdot\Delta\omega}\cos(\omega_i t + \varphi_i) \tag{6.2}$$

式中:$\Delta\omega = (\omega_u - \omega_l)/N$;$\omega_i = \omega_l + \left(k - \frac{1}{2}\right)\Delta\omega$;$\omega_u$、$\omega_l$ 分别为正 ω 域内的上、下限值。

采用包络函数 $g(t)$ 乘以平稳过程 $x(t)$,得到人工地震波模型函数表达式 $a(t)$,表述如下:

$$a(t) = g(t)\cdot x(t) \tag{6.3}$$

式中 $g(t)$ 确定如下:

$$g(t) = \begin{cases} t^2/t_1^2 & 0 \leqslant t < t_1 \\ 1 & t_1 \leqslant t < t_2 \\ e^{c(t-t_2)} & t_2 \leqslant t < t_3 \\ 0 & t_3 < t \leqslant T \end{cases} \tag{6.4}$$

式中:c 表示衰减系数,通常取值范围为 0.1~1.0;t_1、t_2 和 t_3 根据不同实际情况进行取值;T 表示地震波持续时长。

根据公式(6.3)及其相关参数($c = -0.2$,$p = 0.9$,$t_1 = 4$ s,$t_2 = 15$ s,$t_3 = 30$ s),开发"人工地震波生成程序包",用于动力时程分析。首先,借助 Visual Basic 编程软件,建立基于对话框的应用程序框架(人工地震波),应用程序框架由人工地震波参数输入和人工地震波输出 2 个部分组成。其中,添加的主要控件有 4 个编辑框和 3 个按钮。4 个编辑框分别为程序中的阻尼比(ζ)、特征周期值(T_g)、水平地震影响系数最大值和时程分析地震加速度时程最大值,4 个数据交互输入;3 个按钮分别为生成人工地震波、输出人工地震波数据和退出。人工地震波生成程序运行界面如图 6.1 所示。

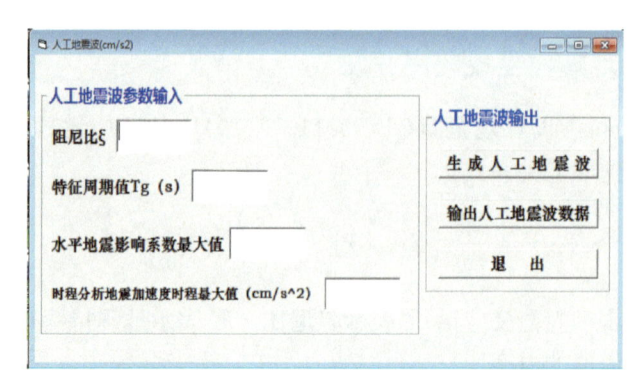

图 6.1 人工地震波生成程序运行界面

6.2.2 分析模式研究

《建筑抗震设计规范》(GB 50011—2010)中关于水平地震影响系数最大值、时程分析所用地震加速度时程最大值如表 6.1 和表 6.2 所示。根据模型试验场地现场情况(剪切波速>800 m·s^{-1}),场地类别为Ⅰ类场地,其特征周期为 $T_g=0.25$ s(多遇地震),型钢混凝土组合结构的阻尼比 $\zeta=0.04$,选取"6 度多遇地震"作为输入参数,分别从 x 向、y 向输入模型,形成 2 种工况,见表 6.3。

表 6.1 水平地震影响系数最大值

地震影响	6 度	7 度	8 度	9 度
多遇地震	0.04	0.08(0.12)	0.16(0.24)	0.32
罕遇地震	0.28	0.50(0.72)	0.90(1.20)	1.40

注:括号内数值分别用于设计基本地震加速度为 0.15g 和 0.30g 的地区。

表 6.2 时程分析所用地震加速度时程的最大值

单位:cm·s^{-2}

地震影响	6 度	7 度	8 度	9 度
多遇地震	18	35(55)	70(110)	140
罕遇地震	125	220(310)	400(510)	620

注:括号内数值分别用于设计基本地震加速度为 0.15g 和 0.30g 的地区。

表 6.3 工况组合情况一览表

组合情况	工况 1	工况 2
输入模型方向	x 方向	y 方向
抗震设防烈度	6 度多遇	6 度多遇

续表

组合情况	工况 1	工况 2
水平地震影响系数最大值	0.04	0.04
加速度时程的最大值	18 cm·s^{-2}	18 cm·s^{-2}
特征周期	0.25 s	0.25 s
阻尼比	0.04	0.04

6.3 水电站厂房组合框架全结构模型动力特性研究

基于水电站厂房三榀组合框架结构非线性分析模块，对水电站厂房组合框架结构体系抗震动力性能分析进行本构模型的建立。

6.3.1 自振特性分析

低估结构的自振频率可能导致地震动作用的预测值偏小，从而使得分析结果偏于不安全。本次采用有限元分析方法，从忽略阻尼影响和考虑阻尼影响 2 个方面，分别对水电站厂房组合框架全结构模型进行自振特性分析。表 6.4 所示为前 20 阶自振频率的计算结果对比。

表 6.4 水电站厂房组合框架全结构模型前 20 阶自振频率对比一览表

阶数	忽略阻尼组合框架结构自振频率 f_c(Hz)	考虑阻尼组合框架结构自振频率 f_d(Hz)	f_c/f_d	阶数	忽略阻尼组合框架结构自振频率 f_c(Hz)	考虑阻尼组合框架结构自振频率 f_d(Hz)	f_c/f_d
1	7.733	7.784	0.993	11	20.791	20.793	1.000
2	8.435	8.491	0.993	12	21.012	21.014	1.000
3	10.291	10.353	0.994	13	25.909	26.089	0.993
4	10.751	10.781	0.997	14	27.090	27.232	0.995
5	19.215	19.215	1.000	15	28.985	29.274	0.990
6	19.292	19.293	1.000	16	29.322	29.449	0.996
7	19.315	19.315	1.000	17	30.767	30.990	0.993
8	19.332	19.333	1.000	18	31.432	31.698	0.992
9	20.729	20.729	1.000	19	31.952	32.263	0.990
10	20.774	20.774	1.000	20	32.400	32.427	0.999

从表 6.4 中可知,对于组合框架全结构模型的前 20 阶模态而言,忽略阻尼影响的自振频率是考虑阻尼影响的 0.990～1.000,忽略阻尼的自振频率预测误差在 0.7% 以内,进一步表明是否考虑阻尼影响对水电站厂房组合框架全结构模型的模态性质没有影响,为保证水电站厂房组合框架结构抗震动力性能分析结果精度提供了参数支持。

以此为基础,进行水电站厂房钢框架结构自振特性类比分析,得到前 20 阶自振频率的计算结果,见表 6.5。

表 6.5 类比分析前 20 阶自振频率一览表

钢框架模型				本书模型			
阶数	自振频率 f(Hz)	阶数	自振频率 f(Hz)	阶数	自振频率 f(Hz)	阶数	自振频率 f(Hz)
1	6.688	11	19.469	1	7.733	11	20.791
2	7.146	12	20.026	2	8.435	12	21.012
3	8.880	13	21.460	3	10.291	13	25.909
4	10.233	14	22.493	4	10.751	14	27.090
5	17.571	15	23.375	5	19.215	15	28.985
6	17.663	16	23.676	6	19.292	16	29.322
7	18.753	17	25.359	7	19.315	17	30.767
8	18.765	18	26.622	8	19.332	18	31.432
9	19.371	19	27.826	9	20.729	19	31.952
10	19.435	20	28.623	10	20.774	20	32.400

抗震动力性能分析采用开发的"人工地震波生成程序包",持续时长取值 30 s,根据表 6.3 中预设工况,分别进行讨论。依次输入阻尼比(0.04)、特征周期(0.25 s)、水平地震影响系数最大值(0.04)、时程分析地震加速度时程最大值(18 cm·s^{-2}),得到"6 度多遇地震"条件下人工地震波加速度历时数据和历时曲线,如图 6.2 所示。

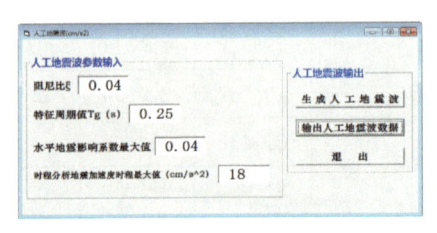

(a) 程序运行界面 　　　　　　　(b) 加速度历时数据

(c) 加速度历时曲线

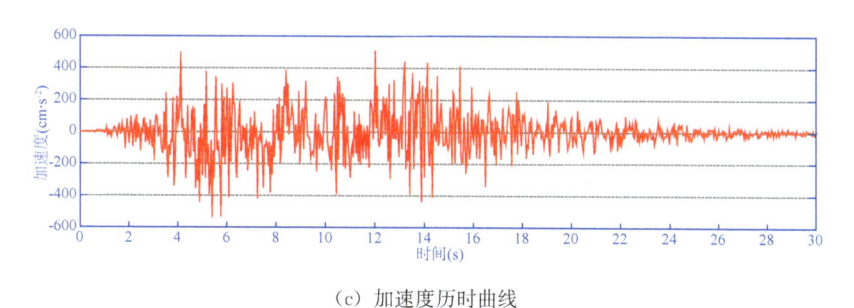

图 6.2　6 度多遇动力时程分析输入参数

6.3.2　水电站厂房组合框架全结构 x 向动力特性分析

以图 6.2 中人工地震波输出数据从 x 方向对构建的模型结构进行输入，计算其在"6 度多遇地震"条件下的 x 方向响应特性，并从水电站厂房三榀组合框架模型中的 8 根不同类型柱（编号分别为：CFRSTC1、HCSTC2、CFCSTC3、HRSTC4、HRSTC5、CFCSTC6、HCSTC7、CFRSTC8）、8 种牛腿节点（编号分别为：CFRSTC-CJ1、HCSTC-CJ2、CFCSTC-CJ3、HRSTC-CJ4、HRSTC-CJ5、CFCSTC-CJ6、HCSTC-CJ7、CFRSTC-CJ8）的 x 方向位移响应，以及以 8 根不同类型柱（编号分别为：HRSTC5、CFCSTC6、HCSTC7、CFRSTC8、CFRSTC9、CFRSTC10、CFRSTC11、CFRSTC12）为代表的二层组合楼板模型 x 方向层间侧移响应 3 个方面分别对其进行讨论。

以钢框架模型作为对比组，得到图 6.3 所示的 8 根不同类型柱顶部 x 方向位移响应时程曲线的对比情况。

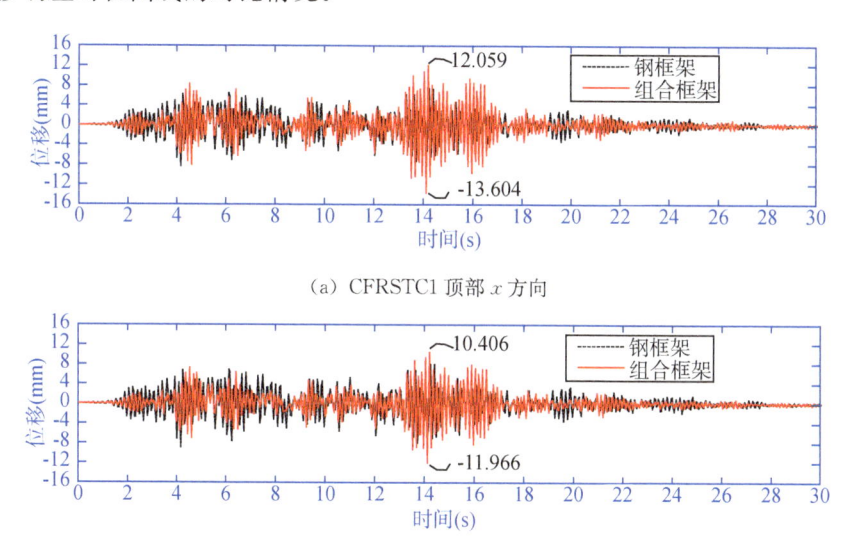

(a) CFRSTC1 顶部 x 方向

(b) HCSTC2 顶部 x 方向位移

(c) CFCSTC3 顶部 x 方向位移

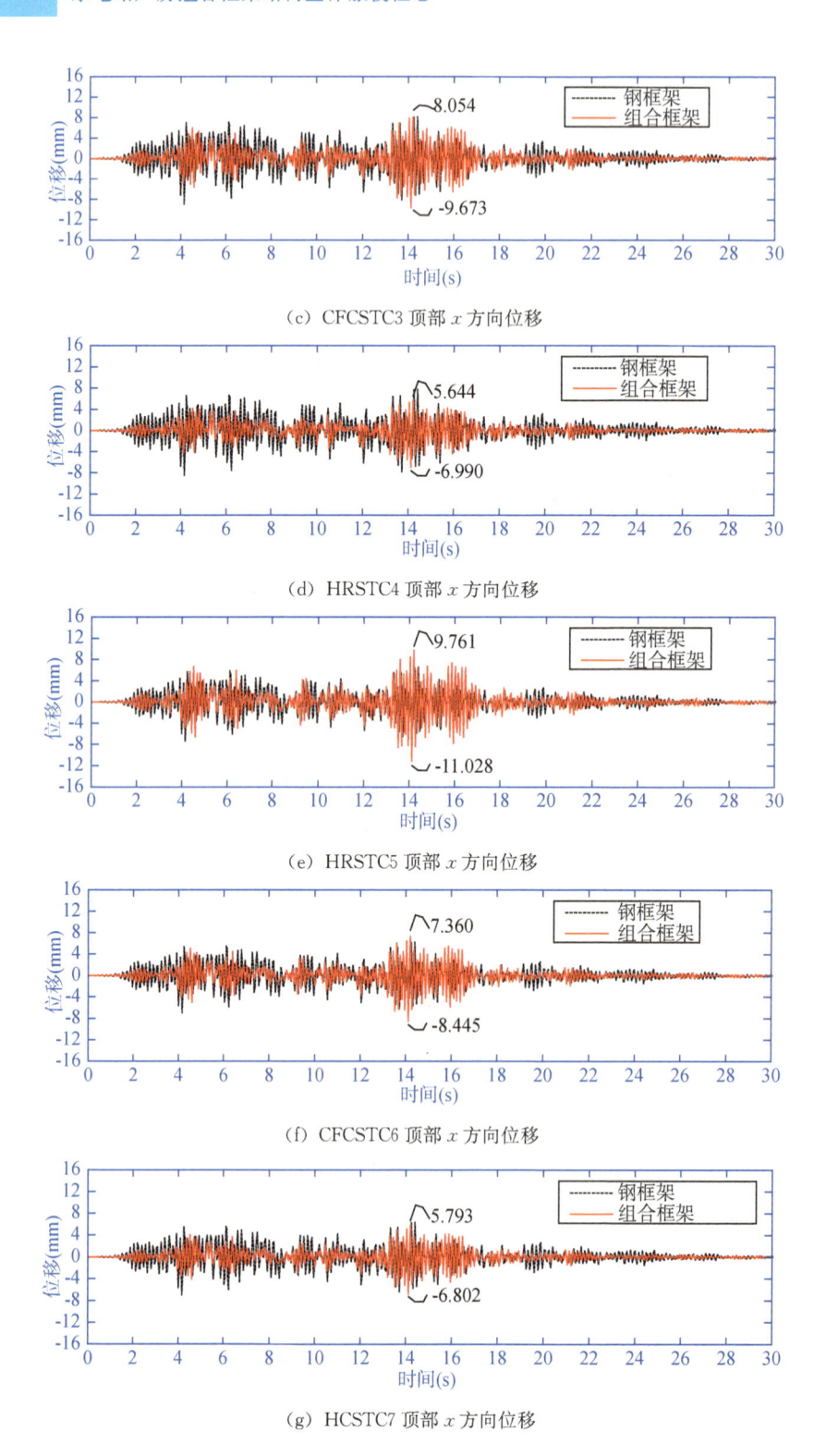

(d) HRSTC4 顶部 x 方向位移

(e) HRSTC5 顶部 x 方向位移

(f) CFCSTC6 顶部 x 方向位移

(g) HCSTC7 顶部 x 方向位移

第6章 水电站厂房组合框架全结构抗震动力性能研究

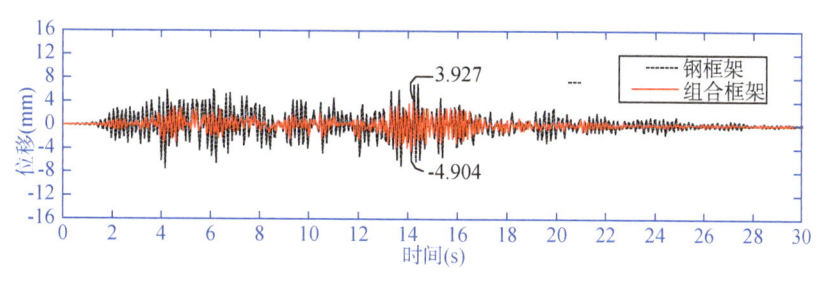

(h) CFRSTC8 顶部 x 方向位移

图 6.3 水电站厂房三榀组合框架不同类型柱顶部的 x 方向位移响应时程曲线

由图 6.3 分析表明,在"6 度多遇"人工地震波作用下,一方面钢与混凝土的组合作用使得模型的整体抗侧刚度有所增加;另一方面这种组合效应也使得结构周期变短,进而导致受到的地震作用随之变强。通过图 6.3(a)~(d)分析,对于本书中的水电站厂房三榀组合框架而言,与钢框架模型相比,地震波作用导致钢-混凝土组合柱的顶部最大位移有所增大,而空心钢管柱的顶部最大位移反而减小,矩形截面钢管柱表现尤其显著,进一步表明,忽略钢与混凝土的组合作用会低估柱结构顶部的 x 向最大位移响应;通过图 6.3(e)~(h)分析,对于受到二层组合楼板约束作用的不同类型柱而言,与钢框架模型相比,地震波作用同样导致柱顶部最大位移增大。对上述结果进行综合分析,从工程角度来讲,导致设计偏于不安全的因素均应考虑在内,因此,将钢-混凝土组合作用和组合楼板约束作用考虑在内的设计思路将十分必要。

同样以钢框架模型作为对比组,得到 8 种牛腿节点部位 x 方向位移响应的对比情况,如图 6.4 所示。

由图 6.4 分析表明,在该种人造地震波作用下,钢与混凝土的组合作用同样会导致模型的抗侧移刚度增大,结构周期变短,受地震作用影响变显著。不同类型柱的牛腿节点部位 x 方向最大位移响应特征与对应的柱的 x 方向最大位移响应特征分布规律一致。

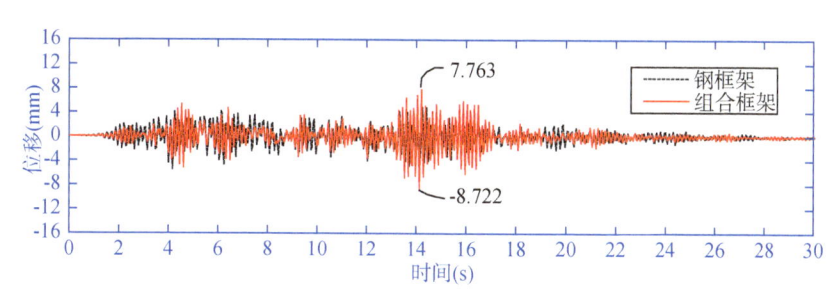

(a) CFRSTC-CJ1 节点 x 方向位移

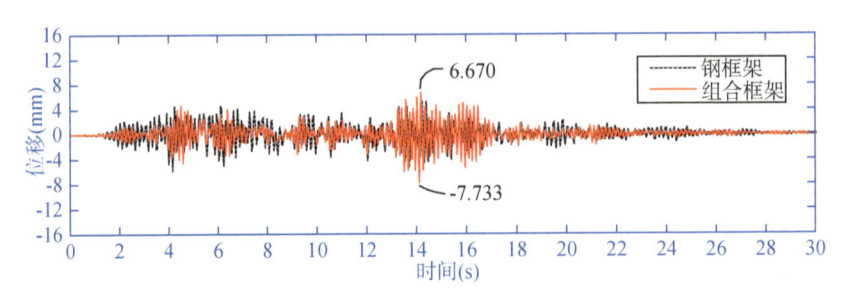

(b) HCSTC-CJ2 节点 x 方向位移

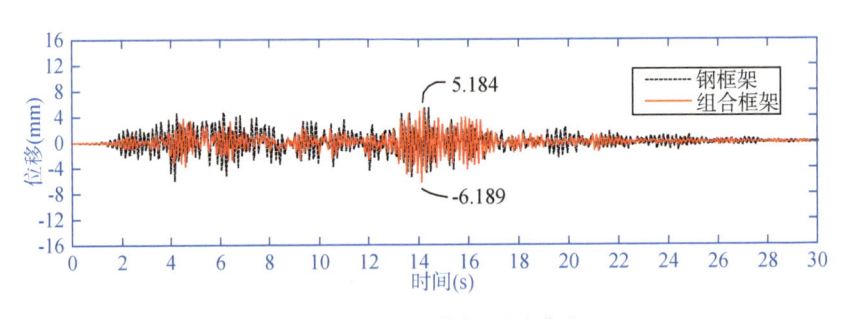

(c) CFCSTC-CJ3 节点 x 方向位移

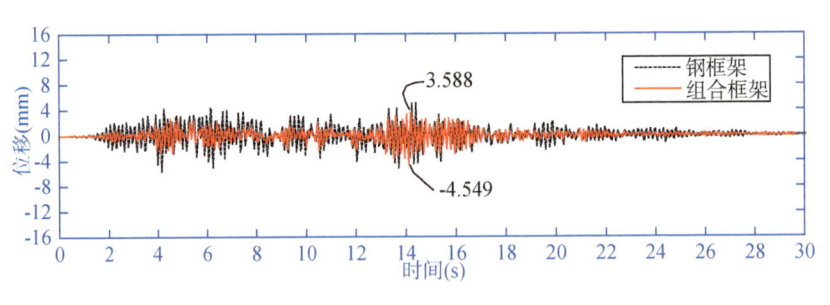

(d) HRSTC-CJ4 节点 x 方向位移

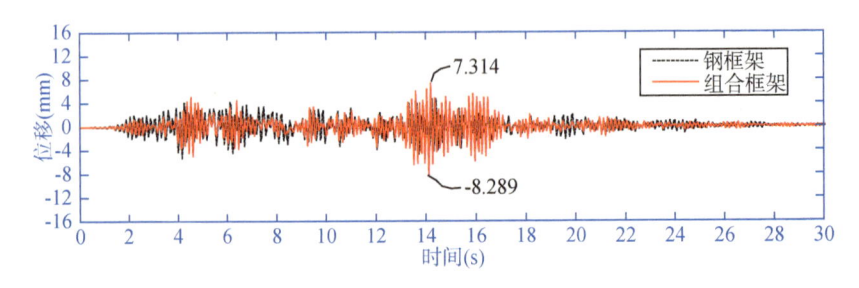

(e) HRSTC-CJ5 节点 x 方向位移

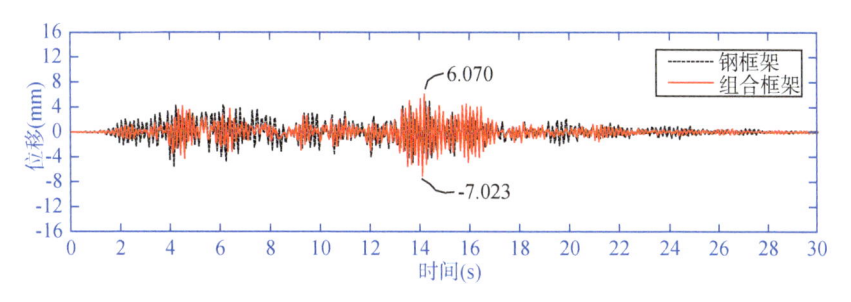

(f) CFCSTC-CJ6 节点 x 方向位移

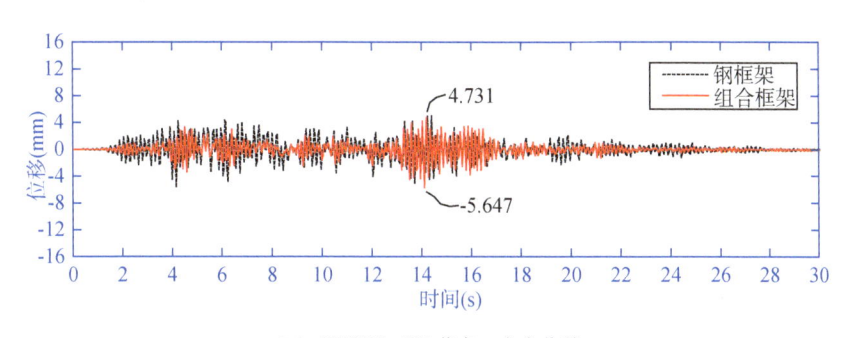

(g) HCSTC-CJ7 节点 x 方向位移

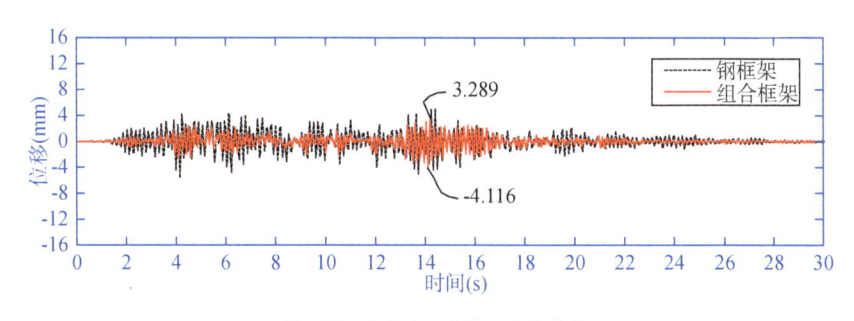

(h) CFRSTC-CJ8 节点 x 方向位移

图 6.4 牛腿节点部位 x 方向位移响应时程曲线

图 6.5 所示为二层组合楼板模型的 x 方向层间侧移响应(lateral displacement response，LDR)的对比情况。

由图 6.5 可知,是否考虑柱中钢与混凝土组合作用和楼板组合效应对 x 方向层间侧移时程响应结果影响显著,不同类型柱对应的每一层 x 方向层间侧移响应到达其幅值均有区别。层间侧移量是反映结构抗震设计方法的一个关键性能指标,忽略其影响将对设计产生较大误差,应当予以重视。此外,通过进一步

(a) HRSTC5 层间侧移

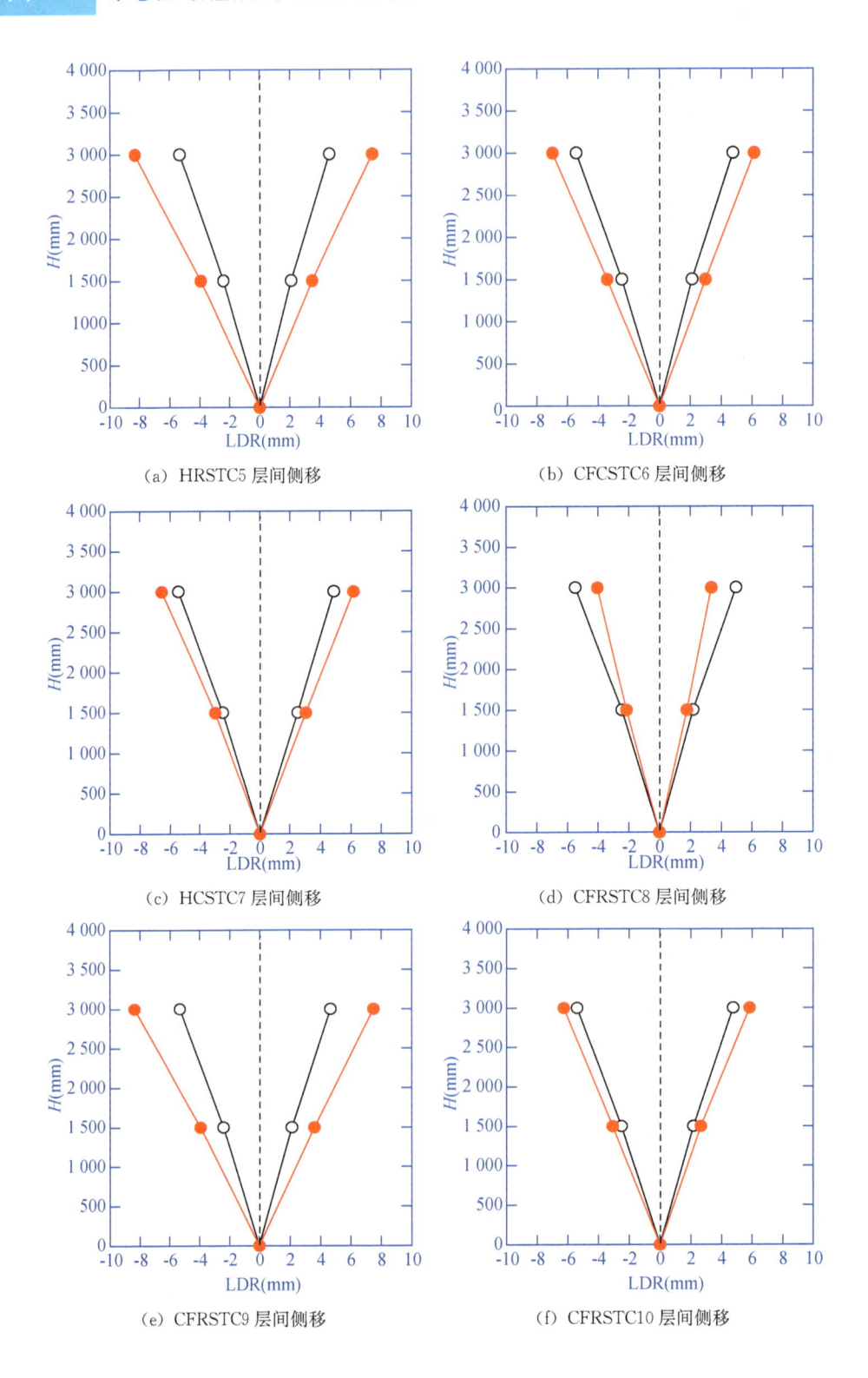

(b) CFCSTC6 层间侧移

(c) HCSTC7 层间侧移

(d) CFRSTC8 层间侧移

(e) CFRSTC9 层间侧移

(f) CFRSTC10 层间侧移

(g) CFRSTC11 层间侧移　　　　　　　(h) CFRSTC12 层间侧移

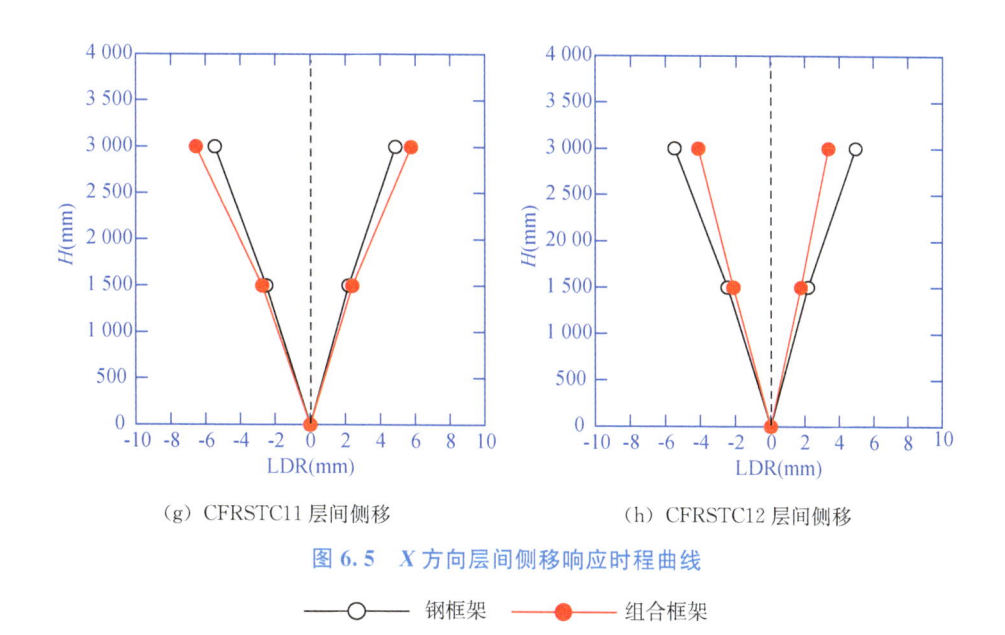

图 6.5　X 方向层间侧移响应时程曲线

―○― 钢框架　　―●― 组合框架

对比分析表明,忽略这两种组合效应的影响,对于组合楼板楼层而言,将低估其最大层间侧移量,也就是说,会使得组合楼板的薄弱层下移,这对于结构的安全性来说十分不利。因此,在进行抗震动力性能时程分析中合理考虑这两种组合效应的影响,其意义不仅在于使分析结果接近于实际工程情形,更在于可以避免分析结果偏于不安全。

6.3.3　水电站厂房组合框架全结构 y 向动力特性分析

以图 6.2 中人工地震波数据从 y 方向对结构进行输入,计算其在"6 度多遇"条件下的 y 方向响应情况,同样从水电站厂房三榀组合框架中的 8 根不同类型柱、8 种牛腿节点的 y 方向位移响应,以及二层组合楼板层间侧移响应分别对计算结果进行讨论。

图 6.6 所示为 8 根不同类型柱顶部 y 方向位移响应的对比情况。

通过图 6.6(a)～(d)分析可知,与钢框架模型相比,钢与混凝土的组合作用导致模型整体抗侧移刚度增大,结构周期减小,地震波作用使得水电站厂房三榀组合框架模型顶部的 y 方向位移普遍增大,进一步表明其受到钢与混凝土组合作用的影响尤其显著。对图 6.6(e)～(h)分析表明,对于受到二层组合楼板约束作用的不同类型柱,其整体抗侧移刚度增加得更大,结构周期进一步减小,相比于前者,地震波作用导致柱顶部 y 方向最大位移进一步增大,是前者的 2～3 倍。

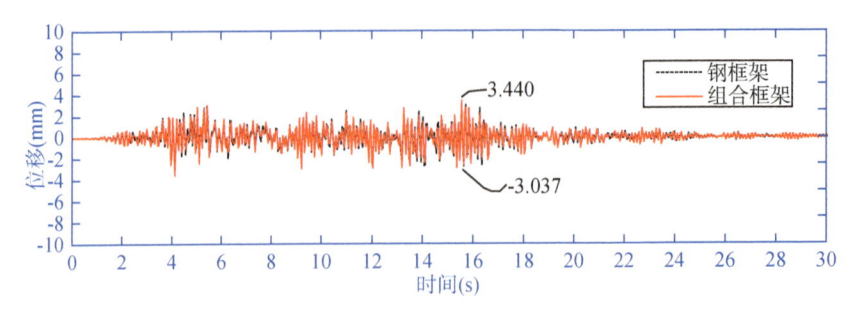

(a) CFRSTC1 顶部 y 方向

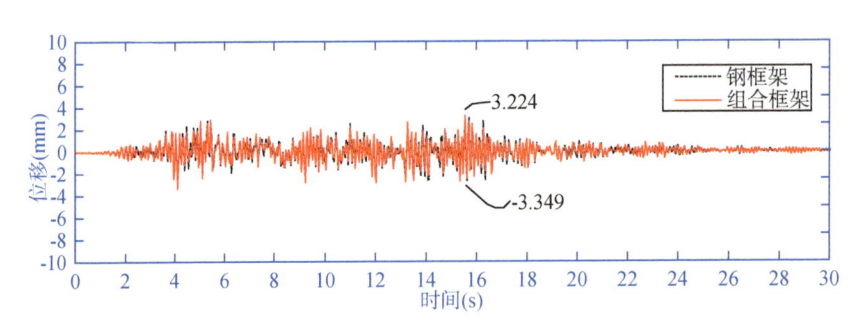

(b) HCSTC2 顶部 y 方向位移

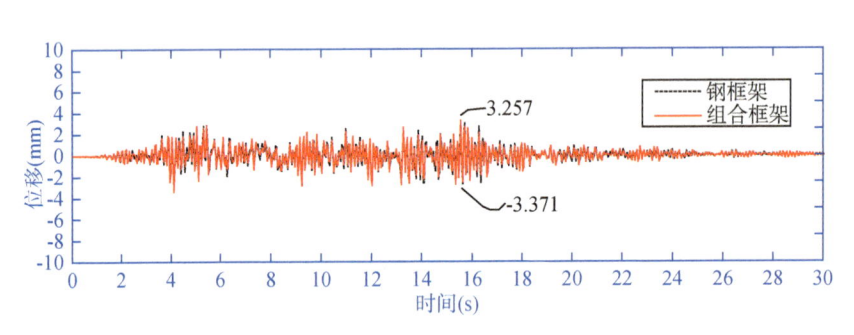

(c) CFCSTC3 顶部 y 方向位移

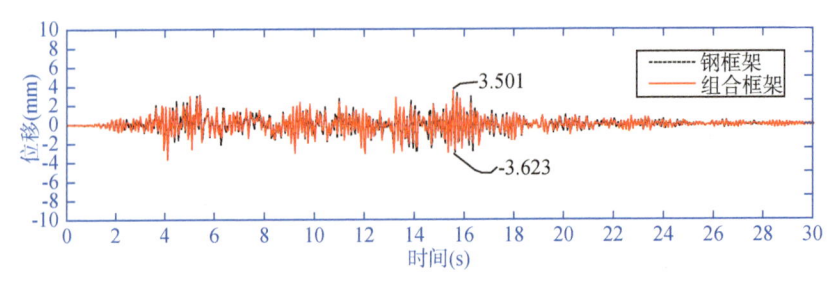

(d) HRSTC4 顶部 y 方向位移

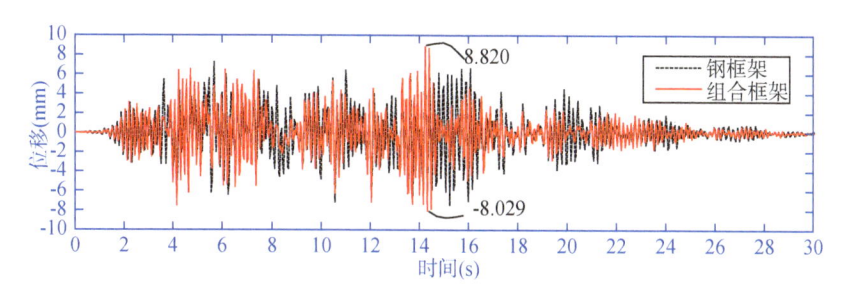

(e) HRSTC5 顶部 y 方向位移

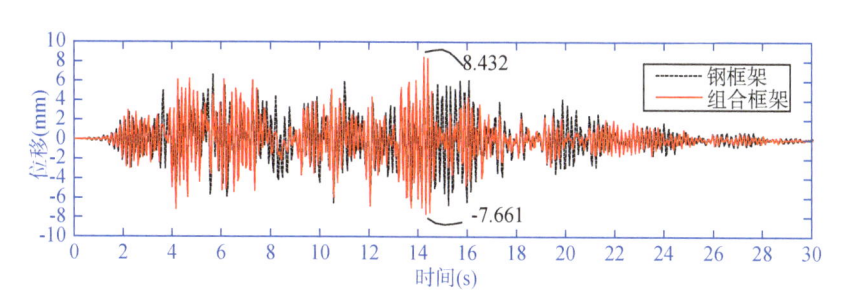

(f) CFCSTC6 顶部 y 方向位移

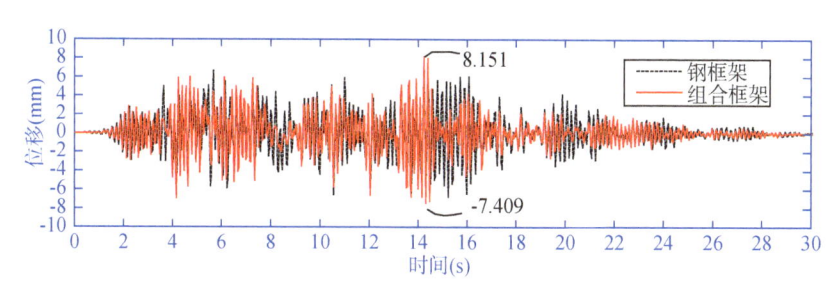

(g) HCSTC7 顶部 y 方向位移

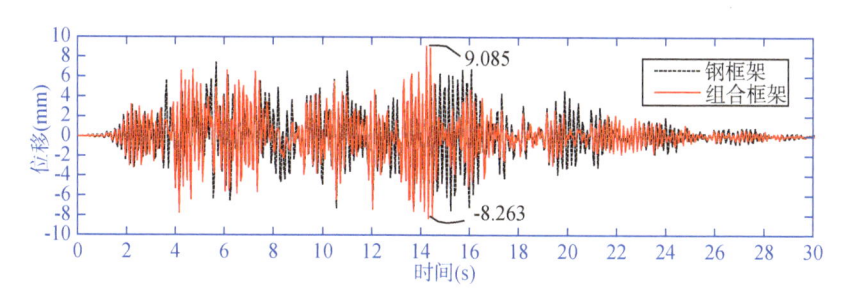

(h) CFRSTC8 顶部 y 方向位移

图 6.6 水电站厂房三榀组合框架组合柱顶部 y 方向位移响应时程曲线

8 种牛腿节点部位 y 方向位移响应的对比情况如图 6.7 所示。

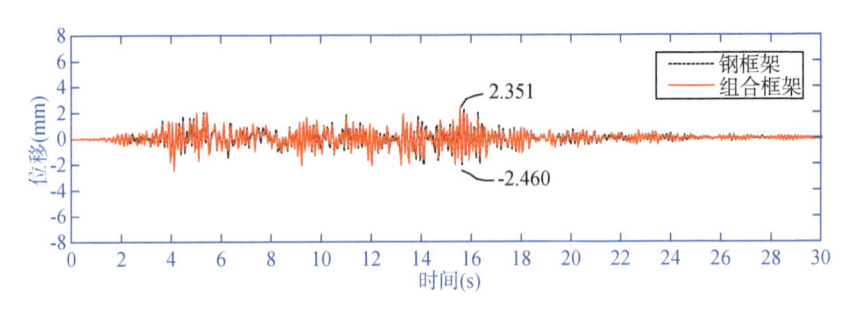

(a) CFRSTC-CJ1 节点 y 方向位移

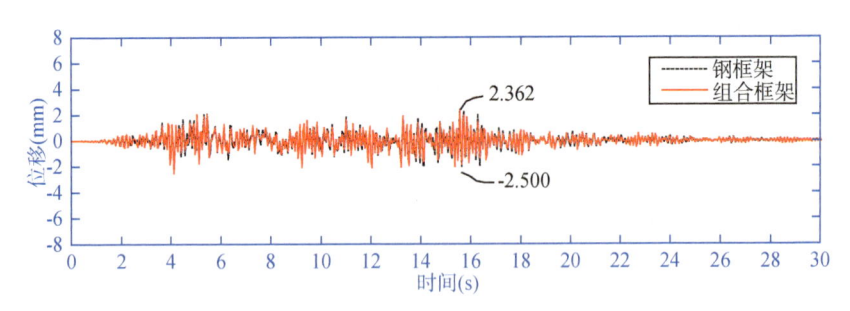

(b) HCSTC-CJ2 节点 y 方向位移

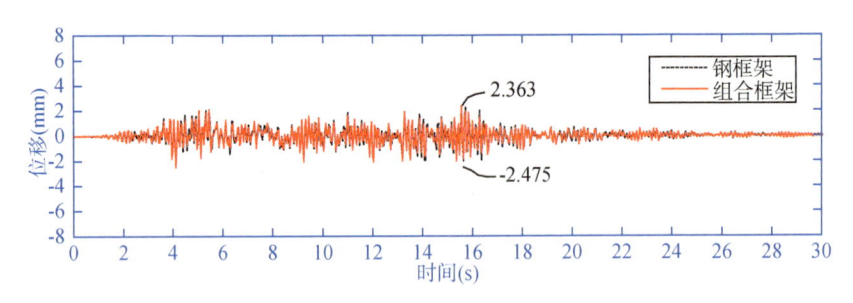

(c) CFCSTC-CJ3 节点 y 方向位移

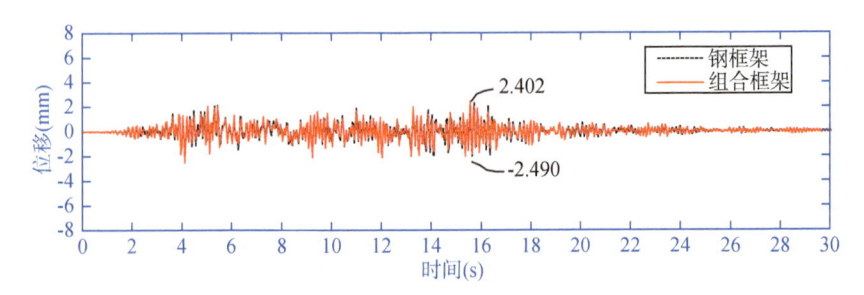

(d) HRSTC-CJ4 节点 y 方向位移

(e) HRSTC-CJ5 节点 y 方向位移

(f) CFCSTC-CJ6 节点 y 方向位移

(g) HCSTC-CJ7 节点 y 方向位移

(h) CFRSTC-CJ8 节点 y 方向位移

图 6.7 牛腿节点部位 y 方向位移响应时程曲线

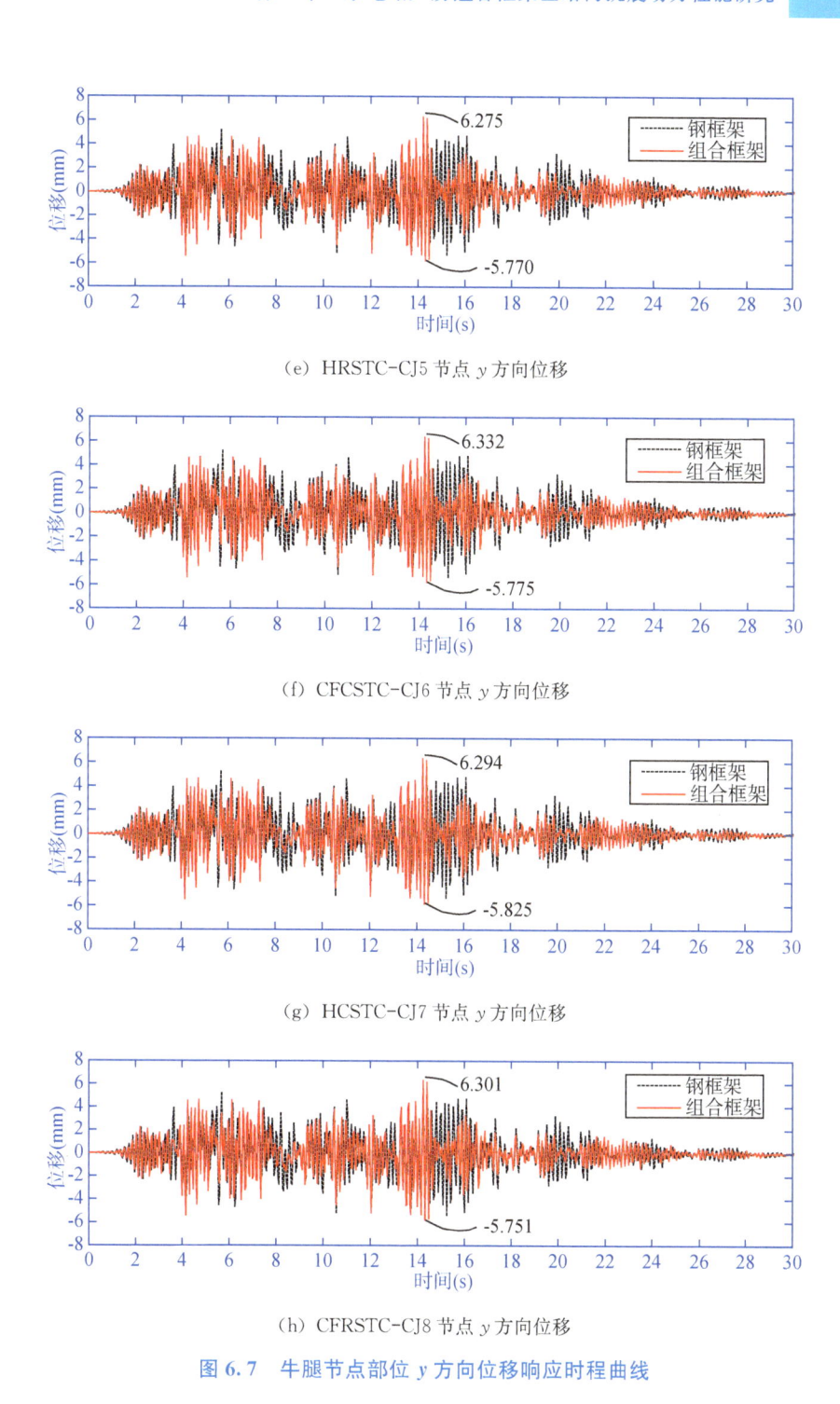

由图 6.7 分析表明,在"6 度多遇"人造地震波作用下,钢与混凝土的组合作

用同样导致模型的整体抗侧移刚度增大,结构周期变短,受地震作用影响变得显著。不同类型柱的牛腿节点部位 y 方向最大位移响应特征与对应的柱的 y 方向最大位移响应特征分布规律完全一致。

图 6.8 所示为二层组合楼板模型的 y 方向层间侧移响应(LDR)的对比情况。

由图 6.8 分析表明,是否考虑柱中钢与混凝土组合作用和楼板组合效应对 y 方向层间侧移时程响应结果影响并不十分显著。但是,层间侧移量作为结构抗震设计方法的一个关键性能指标,也不能完全忽略其影响。通过进一步对比分析表明,与钢框架模型相比,人工地震波作用对于下层的最大层间侧移基本没有影响,而对于上层的最大层间侧移在一定范围内具有影响,也同样会使得组合楼板的薄弱层下移,对于结构设计仍然是不利因素。

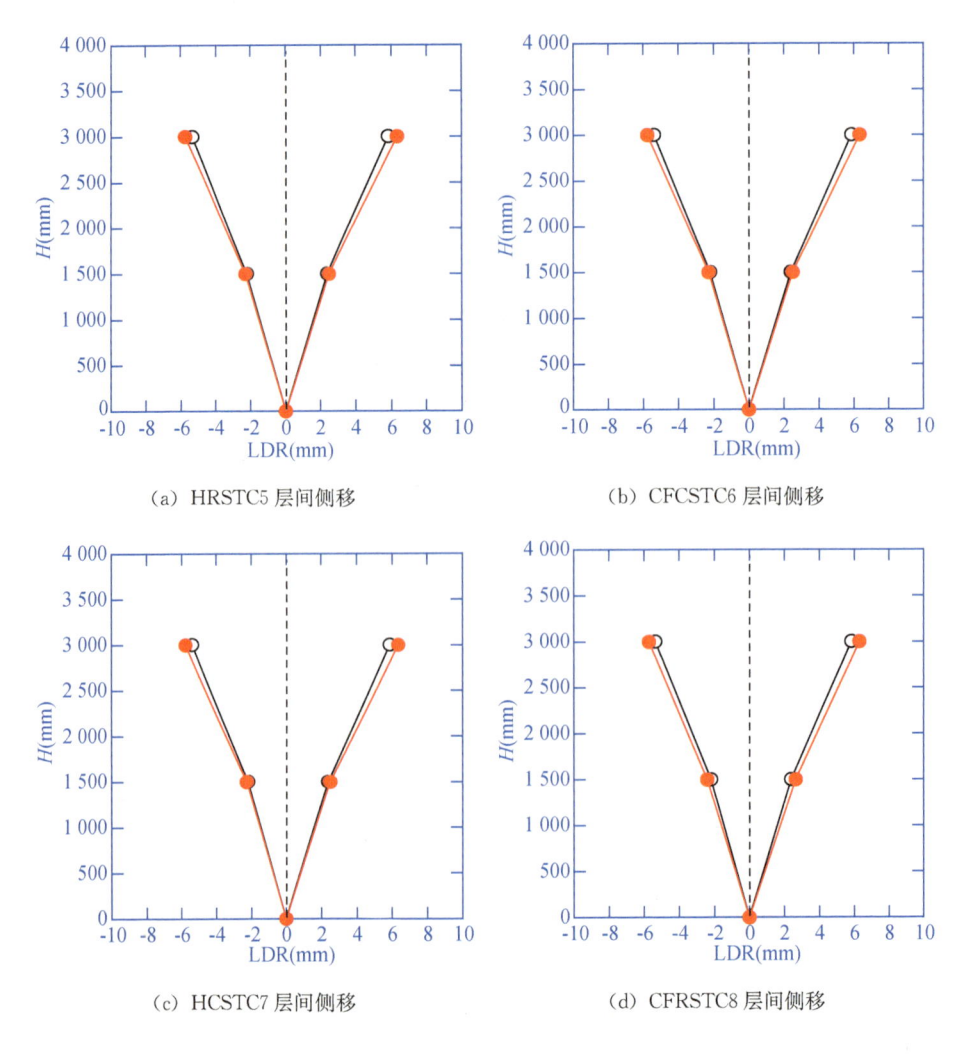

(a) HRSTC5 层间侧移

(b) CFCSTC6 层间侧移

(c) HCSTC7 层间侧移

(d) CFRSTC8 层间侧移

(e) CFRSTC9 层间侧移

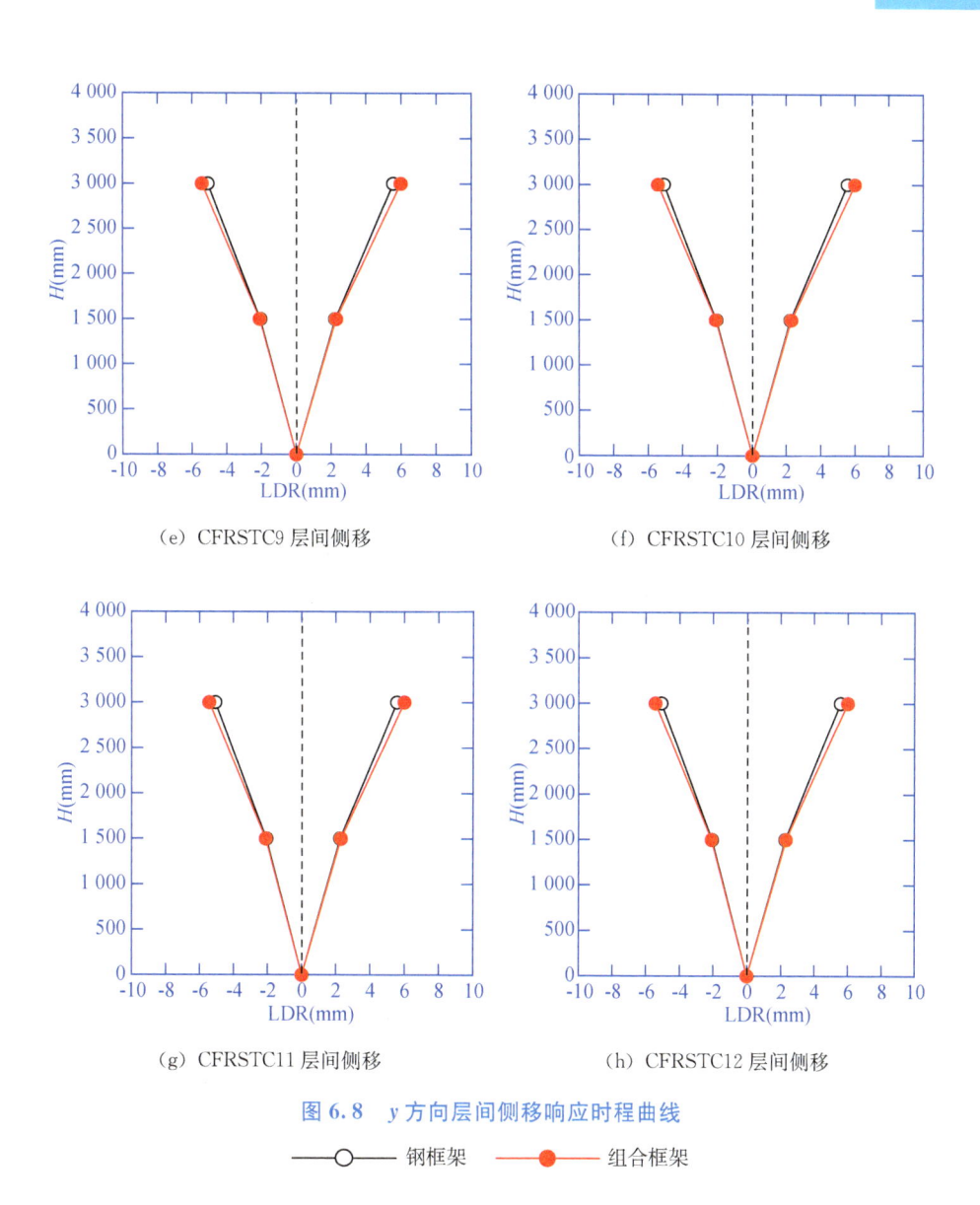

(f) CFRSTC10 层间侧移

(g) CFRSTC11 层间侧移

(h) CFRSTC12 层间侧移

图 6.8　y 方向层间侧移响应时程曲线

——○——钢框架　　——●——组合框架

6.3.4　水电站厂房组合框架全结构组合效应影响分析

作为对榀一、榀二分析结果的进一步讨论,表 6.6 给出了 8 种不同类型柱顶部 x 方向位移、y 方向位移,以及 x 方向最大位移角、y 方向最大位移角对比情况。

表 6.6　水电站厂房三榀组合框架中 8 种不同类型柱顶部位移、位移角关键参数对比

柱编号	地震方向	关键指标	钢框架模型	本书模型	本书模型/钢框架模型
CFRSTC1	x 方向	位移最小值(mm)	−8.298	−13.604	1.639
		位移最大值(mm)	7.259	12.059	1.661
		最大位移角(rad)	1/482	1/294	—
	y 方向	位移最小值(mm)	−3.123	−3.037	0.972
		位移最大值(mm)	3.292	3.440	1.045
		最大位移角(rad)	1/1 215	1/1 163	—
HCSTC2	x 方向	位移最小值(mm)	−8.938	−11.966	1.339
		位移最大值(mm)	7.869	10.406	1.322
		最大位移角(rad)	2/448	1/334	—
	y 方向	位移最小值(mm)	−3.004	−3.349	1.115
		位移最大值(mm)	3.225	3.224	1.000
		最大位移角(rad)	1/1 240	1/1 194	—
CFCSTC3	x 方向	位移最小值(mm)	−9.021	−9.673	1.072
		位移最大值(mm)	8.044	8.054	1.001
		最大位移角(rad)	1/443	1/414	—
	y 方向	位移最小值(mm)	−3.009	−3.371	1.120
		位移最大值(mm)	3.224	3.257	1.010
		最大位移角(rad)	1/1 241	1/1 187	—
HRSTC4	x 方向	位移最小值(mm)	−8.567	−6.990	0.816
		位移最大值(mm)	7.664	5.644	0.736
		最大位移角(rad)	1/467	1/572	—
	y 方向	位移最小值(mm)	−3.263	−3.623	1.110
		位移最大值(mm)	3.502	3.501	1.000
		最大位移角(rad)	1/1 142	1/1 104	—
HRSTC5	x 方向	位移最小值(mm)	−7.343	−11.028	1.502
		位移最大值(mm)	6.501	9.761	1.501
		最大位移角(rad)	1/545	1/363	—
	y 方向	位移最小值(mm)	−7.425	−8.029	1.081
		位移最大值(mm)	8.022	8.820	1.099
		最大位移角(rad)	1/499	1/454	—

第6章 水电站厂房组合框架全结构抗震动力性能研究

续表

柱编号	地震方向	关键指标	钢框架模型	本书模型	本书模型/钢框架模型
CFCSTC6	x方向	位移最小值(mm)	−6.946	−8.445	1.216
		位移最大值(mm)	6.219	7.360	1.183
		最大位移角(rad)	1/576	1/474	—
	Y方向	位移最小值(mm)	−6.776	−7.661	1.131
		位移最大值(mm)	7.325	8.432	1.151
		最大位移角(rad)	1/546	1/474	—
HCSTC7	x方向	位移最小值(mm)	−7.022	−6.802	0.969
		位移最大值(mm)	6.361	5.793	0.911
		最大位移角(rad)	1/570	1/588	—
	y方向	位移最小值(mm)	−6.808	−7.409	1.088
		位移最大值(mm)	7.355	8.151	1.108
		最大位移角(rad)	1/544	1/491	—
CFRSTC8	x方向	位移最小值(mm)	−7.519	−4.904	0.652
		位移最大值(mm)	6.889	3.927	0.570
		最大位移角(rad)	1/532	1/816	—
	y方向	位移最小值(mm)	−7.544	−8.263	1.095
		位移最大值(mm)	8.177	9.085	1.111
		最大位移角(rad)	1/489	1/440	—

通过表6.6中x方向地震波作用分析表明,除了水电站厂房三榀组合框架中HRSTC4、HCSTC7、CFRSTC8的位移响应幅值比钢框架模型小之外(0.570~0.969),其余x方向位移响应幅值均大于钢框架模型(1.001~1.661),使得计算结果偏于不安全,钢框架模型的最大侧移角在1/576~1/443,本书模型的最大侧移角在1/816~1/294;通过对y方向地震波作用分析表明,除了水电站厂房三榀组合框架中CFRSTC1的位移响应幅值比钢框架模型小(0.972),其余均大于钢框架模型(1.000~1.151),计算结果偏于不安全,钢框架模型的最大侧移角在1/1 215~1/489,本书模型的最大侧移角在1/1 194~1/440,但是没有x方向强烈。综合分析表明,考虑钢与混凝土的组合作用导致了结构抗侧刚度增加,尤其是x方向增加幅度较大,得到更加偏于不安全的分析结果,这对于结构设计应当予以避免。

表 6.7 给出了 8 种不同类型节点 x 方向位移、y 方向位移,以及 x 方向最大位移角、y 方向最大位移角对比情况。

表 6.7 8 种不同类型节点位移、位移角关键参数对比

节点编号	地震方向	关键指标	钢框架模型	本书模型	本书模型/钢框架模型
CFRSTC-CJ1	x 方向	位移最小值(mm)	−5.478	−8.722	1.592
		位移最大值(mm)	4.739	7.763	1.638
		最大位移角(rad)	1/548	1/344	—
	y 方向	位移最小值(mm)	−2.238	−2.460	1.099
		位移最大值(mm)	2.334	2.351	1.007
		最大位移角(rad)	1/1 285	1/1 220	—
HCSTC-CJ2	x 方向	位移最小值(mm)	−5.862	−7.733	1.319
		位移最大值(mm)	5.144	6.670	1.297
		最大位移角(rad)	1/512	1/388	—
	y 方向	位移最小值(mm)	−2.245	−2.500	1.114
		位移最大值(mm)	2.372	2.362	0.996
		最大位移角(rad)	1/1 265	1/1 200	—
CFCSTC-CJ3	x 方向	位移最小值(mm)	−5.912	−6.189	1.047
		位移最大值(mm)	5.264	5.184	0.985
		最大位移角(rad)	1/507	1/485	—
	y 方向	位移最小值(mm)	−2.244	−2.475	1.103
		位移最大值(mm)	2.361	2.363	1.001
		最大位移角(rad)	1/1 271	1/1 212	—
HRSTC-CJ4	x 方向	位移最小值(mm)	−5.641	−4.549	0.806
		位移最大值(mm)	5.023	3.588	0.714
		最大位移角(rad)	1/532	1/659	—
	y 方向	位移最小值(mm)	−2.237	−2.49	1.113
		位移最大值(mm)	2.413	2.402	0.995
		最大位移角(rad)	1/1 243	1/1 205	—

第6章 水电站厂房组合框架全结构抗震动力性能研究

续表

节点编号	地震方向	关键指标	钢框架模型	本书模型	本书模型/钢框架模型
HRSTC-CJ5	x 方向	位移最小值(mm)	−5.293	−8.289	1.566
		位移最大值(mm)	4.612	7.314	1.586
		最大位移角(rad)	1/567	1/362	—
	y 方向	位移最小值(mm)	−5.314	−5.770	1.086
		位移最大值(mm)	5.718	6.275	1.097
		最大位移角(rad)	1/525	1/478	—
CFCSTC-CJ6	x 方向	位移最小值(mm)	−5.480	−7.023	1.282
		位移最大值(mm)	4.837	6.070	1.255
		最大位移角(rad)	1/547	1/427	—
	y 方向	位移最小值(mm)	−5.351	−5.775	1.079
		位移最大值(mm)	5.770	6.332	1.097
		最大位移角(rad)	1/520	1/474	—
HCSTC-CJ7	x 方向	位移最小值(mm)	−5.535	−5.647	1.020
		位移最大值(mm)	4.942	4.731	0.957
		最大位移角(rad)	1/542	1/531	—
	y 方向	位移最小值(mm)	−5.341	−5.825	1.091
		位移最大值(mm)	5.770	6.294	1.091
		最大位移角(rad)	1/520	1/477	—
CFRSTC-CJ8	x 方向	位移最小值(mm)	−5.445	−4.116	0.756
		位移最大值(mm)	4.915	3.289	0.669
		最大位移角(rad)	1/551	1/729	—
	y 方向	位移最小值(mm)	−5.342	−5.751	1.077
		位移最大值(mm)	5.765	6.301	1.093
		最大位移角(rad)	1/520	1/476	—

通过表6.7中 x 方向地震波作用分析表明，水电站厂房三榀组合框架中CFCSTC-CJ3、HRSTC-CJ4、HCSTC-CJ7、CFRSTC-CJ8的位移响应幅值比钢框架模型小，集中分布在0.669~0.996，其余 x 方向位移响应幅值均大于钢框架模型，在1.020~1.638，计算结果偏于不安全，钢框架模型的最大侧移角在

1/567～1/507之间,本书模型的最大侧移角在1/729～1/344;通过对 y 方向地震波作用分析表明,除了水电站厂房三榀组合框架中 HCSTC-CJ2、HRSTC-CJ4 的位移响应幅值比钢框架模型小(0.995～0.996),其余均大于钢框架模型(1.001～1.114),计算结果偏于不安全,钢框架模型的最大侧移角在1/576～1/443,本书模型的最大侧移角在1/1 220～1/474,但是没有 x 方向表现强烈。进一步表明,考虑钢与混凝土的组合作用导致了结构抗侧刚度增加,同样得到偏于不安全的分析结果,对于结构安全设计应当予以避免。

表6.8 给出了二层组合楼板 x 方向层间侧移、y 方向层间侧移,以及 x 方向最大侧移角、y 方向最大侧移角对比情况。

表6.8 二层组合楼板层间侧移、侧移角关键参数对比

柱编号	地震方向	部位	关键指标	钢框架模型	本书模型	本书模型/钢框架模型
HRSTC5	x 方向	中间层	侧移最小值(mm)	−2.426	−3.951	1.629
			侧移最大值(mm)	2.094	3.497	1.670
			最大侧移角(rad)	1/618	1/380	—
		顶层	侧移最小值(mm)	−5.332	−8.330	1.562
			侧移最大值(mm)	4.654	7.441	1.599
			最大侧移角(rad)	1/563	1/360	—
	y 方向	中间层	侧移最小值(mm)	−2.192	−2.271	1.036
			侧移最大值(mm)	2.398	2.500	1.043
			最大侧移角(rad)	1/626	1/600	—
		顶层	侧移最小值(mm)	−5.352	−5.743	1.073
			侧移最大值(mm)	5.836	6.322	1.083
			最大侧移角(rad)	1/514	1/475	—
CFCSTC6	x 方向	中间层	侧移最小值(mm)	−2.445	−3.411	1.395
			侧移最大值(mm)	2.121	2.983	1.406
			最大侧移角(rad)	1/613	1/440	—
		顶层	侧移最小值(mm)	−5.424	−6.975	1.286
			侧移最大值(mm)	4.769	6.129	1.285
			最大侧移角(rad)	1/553	1/430	—
	y 方向	中间层	侧移最小值(mm)	−2.199	−2.278	1.036
			侧移最大值(mm)	2.403	2.508	1.044

续表

柱编号	地震方向	部 位	关键指标	钢框架模型	本书模型	本书模型/钢框架模型
CFCSTC6	y 方向	中间层	最大侧移角(rad)	1/624	1/598	—
		顶层	侧移最小值(mm)	−5.387	−5.758	1.069
			侧移最大值(mm)	5.869	6.338	1.080
			最大侧移角(rad)	1/511	1/473	—
HCSTC7	x 方向	中间层	侧移最小值(mm)	−2.452	−2.757	1.125
			侧移最大值(mm)	2.144	2.375	1.108
			最大侧移角(rad)	1/612	1/544	—
		顶层	侧移最小值(mm)	−5.455	−5.561	1.019
			侧移最大值(mm)	4.897	4.765	0.973
			最大侧移角(rad)	1/550	1/539	—
	y 方向	中间层	侧移最小值(mm)	−2.197	−2.270	1.033
			侧移最大值(mm)	2.404	2.499	1.040
			最大侧移角(rad)	1/624	1/600	—
		顶层	侧移最小值(mm)	−5.387	−5.782	1.073
			侧移最大值(mm)	5.869	6.357	1.083
			最大侧移角(rad)	1/511	1/412	—
CFRSTC8	x 方向	中间层	侧移最小值(mm)	−2.439	−2.133	0.874
			侧移最大值(mm)	2.192	1.783	0.814
			最大侧移角(rad)	1/615	1/703	—
		顶层	侧移最小值(mm)	−5.486	−4.042	0.737
			侧移最大值(mm)	4.960	3.353	0.676
			最大侧移角(rad)	1/547	1/742	—
	y 方向	中间层	侧移最小值(mm)	−2.188	−2.410	1.101
			侧移最大值(mm)	2.392	2.650	1.108
			最大侧移角(rad)	1/627	1/566	—
		顶层	侧移最小值(mm)	−5.354	−5.721	1.069
			侧移最大值(mm)	5.838	6.297	1.079
			最大侧移角(rad)	1/514	1/476	—

续表

柱编号	地震方向	部 位	关键指标	钢框架模型	本书模型	本书模型/钢框架模型
CFRSTC9	x 方向	中间层	侧移最小值(mm)	−2.414	−3.938	1.631
			侧移最大值(mm)	2.129	3.583	1.683
			最大位移角(rad)	1/621	1/381	—
		顶层	侧移最小值(mm)	−5.330	−8.376	1.571
			侧移最大值(mm)	4.644	7.484	1.612
			最大位移角(rad)	1/563	1/358	—
	y 方向	中间层	侧移最小值(mm)	−2.056	−2.082	1.012
			侧移最大值(mm)	2.252	2.292	1.018
			最大位移角(rad)	1/666	1/654	—
		顶层	侧移最小值(mm)	−5.084	−5.437	1.069
			侧移最大值(mm)	5.563	5.984	1.076
			最大位移角(rad)	1/539	1/501	—
CFRSTC10	x 方向	中间层	侧移最小值(mm)	−2.493	−3.166	1.270
			侧移最大值(mm)	2.165	2.750	1.270
			最大位移角(rad)	1/602	1/474	—
		顶层	侧移最小值(mm)	−5.390	−6.863	1.273
			侧移最大值(mm)	4.761	6.130	1.288
			最大位移角(rad)	1/557	1/437	—
	y 方向	中间层	侧移最小值(mm)	−2.062	−2.089	1.013
			侧移最大值(mm)	2.257	2.301	1.019
			最大位移角(rad)	1/665	1/652	—
		顶层	侧移最小值(mm)	−5.090	−5.444	1.069
			侧移最大值(mm)	5.569	5.994	1.076
			最大位移角(rad)	1/539	1/501	—
CFRSTC11	x 方向	中间层	侧移最小值(mm)	−2.502	−2.736	1.093
			侧移最大值(mm)	2.186	2.397	1.096
			最大位移角(rad)	1/599	1/548	—
		顶层	侧移最小值(mm)	−5.445	−5.445	1.000

续表

柱编号	地震方向	部位	关键指标	钢框架模型	本书模型	本书模型/钢框架模型
CFRSTC11	x方向	顶层	侧移最大值(mm)	4.866	4.766	0.980
			最大位移角(rad)	1/551	1/551	—
	y方向	中间层	侧移最小值(mm)	−2.062	−2.091	1.014
			侧移最大值(mm)	2.257	2.303	1.021
			最大位移角(rad)	1/665	1/651	—
		顶层	侧移最小值(mm)	−5.089	−5.445	1.070
			侧移最大值(mm)	5.568	5.994	1.077
			最大位移角(rad)	1/539	1/501	—
CFRSTC12	x方向	中间层	侧移最小值(mm)	−2.442	−2.125	0.870
			侧移最大值(mm)	2.199	1.779	0.809
			最大位移角(rad)	1/614	1/706	—
		顶层	侧移最小值(mm)	−5.474	−4.113	0.751
			侧移最大值(mm)	4.959	3.377	0.681
			最大位移角(rad)	1/548	1/729	—
	y方向	中间层	侧移最小值(mm)	−2.053	−2.084	1.015
			侧移最大值(mm)	2.248	2.295	1.021
			最大位移角(rad)	1/667	1/654	—
		顶层	侧移最小值(mm)	−5.083	−5.441	1.070
			侧移最大值(mm)	5.563	5.989	1.077
			最大位移角(rad)	1/539	1/501	—

对表 6.8 中 x 方向地震波作用分析，二层组合楼板中 HCSTC7 顶层、CFRSTC8 顶层和中间层、CFRSTC11 顶层、CFRSTC12 顶层和中间层侧移响应幅值比钢框架模型小，集中分布在 0.676～0.980，其余 x 方向侧移响应幅值均大于钢框架模型，分布在 1.000～1.683，钢框架模型的最大侧移角在 1/621～1/547，本书模型的最大侧移角在 1/742～1/358；通过对 y 方向地震波作用分析表明，所有 y 方向侧移响应幅值均大于钢框架模型，分布在 1.012～1.108，计算结果偏于不安全，钢框架模型的最大侧移角在 1/667～1/511，本书模型的最大侧移角在 1/654～1/412。综合分析表明，考虑钢与混凝土的组合作用、楼板的组合效应共同增加了结构抗侧刚度，使得分析结果偏于不安全，对于结构设计应当避免。

6.4 本章小结

本章以本书提出的水电站厂房组合框架全结构模型为指导核心,进一步进行了模拟真实环境下的工程运用研究。基于规范反应谱,通过改进人工地震波函数模型,开发出人工地震波生成程序包,分别从本构模型的研究、自振特性分析、x 方向位移响应特性、y 方向位移响应特性、组合效应影响几个方面,完成了"6 度多遇地震"真实环境下的水电站厂房组合框架全结构模型的抗震动力性能分析,为进一步完善水电站厂房主体结构的优化设计、性能提升提供了有力的参考与借鉴。通过本章的研究,形成如下主要结论:

(1) 运用开发的人工地震波生成程序包,从忽略阻尼影响和考虑阻尼影响 2 个方面,对水电站厂房组合框架全结构模型进行了自振特性分析。分析表明:忽略阻尼影响的前 20 阶模态的自振频率是考虑阻尼影响的 0.990~1.000,预测误差在 0.7% 以内。进一步阐明:是否考虑阻尼影响对该种水电站厂房组合框架全结构模型的模态性质的影响可以忽略。

(2) 通过模拟真实环境下水电站厂房组合框架全结构模型的抗震动力性能分析表明,柱中钢与混凝土的组合作用对水电站厂房三榀组合框架的抗震性能影响显著。忽略这种组合作用的影响可能导致其自振周期偏大,不论是 x 方向顶部位移响应,还是 y 方向顶部位移响应;不论是 x 方向最大位移角,还是 y 方向最大位移角,其计算值均偏小,"强柱弱梁"的设计理念就难以实现,因此,从工程角度来讲,导致设计偏于不安全的因素均应考虑在内,将钢-混凝土组合作用考虑在内的设计思路十分必要。

(3) 进行真实环境下水电站厂房组合框架全结构模型的抗震动力性能行为分析进一步表明,是否考虑柱中钢与混凝土组合作用和楼板组合效应对二层组合楼板层间侧移的影响显著。忽略其影响对结构不同性质侧移响应的判断将出现较大偏差,进而导致计算结果偏于不安全。因此,在进行抗震动力性能时程分析时,必须合理考虑其对结构抗震性能的影响。

第 7 章

水电站厂房组合框架高性能组合楼板舒适度性态

7.1 概况

本章在研究水电站厂房组合框架全结构模型的工作性能、安全性能的基础上,为了有效解决水电站运行过程中因电磁振动、机械振动、水力振动3个方面导致的工作人员身体健康、心理伤害等问题,以及满足人们对工作环境、工作品质的高标准需求,基于本书提出的三榀高性能钢-混凝土组合楼板模型,建立单人跳跃集中动荷载激励模型(HJ-CDLEM),从楼板性能敏感参数和舒适度性态参数2个方面对水电站厂房组合框架结构高性能组合楼板进行振动动力响应的传播特性及空间分布特征研究,旨在提升水电站厂房组合框架结构的使用性能,有效改善结构由于振动导致的舒适度性态。

伴随着当前我国水利事业的蓬勃发展以及国际化趋势,该行业的品质工作备受关注。就水电站厂房结构而言,由于水电站运行过程中电磁振动、机械振动、水力振动3个方面导致的振动问题不可避免,直接影响工作人员作业,情况严重则出现身心健康受损等后遗病症[123-125]。

当前,我国《水工建筑物抗震设计规范》(DL 5073—2000)[126]对于振动问题标准偏低,仅从频率、噪声等评价指标加以规定,而对于舒适度指标还没有形成统一的标准。文献[127-128]研究表明,结构振动会使得使用者明显感觉不适。而且,当振动超过一定范围,会使人的消化系统、神经系统、内分泌系统等产生紊乱,甚至出现一系列不良心理效应,造成疲惫、恐慌等心理伤害[129-130]。

结构振动导致的舒适度问题的关键在于其评价方法和评价指标。目前,对于结构振动引起的舒适度评价指标大多采用的是加速度评价指标[131-134]、噪声评价指标和频率评价指标,而对于考虑结构空间效应和时间效应的舒适度评价指标还有待做进一步的研究。

7.2 水电站厂房高性能组合楼板振动机理研究

7.2.1 单人跳跃集中动荷载激励模型(HJ-CDLEM)

人致荷载激励能引起结构产生振动,严重则影响结构实用性,甚至造成安全性问题[135-137]。国内外学者通过建立动力特性模型和动力试验对人致荷载激励进行了相关研究,对于单人跳跃荷载激励,Allen 等[138]、Rainer 等[139]、Kasperski[140]对其进行了研究工作。然而,以上研究成果中总结出的动力因子等参数差异较大,况且,中西方人体特征参数差异大,不能以西方研究成果来体现国内荷载激励模式。因此,本书根据我国陈隽等[141]基于 Bachmann "单人跳跃荷载模型"[142]提出的修正半正弦平方模型,得到改进的单人跳跃集中动荷载激励模型(centralized dynamic load excitation model for human jump, HJ-CDLEM),其函数表达式为:

$$F(t) = \begin{cases} K_p G \sin(\pi t_p^{-1} t), & (0 \leqslant t < t_p,\ f_p \leqslant 1.5\ \text{Hz}); \\ K_p G \sin^2(\pi t_p^{-1} t), & (0 \leqslant t < t_p,\ 1.5\ \text{Hz} < f_p \leqslant 3.5\ \text{Hz}); \\ 0, & (t_p \leqslant t < T_p). \end{cases} \quad (7.1)$$

式中:K_p 表示脉冲系数;G 表示单人体重;t_p 表示接触楼面时间;T_p 表示一次弹跳时间;f_p 表示跳跃频率。

脉冲系数(K_p)根据跳跃频率(f_p)来取值,基于单次跳跃过程中能量守恒定律,满足如下等式:

$$\int_0^{t_p} F(t)\,dt = G \cdot T_p \quad (7.2)$$

将式(7.1)代入式(7.2)计算可得:

$$K_p = \begin{cases} \dfrac{\pi}{2.4\alpha}, & (f_p \leqslant 1.5\ \text{Hz}); \\ \dfrac{2}{\alpha}, & (1.5\ \text{Hz} < f_p \leqslant 2.0\ \text{Hz}); \\ \dfrac{\eta}{\alpha}, & (2.0\ \text{Hz} < f_p \leqslant 3.5\ \text{Hz}). \end{cases} \quad (7.3)$$

式中:α 表示接触率,$\alpha = \dfrac{t_p}{T_p}$;$\eta = -0.332 f_p^2 + 1.908 f_p - 0.792$。

7.2.2 考虑时间效应与空间效应的高性能楼板加速度解析解

在分析装配式高性能组合楼板在单人跳跃集中动荷载激励作用下的振动时,用到了如下基本假定[143-146]:

(1) 钢筋混凝土楼板材料满足各向同性及线弹性属性;

(2) 单人跳跃集中动荷载激励与整体楼板抗冲击能力相比较弱,因此忽略装配端钢梁自身的变形;

(3) 组合楼板振动时,其挠度明显小于其板厚度;

(4) 组合楼板满足绝对等厚度原则,且装配式螺栓满足简支对称约束。

组合楼板振动微元如图 7.1 所示。

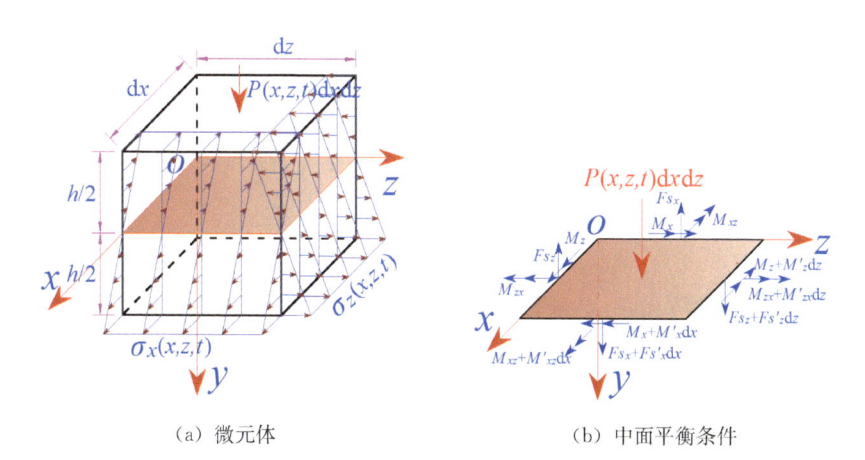

(a) 微元体　　　　(b) 中面平衡条件

图 7.1　楼板振动微元示意图

根据以上基本假定,确定楼板内力表达式为:

$$M_x(x,z,t) = -D\left[\frac{\partial^2 w(x,z,t)}{\partial x^2} + \nu\frac{\partial^2 w(x,z,t)}{\partial z^2}\right] \tag{7.4}$$

$$M_z(x,z,t) = -D\left[\frac{\partial^2 w(x,z,t)}{\partial z^2} + \nu\frac{\partial^2 w(x,z,t)}{\partial x^2}\right] \tag{7.5}$$

$$M_{xz}(x,z,t) = -D(1-\nu)\frac{\partial^2 w(x,z,t)}{\partial x \partial z} \tag{7.6}$$

$$M_{zx}(x,z,t) = -D(1-\nu)\frac{\partial^2 w(x,z,t)}{\partial z \partial x} \tag{7.7}$$

$$Fs_x(x,z,t) = D\frac{\partial\,\nabla^2 w(x,z,t)}{\partial x} \tag{7.8}$$

$$Fs_z(x,z,t) = D\frac{\partial\,\nabla^2 w(x,z,t)}{\partial z} \tag{7.9}$$

通过式(7.4)~式(7.9)建立平衡关系,有:

$$\frac{\partial M_x(x,z,t)}{\partial x}+\frac{\partial M_{xz}(x,z,t)}{\partial z}-Fs_z(x,z,t)=0 \quad (7.10)$$

$$\frac{\partial M_z(x,z,t)}{\partial z}+\frac{\partial M_{zx}(x,z,t)}{\partial x}-Fs_x(x,z,t)=0 \quad (7.11)$$

$$\frac{\partial Fs_x(x,z,t)}{\partial x}+\frac{\partial Fs_z(x,z,t)}{\partial z}+\bar{m}\frac{\partial^2 w(x,z,t)}{\partial t^2}=P(x,z,t) \quad (7.12)$$

引入 Dirac Delta 函数来表征单人跳跃作用点位置激励模式,则有:

$$P(x,z,t)=\begin{cases} K_p G\delta(x-x_0)\delta(z-z_0)\sin(\omega_p t), & (0\leqslant t<t_p, f_p\leqslant 1.5\text{ Hz}); \\ K_p G\delta(x-x_0)\delta(z-z_0)\sin^2(\omega_p t), & (0\leqslant t<t_p, 1.5\text{ Hz}<f_p\leqslant 3.5\text{ Hz}); \\ 0, & (t_p\leqslant t<T_p). \end{cases} \quad (7.13)$$

式中:$\omega_p=\pi t_p^{-1}$。

定义 $\delta(x)$ 函数和 $\delta(z)$ 函数为:

$$\delta(x-x_0)=\frac{2}{B}\sum_{j=1}^{\infty}\sin\left(\frac{j\pi}{B}x_0\right)\sin\left(\frac{j\pi}{B}x\right) \quad (7.14)$$

$$\delta(z-z_0)=\frac{2}{L}\sum_{k=1}^{\infty}\sin\left(\frac{k\pi}{L}z_0\right)\sin\left(\frac{k\pi}{L}z\right) \quad (7.15)$$

由式(7.10)~式(7.13),确定装配式高性能组合楼板的振动微分方程[147-148]。

$$D\nabla^2\nabla^2 w(x,z,t)+\bar{m}\frac{\partial^2 w(x,z,t)}{\partial t^2}=P(x,z,t) \quad (7.16)$$

式中:$D=\dfrac{Eh^3}{12(1-\nu^2)}$,表示组合楼板的抗弯刚度;$\nu$ 表示组合楼板泊松比;E 表示组合楼板杨氏模量;$\bar{m}=\rho h$,表示楼板单位面积上的质量分布。

对式(7.16)取适合其边界条件的振型函数 $\psi_{mn}(x,z)$ 为:

$$\psi_{mn}(x,z)=X_{mn}(x)\sin(\omega_n z) \quad (7.17)$$

式中:$\omega_n=n\pi L^{-1}$。

将式(7.17)代入振型方程 $\nabla^2\nabla^2\psi(x,z)-\beta^4\psi(x,z)=0$ 可得:

第 7 章　水电站厂房组合框架高性能组合楼板舒适度性态

$$\frac{\mathrm{d}^4 X_{mn}(x)}{\mathrm{d}x^4} - 2\omega_n^2 \frac{\mathrm{d}^2 X_{mn}(x)}{\mathrm{d}x^2} + (\omega_n^4 - \beta^4) X_{mn}(x) = 0 \quad (7.18)$$

式中：$\beta^4 = \omega_{mn}^2 \dfrac{\overline{m}}{D}$。

于是求得 $X_{mn}(x)$ 分量：

$$X_{mn}(x) = c_m \sin(\vartheta_{1mn} x) + d_m \cos(\vartheta_{1mn} x) + e_m \mathrm{sh}(\vartheta_{2mn} x) + f_m \mathrm{ch}(\vartheta_{2mn} x) \quad (7.19)$$

式中：$\vartheta_{1mn} = (\beta^2 - \omega_n^2)^{0.5}$，$\vartheta_{2mn} = (\beta^2 + \omega_n^2)^{0.5}$。

于是可得振型函数 $\psi_{mn}(x, z)$：

$$\psi_{mn}(x, z) = [c_m \sin(\vartheta_{1mn} x) + d_m \cos(\vartheta_{1mn} x) + e_m \mathrm{sh}(\vartheta_{2mn} x) + f_m \mathrm{ch}(\vartheta_{2mn} x)] \sin(\omega_n z) \quad (7.20)$$

如图 7.2 所示，根据基本假定和组合楼板实际边界[149-151]，组合楼板的边界条件概括为：

$$\left[\frac{\partial^2 \psi_{mn}(x, z)}{\partial x^2} + \nu \frac{\partial^2 \psi_{mn}(x, z)}{\partial z^2}\right]\bigg|_{x=0} = 0 \quad (7.21)$$

$$\left[\frac{\partial^2 \psi_{mn}(x, z)}{\partial x^2} + \nu \frac{\partial^2 \psi_{mn}(x, z)}{\partial z^2}\right]\bigg|_{x=B} = 0 \quad (7.22)$$

$$\left[\frac{\partial^3 \psi_{mn}(x, z)}{\partial x^3} + (2-\nu) \frac{\partial^3 \psi_{mn}(x, z)}{\partial x \partial z^2}\right]\bigg|_{x=0} = 0 \quad (7.23)$$

$$\left[\frac{\partial^3 \psi_{mn}(x, z)}{\partial x^3} + (2-\nu) \frac{\partial^3 \psi_{mn}(x, z)}{\partial x \partial z^2}\right]\bigg|_{x=B} = 0 \quad (7.24)$$

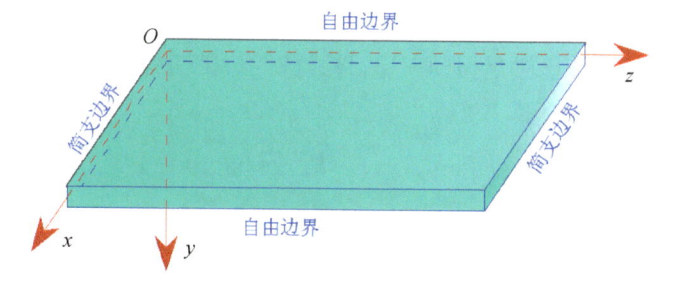

图 7.2　组合楼板平面图

当 $\beta^2 > \omega_n^2$ 时,式(7.20)代入式(7.21)~式(7.24),得矩阵方程:

$$[\Omega]_{4\times 4}\begin{bmatrix} c_m \\ d_m \\ e_m \\ f_m \end{bmatrix} = 0 \tag{7.25}$$

矩阵 $[\Omega]_{4\times 4}$ 为:

$$[\Omega]_{4\times 4} = \begin{bmatrix} 0 & -(\vartheta_{1mn}^2 + \nu\omega_n^2) & 0 & (\vartheta_{2mn}^2 - \nu\omega_n^2) \\ -(\vartheta_{1mn}^2 + \nu\omega_n^2)\sin(\vartheta_{1mn}B) & -(\vartheta_{1mn}^2 + \nu\omega_n^2)\cos(\vartheta_{1mn}B) & (\vartheta_{2mn}^2 - \nu\omega_n^2)\text{sh}(\vartheta_{2mn}B) & (\vartheta_{2mn}^2 - \nu\omega_n^2)\text{ch}(\vartheta_{2mn}B) \\ \vartheta_{1mn}[\vartheta_{1mn}^2 - (2-\nu)\omega_n^2] & 0 & \vartheta_{2mn}[\vartheta_{2mn}^2 - (2-\nu)\omega_n^2] & 0 \\ \vartheta_{1mn}[\vartheta_{1mn}^2 - (2-\nu)\omega_n^2]\cos(\vartheta_{1mn}B) & -\vartheta_{1mn}[\vartheta_{1mn}^2 - (2-\nu)\omega_n^2]\sin(\vartheta_{1mn}B) & \vartheta_{2mn}[\vartheta_{2mn}^2 - (2-\nu)\omega_n^2]\text{ch}(\vartheta_{2mn}B) & \vartheta_{2mn}[\vartheta_{2mn}^2 - (2-\nu)\omega_n^2]\text{sh}(\vartheta_{2mn}B) \end{bmatrix}$$
(7.26)

令式(7.26)的行列式 $|\Omega|_{4\times 4} = 0$,根据 m 和 n 的不同取值,可求得一系列 ϑ_{1mn}、ϑ_{2mn} 的值。

根据 $m(m=1,2,3\cdots)$ 和 $n(n=1,2,3\cdots)$ 取值的组合,将得到的 ϑ_{1mn} 和 ϑ_{2mn} 带回式(7.25),求得振型函数:

$$\psi_{mn}(x,z) = \{\vartheta_{2mn}\eta_{1mn}\sin(\vartheta_{1mn}x) + \vartheta_{1mn}\eta_{2mn}\text{sh}(\vartheta_{2mn}x) - \varphi_{mn}[\eta_{2mn}\cos(\vartheta_{1mn}x) \\ + \eta_{1mn}\text{ch}(\vartheta_{2mn}x)]\}\sin(\omega_n z) \tag{7.27}$$

式中:$\varphi_{mn} = \eta_{1mn}^{-1}\eta_{2mn}^{-1}[\cos(\vartheta_{1mn}B) - \text{ch}(\vartheta_{2mn}B)]^{-1}[\vartheta_{2mn}\eta_{1mn}^2\sin(\vartheta_{1mn}B) - \vartheta_{1mn}\eta_{2mn}^2\text{sh}(\vartheta_{2mn}B)]$,$\eta_{1mn} = \beta_{mn}^2\omega_n^{-2} + \nu - 1$,$\eta_{2mn} = \beta_{mn}^2\omega_n^{-2} - \nu + 1$。

下面采用函数展开法求解组合楼板振动问题,式(7.16)中组合楼板的挠度可表达为:

$$w(x,z,t) = \sum_{m=1}^{\infty}\sum_{n=1}^{\infty}\psi_{mn}(x,z)w_{mn}(t) \tag{7.28}$$

振型 $\psi_{mn}(x,z)$ 已满足振动方程,将式(7.28)带回式(7.16),简化并消去振型函数项,可求得 $w_{mn}(t)$:

$$w_{mn}(t) = a_{mn}\sin(\omega_{mn}t) + b_{mn}\cos(\omega_{mn}t) + w_{Pmn}(t) \tag{7.29}$$

式中:$w_{Pmn}(t) = \dfrac{\int_0^t P_{mn}(\tau)\sin(\omega_{mn}(t-\tau))\text{d}\tau}{\omega_{mn}\iint_s \bar{m}\psi_{mn}^2(x,z)\text{d}s}$。

式(7.13)中单次跳跃荷载激励模式进一步可表达为：

$$P_{mn}(t) = \begin{cases} K_p G \iint\limits_s \sin(\omega_p t)\delta(x-x_0)\delta(z-z_0)\psi_{mn}(x,z)\mathrm{d}s, \\ \qquad (0 \leqslant t < t_p,\ f_p \leqslant 1.5\mathrm{Hz}); \\ K_p G \iint\limits_s \sin^2(\omega_p t)\delta(x-x_0)\delta(z-z_0)\psi_{mn}(x,z)\mathrm{d}s, \\ \qquad (0 \leqslant t < t_p,\ 1.5\ \mathrm{Hz} < f_p \leqslant 3.5\ \mathrm{Hz}); \\ 0, \\ \qquad (t_p \leqslant t < T_p). \end{cases} \quad (7.30)$$

又组合楼板的初始条件为：

$$w_{mn}(0) = 0 \qquad (7.31)$$

$$\frac{\partial w_{mn}(0)}{\partial t} = 0 \qquad (7.32)$$

将式(7.29)代入式(7.31)和式(7.33)可求得系数。

$$a_{mn} = \omega_{mn}^{-1} w'_{Pmn}(0) \qquad (7.33)$$

$$b_{mn} = 0 \qquad (7.34)$$

因此，单人跳跃荷载激励下组合楼板的挠度表达式为：

$$w(x,z,t) = \sum_{m=1}^{\infty}\sum_{n=1}^{\infty}\psi_{mn}(x,z)[\omega_{mn}^{-1}w'_{Pmn}(0)\sin(\omega_{mn}t) + w_{Pmn}(t)] \qquad (7.35)$$

由于Dirac Delta函数具有这样的性质：

$$\int_{-\infty}^{\infty} F(x)\delta(x-x_0)\mathrm{d}x = F(x_0) \qquad (7.36)$$

$$\int_{-\infty}^{\infty} F(x)\delta'(x-x_0)\mathrm{d}x = -F'(x_0) \qquad (7.37)$$

于是，单人跳跃荷载激励下组合楼板的挠度动力稳态解可转换为：

$$w(x,z,t) = \sum_{m=1}^{\infty}\sum_{n=1}^{\infty}\frac{G^*\psi_{mn}(x_0,z_0)}{J_{mnp}\iint\limits_s \psi_{mn}^2(x,z)\mathrm{d}s}\psi_{mn}(x,z)\sin(\omega_p t) \qquad (7.38)$$

式中：$G^* = K_p \delta(x-x_0)\delta(z-z_0)G$；$J_{mnp} = \bar{m}(\omega_{mn}^2 - \omega_p^2)$。

将式(7.35)对t进行微分，可得速度表达式：

$$v(x,y,t) = \sum_{m=1}^{\infty}\sum_{n=1}^{\infty}\frac{\omega_p G^*\psi_{mn}(x_0,z_0)}{J_{mnp}\iint\limits_s \psi_{mn}^2(x,z)\mathrm{d}s}\psi_{mn}(x,z)\cos(\omega_p t) \qquad (7.39)$$

式(7.35)对 t 进行二阶微分,可得加速度表达式为:

$$a(x,y,t) = w(x,z,t) = \sum_{m=1}^{\infty}\sum_{n=1}^{\infty} \frac{-\omega_p^2 G^* \psi_{mn}(x_0, z_0)}{J_{mnp}\iint_s \psi_{mn}^2(x,z)\mathrm{d}s} \psi_{mn}(x,z)\sin(\omega_p t) \quad (7.40)$$

7.3 水电站厂房高性能组合楼板舒适度性态研究

本书涉及的水电站厂房高性能组合楼板舒适度研究包括以下几个方面的内容,即单人跳跃集中动荷载激励、水电站厂房高性能组合楼板加速度响应试验、基于试验研究的组合楼板高性能敏感参数评估,以及水电站厂房高性能组合楼板舒适度性态评估。

首先,设计制作了对边简支对边自由的水电站厂房高性能组合楼板模型,以室内足尺寸物理模型进行了4组不同跳跃频率,每组30次循环连续跳跃的HJ-CDLEM模式的加速度响应测试试验;其次,在其试验测试的基础上,完成了4组不同跳跃频率的理论模型验证分析,并以验证分析为基础,进一步进行了组合楼板高性能性态评估和舒适度性态评估。

本次在HJ-CDLEM模式下的水电站厂房高性能组合楼板舒适度试验测试体系由动力源、动力传输装置、采集系统、数据分析几个部分组合而成,如图7.3所示。

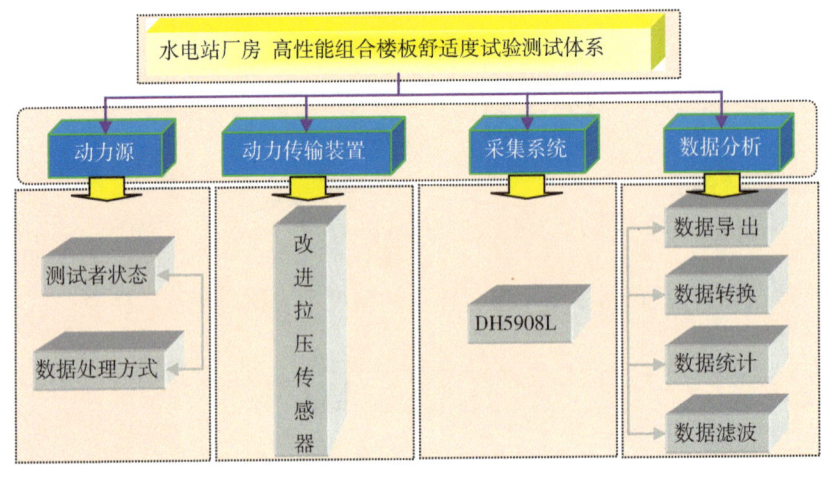

图 7.3 水电站厂房高性能组合楼板舒适度试验测试体系

动力源来自行动能力良好的正常成年人,对动力激励起决定性的因素主要包括测试者状态(穿鞋与否、跳跃次数、测试时长、疲劳程度、安全性等)、数据处理方式。动力传输装置由数据信号经全桥模式传输的拉压传感器改装而成,其

第 7 章　水电站厂房组合框架高性能组合楼板舒适度性态

数据记录频率达 1 000 Hz,远高于动力源作用频率,满足测试要求。采集系统由江苏东华测试技术股份有限公司提供的 DH5908L 无线动态采集系统组成。数据分析包括测试数据导出、数据转换、数据统计、数据滤波等几个方面。

根据设计的水电站厂房高性能组合楼板结构对称性特征,择优选择其对称中心处(第二榀组合楼板对称中心)进行不同 HJ-CDLEM 激励模式下的响应测试试验,激励点及测点布置如图 7.4 所示。根据本次试验设计及测试内容,进行室内现场试验,如图 7.5 所示。

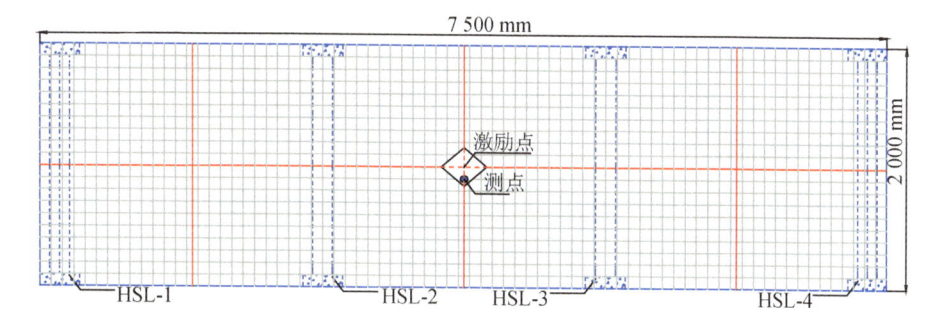

图 7.4　激励点及测点布置图

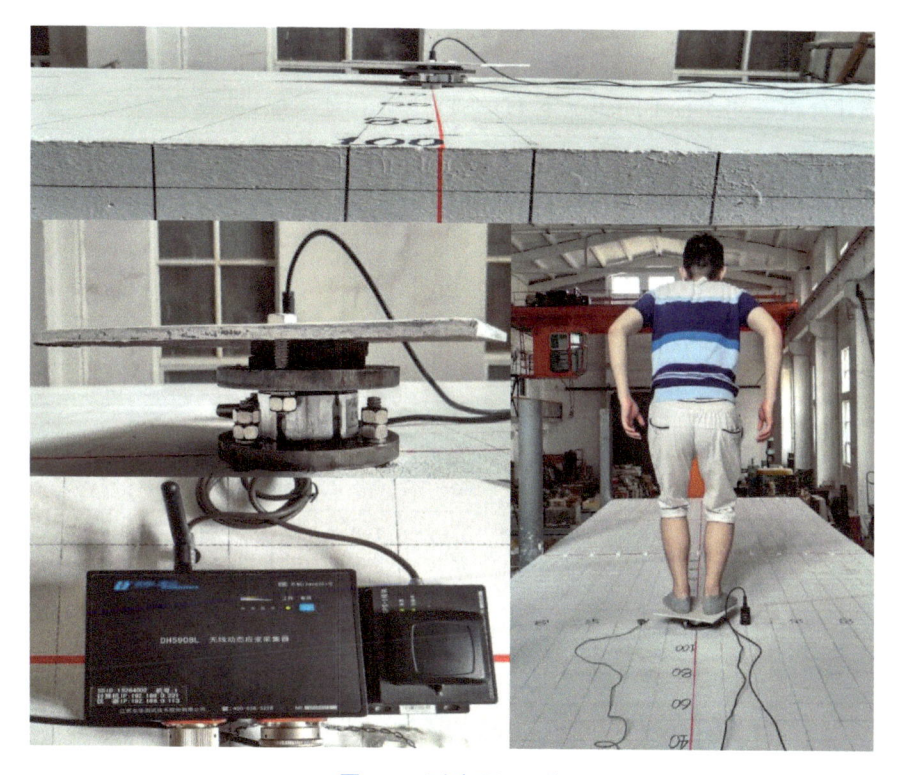

图 7.5　测试现场照片

试验中被选测试者的年龄、身高、体重具体情况见表 7.1。

表 7.1 测试者相关参数

性别	年龄(岁)	身高(cm)	体重(kg)	状态
男	26	172	63.0	行动能力良好

测试者需完成 4 个工况，每个工况被选测试者先进行 3～5 次适应性跳跃，跳跃次数在 10 次以上，随后完成 30 次连续等节拍跳跃。为了确保数据的稳定性，在被选测试者至少完成 10 次连续跳跃后开始进行正式试验测试记录。每种工况下的跳跃激励频率等参数通过采集系统采集、保存，并通过数据分析系统进行分析，得到各工况的具体相关参数，为组合楼板的高性能性态评估和舒适度性态评估提供数据支撑。

7.3.1 水电站厂房高性能组合楼板舒适度性态试验研究

结合改进的 HJ-CDLEM 理论模型，基于单人单次跳跃模式(通常分为起跳、腾空、落地三个阶段)，提出单人跳跃集中动荷载激励模型(HJ-CDLEM)，该模型可看作是由 N 个单人单次跳跃模式事件的集合体。按照以上"单次跳跃集中动荷载激励"定义方法，经过 N＝30 次连续跳跃，进行了 4 组不同工况(不同跳跃频率)下水电站厂房高性能组合楼板舒适度性态试验。由测试获得数据，经过统计分析得到 4 种不同工况下 HJ-CDLEM 特征参数，见表 7.2。

表 7.2 不同跳跃频率作用时 HJ-CDLEM 特征参数一览表

工况 参数	M1 t_p(s)	M1 T_p(s)	M1 α	M2 t_p(s)	M2 T_p(s)	M2 α	M3 t_p(s)	M3 T_p(s)	M3 α	M4 t_p(s)	M4 T_p(s)	M4 α
1	0.740	1.055	0.70	0.600	0.885	0.68	0.500	0.745	0.67	0.325	0.435	0.75
2	0.730	1.025	0.71	0.585	0.870	0.67	0.530	0.750	0.71	0.325	0.425	0.76
3	0.725	1.030	0.70	0.575	0.840	0.68	0.520	0.730	0.71	0.335	0.430	0.78
4	0.700	0.995	0.70	0.580	0.845	0.69	0.600	0.765	0.78	0.330	0.420	0.79
5	0.740	1.040	0.71	0.580	0.870	0.67	0.490	0.680	0.72	0.315	0.405	0.78
6	0.730	1.030	0.71	0.640	0.880	0.73	0.500	0.715	0.70	0.325	0.420	0.77
7	0.715	1.010	0.71	0.570	0.840	0.68	0.490	0.705	0.74	0.315	0.405	0.78
8	0.710	0.990	0.72	0.570	0.870	0.66	0.545	0.725	0.75	0.330	0.420	0.79
9	0.765	1.035	0.74	0.570	0.840	0.68	0.480	0.725	0.66	0.330	0.415	0.80

第 7 章　水电站厂房组合框架高性能组合楼板舒适度性态

续表

工况	M1			M2			M3			M4		
参数	t_p (s)	T_p (s)	α	t_p (s)	T_p (s)	α	t_p (s)	T_p (s)	α	t_p (s)	T_p (s)	α
10	0.770	1.055	0.73	0.600	0.860	0.70	0.480	0.685	0.70	0.335	0.415	0.81
11	0.710	1.000	0.71	0.585	0.860	0.68	0.475	0.690	0.69	0.350	0.425	0.82
12	0.740	1.040	0.71	0.620	0.865	0.72	0.460	0.690	0.67	0.365	0.445	0.82
13	0.730	1.020	0.72	0.625	0.860	0.73	0.480	0.705	0.68	0.340	0.410	0.83
14	0.725	0.990	0.73	0.560	0.805	0.70	0.465	0.700	0.66	0.350	0.430	0.81
15	0.700	0.980	0.71	0.640	0.865	0.74	0.470	0.700	0.67	0.355	0.430	0.83
16	0.775	1.055	0.73	0.570	0.860	0.66	0.490	0.745	0.66	0.335	0.430	0.78
17	0.765	1.060	0.72	0.560	0.845	0.66	0.500	0.740	0.68	0.320	0.420	0.76
18	0.745	1.020	0.73	0.555	0.825	0.67	0.500	0.725	0.69	0.325	0.420	0.77
19	0.705	0.990	0.71	0.540	0.820	0.66	0.470	0.705	0.67	0.345	0.425	0.81
20	0.715	0.995	0.72	0.560	0.845	0.66	0.485	0.700	0.69	0.320	0.395	0.81
21	0.745	1.045	0.71	0.525	0.830	0.63	0.470	0.665	0.71	0.355	0.445	0.80
22	0.795	1.070	0.74	0.600	0.855	0.70	0.460	0.685	0.67	0.295	0.370	0.80
23	0.780	1.040	0.75	0.640	0.905	0.71	0.465	0.675	0.69	0.390	0.470	0.83
24	0.790	1.075	0.73	0.555	0.850	0.65	0.450	0.675	0.67	0.345	0.430	0.80
25	0.805	1.095	0.74	0.565	0.855	0.66	0.480	0.685	0.70	0.425	0.525	0.81
26	0.785	1.090	0.72	0.560	0.855	0.65	0.440	0.695	0.63	0.330	0.425	0.78
27	0.775	1.095	0.71	0.605	0.860	0.70	0.495	0.705	0.70	0.335	0.435	0.82
28	0.770	1.090	0.71	0.625	0.925	0.68	0.480	0.695	0.69	0.365	0.455	0.80
29	0.790	1.080	0.73	0.700	0.915	0.77	0.460	0.695	0.66	0.350	0.435	0.80
30	0.740	1.055	0.70	0.600	0.885	0.68	0.500	0.745	0.67	0.325	0.435	0.75
均值	0.747	1.038	0.72	0.588	0.859	0.68	0.487	0.707	0.69	0.341	0.428	0.80
标准差	0.031	0.034	0.013	0.036	0.025	0.031	0.031	0.024	0.029	0.025	0.026	0.022

经表 7.2 统计分析，获得 $N=1,2,3,\cdots,30$，30 组 t_p、T_p、α 测试值，进一步得到 t_p、T_p、α 的均值及标准差，均值分别为：0.747 s、1.038 s、0.72；0.588 s、0.859 s、0.68；0.487 s、0.707 s、0.69；0.341 s、0.428 s、0.80。标准差分别为：

0.031、0.034、0.013；0.036、0.025、0.031；0.031、0.024、0.029；0.025、0.026、0.022。由此计算得到 4 种不同工况下 HJ-CDLEM 激励频率分别为 0.96 Hz、1.16 Hz、1.41 Hz、2.34 Hz。

通过水电站厂房高性能组合楼板舒适度性态试验，得到 4 种不同工况下集中动荷载激励时程曲线，如图 7.6、图 7.8、图 7.10、图 7.12 所示，以及跳跃点反力频谱分析，如图 7.7、图 7.9、图 7.11、图 7.13 所示。

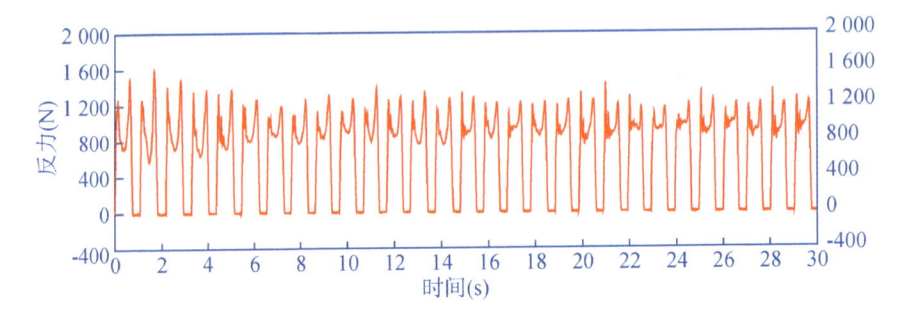

图 7.6　第一种工况下集中动荷载激励时程曲线

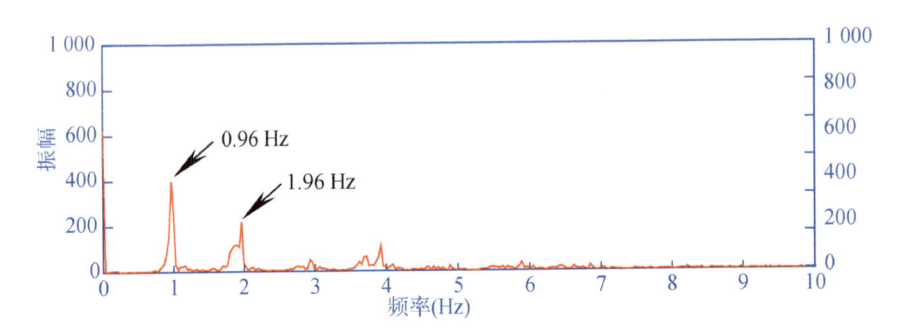

图 7.7　第一种工况下跳跃点反力频谱分析

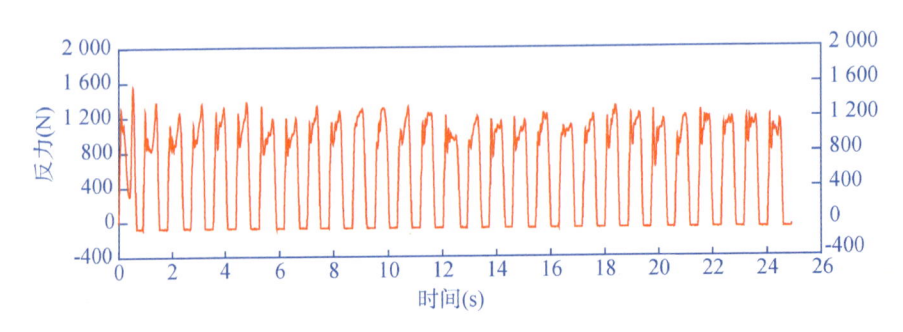

图 7.8　第二种工况下集中动荷载激励时程曲线

第 7 章 水电站厂房组合框架高性能组合楼板舒适度性态

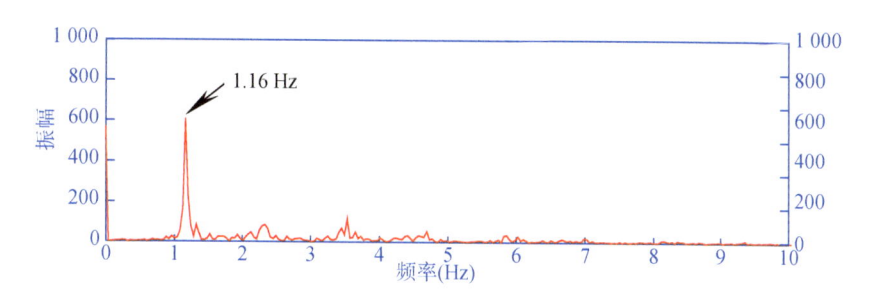

图 7.9 第二种工况下跳跃点反力频谱分析

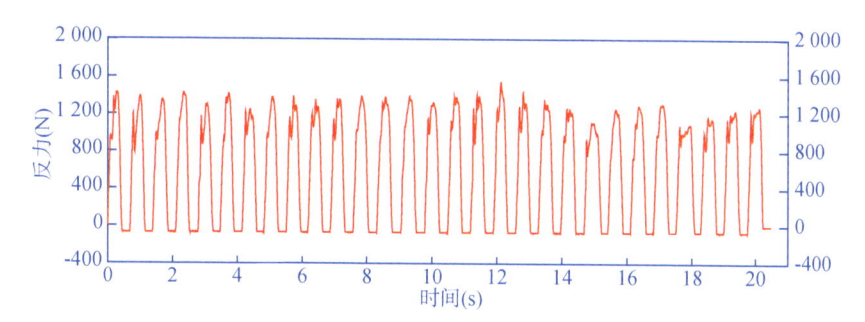

图 7.10 第三种工况下集中动荷载激励时程曲线

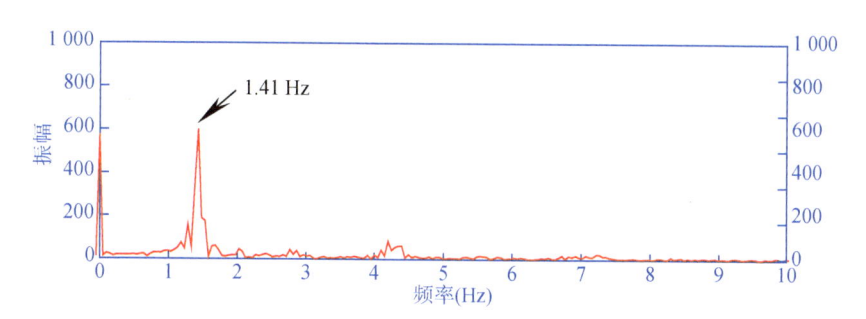

图 7.11 第三种工况下跳跃点反力频谱分析

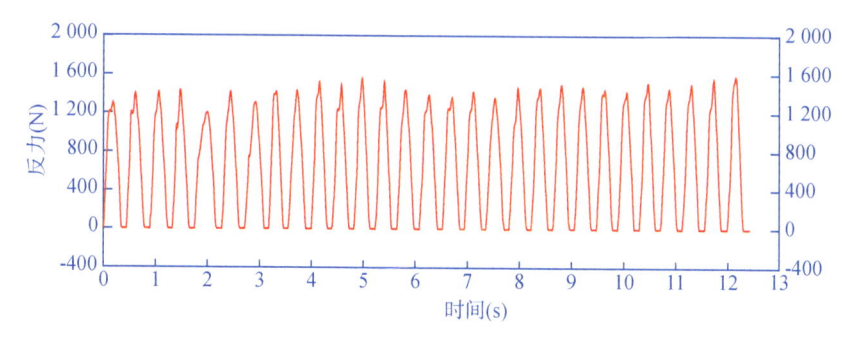

图 7.12 第四种工况下集中动荷载激励时程曲线

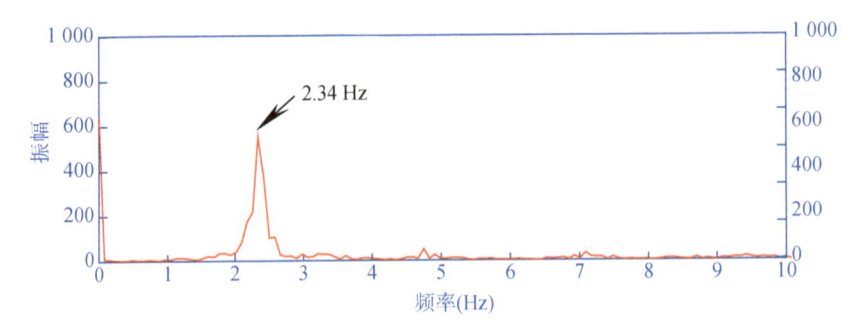

图 7.13　第四种工况下跳跃点反力频谱分析

由跳跃点反力频谱分析可知,4 种不同工况下 HJ-CDLEM 激励频率分别为 0.96 Hz、1.16 Hz、1.41 Hz、2.34 Hz,与统计分析结果完全一致。通过两种不同类比分析方法,进一步确保了 HJ-CDLEM 模型的准确性以及统计精度,为后文组合楼板的高性能性态评估和舒适度性态评估提供有力数据支持。

通过图 7.6、图 7.8、图 7.10、图 7.12,进一步得到 4 种不同频率(0.96 Hz、1.16 Hz、1.41 Hz、2.34 Hz)下,典型单次跳跃集中动荷载激励时程曲线,如图 7.14 所示。

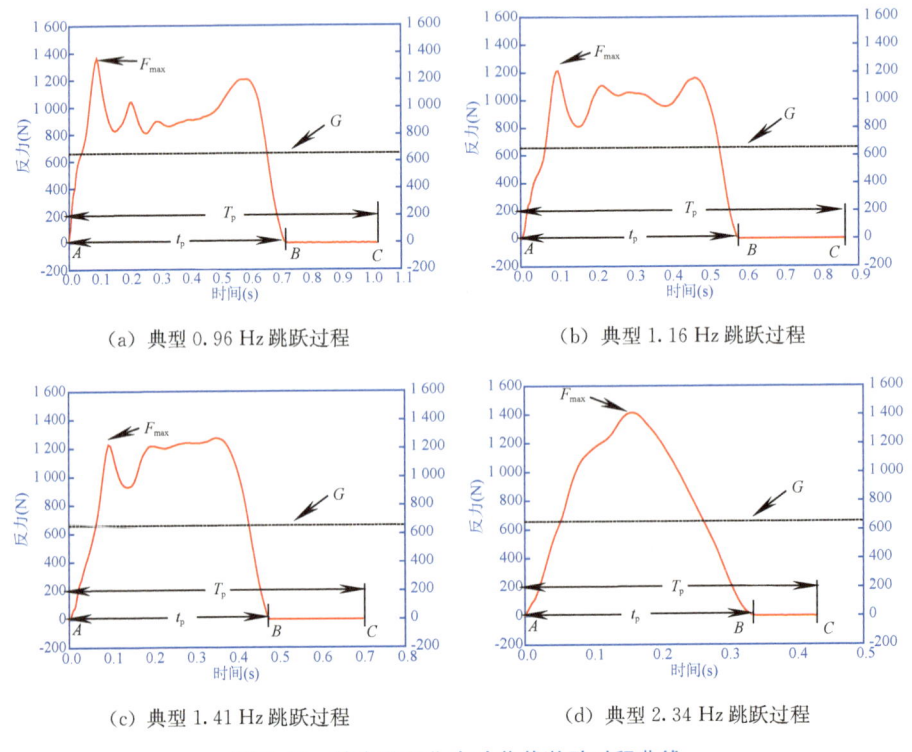

(a) 典型 0.96 Hz 跳跃过程

(b) 典型 1.16 Hz 跳跃过程

(c) 典型 1.41 Hz 跳跃过程

(d) 典型 2.34 Hz 跳跃过程

图 7.14　单次跳跃集中动荷载激励时程曲线

第7章 水电站厂房组合框架高性能组合楼板舒适度性态

根据图7.14中4种典型频率下的跳跃过程,定义单人单次跳跃集中动荷载激励模型。从腾空状态进入脚尖着地,该时刻定义为单次跳跃的起点(图中的 A 点),脚尖着地至离开地面过程定义为振动脉冲段(图中 AB 段),时长用 t_p 表示,直至下一次腾空结束(图中 BC 段),该阶段(图中 AC 段)称为单次跳跃集中动荷载激励过程,时长用 T_p 表示,也称为跳跃周期。其中,F_{max} 表示为集中动荷载激励峰值,G 为试验作用者体重。

通过4组 HJ-CDLEM 作用水电站厂房高性能组合楼板试验测试,得到不同跳跃频率(0.96 Hz、1.16 Hz、1.41 Hz、2.34 Hz)时水电站厂房高性能组合楼板典型位置处的加速度响应时程曲线,分别如图7.15~图7.18所示。

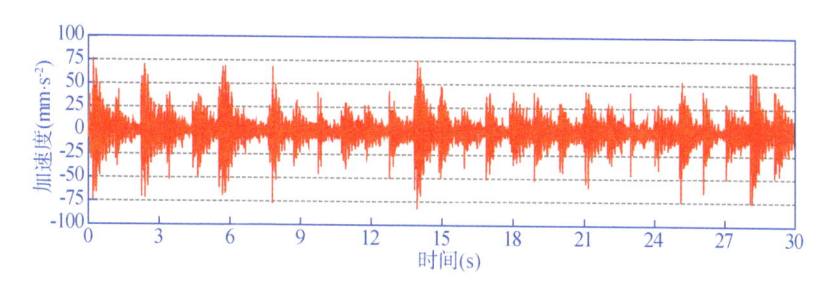

图 7.15 0.96 Hz 跳跃频率作用时加速度响应时程曲线

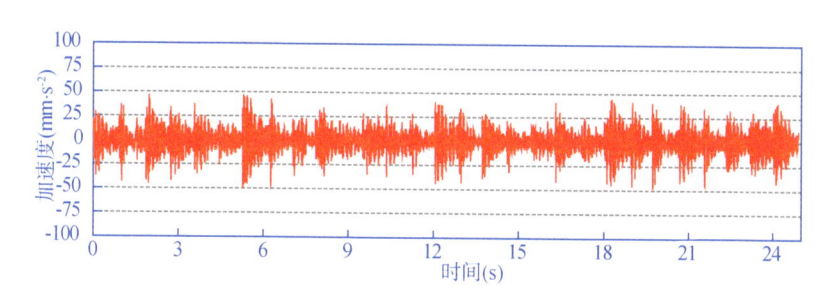

图 7.16 1.16 Hz 跳跃频率作用时加速度响应时程曲线

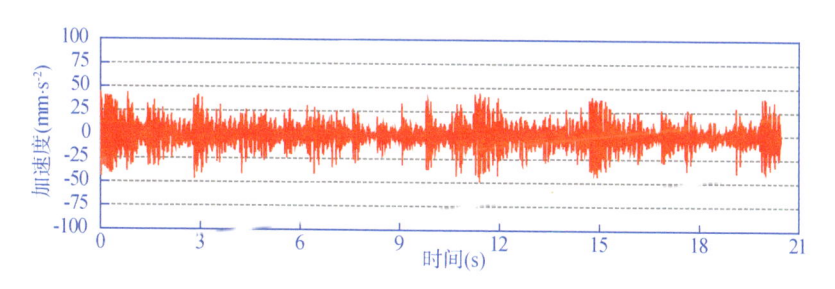

图 7.17 1.41 Hz 跳跃频率作用时加速度响应时程曲线

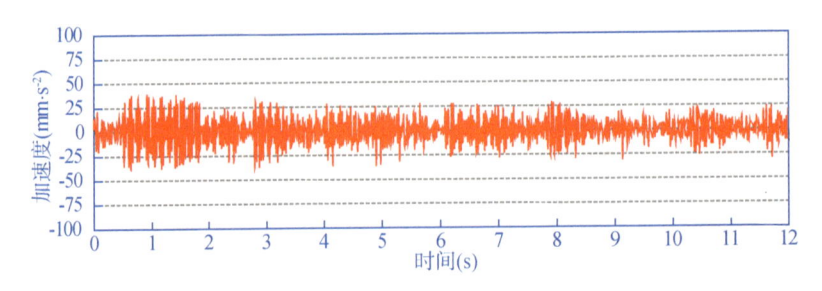

图 7.18　2.34 Hz 跳跃频率作用时加速度响应时程曲线

以装配式水电站厂房高性能组合楼板舒适度试验为例,根据试验实际情况,楼板采用高性能混凝土,结合提出的高性能楼板振动机理模型,采用高性能不锈钢螺杆铆接形成对边简支约束条件,另外对边自由边界约束条件。算例所用到的参数根据《混凝土结构设计规范》(GB 50010—2010)[152]和《钢结构设计标准》(GB 50017—2017)[153],以及测试参数所确定,如表 7.3 和表 7.4 所示。由此通过加速度响应进行 4 种激励模式(0.96 Hz、1.16 Hz、1.41 Hz、2.34 Hz)下的水电站厂房高性能组合楼板对比分析,深入探究其振动机理、振动传播特性,以及加速度时空分布特性和空间分布特性。

表 7.3　组合楼板模型参数

净宽度 B (m)	净长度 L (m)	净高度 h (m)	密度 ρ (kg·m^{-3})	弹性模量 E_{cs} (GPa)	泊松比 ν_{cs}	抗弯刚度 D^* (N·m)	单位面积质量分布 $\bar{m}^*$ (kg·m^{-2})
2.00	2.50	0.09	2 450	36.0	0.25	2.278 1E+6	2.205E+2

注:① * 代表计算参数;② 对边简支对边自由组合楼板的泊松比 ν_{cs} 根据规范确定。

表 7.4　组合楼板机理分析参数

	x_0	z_0	G	α	f_p	t_p	T_p	ω_p	J_{11p}
HJ-CDLEM 0.96 Hz	1.0	1.25	630	0.72	0.96	0.747	1.038	4.206	5.68E+6
HJ-CDLEM 1.16 Hz	1.0	1.25	630	0.68	1.16	0.588	0.859	5.343	5.67E+6
HJ-CDLEM 1.41 Hz	1.0	1.25	630	0.69	1.41	0.487	0.707	6.451	5.67E+6
HJ-CDLEM 2.34 Hz	1.0	1.25	630	0.80	2.34	0.341	0.428	9.213	5.66E+6
振动参量参数	ω_1	ω_{11}	ϑ_{111}	ϑ_{211}	η_{111}	η_{211}	φ_{11}		
	1.257	160.511	0.001 47	1.777 15	0.199 42	1.799 42	0.013 87		

第7章 水电站厂房组合框架高性能组合楼板舒适度性态

(1) HJ-CDLEM-0.96 Hz 激励对比分析

HJ-CDLEM-0.96 Hz 对水电站厂房高性能组合楼板产生的激励时程曲线如图 7.19 所示,激励作用点为 (x_0,z_0),为了与榀一的试验测试形成对比,激励次数 $N=30$,激励时长为 30 s。其中,图 7.19(a)表示单人跳跃动荷载激励作用于点 x_0 时沿着 x 向不同时刻 3D 激励效果,图 7.19(b)表示单人跳跃动荷载激励作用于点 z_0 时沿着 z 向不同时刻 3D 激励效果。将 x 向和 z 向激励进行耦合处理,处理后的激励作为榀一的整体激励模式。代入参数,由公式求得试验记录点 (x_0,z_0) 加速度响应,与榀一试验测试结果进行对比分析,如图 7.20 所示,峰值加速度误差分析如图 7.21 所示。由测试点加速度响应对比分析和峰值加

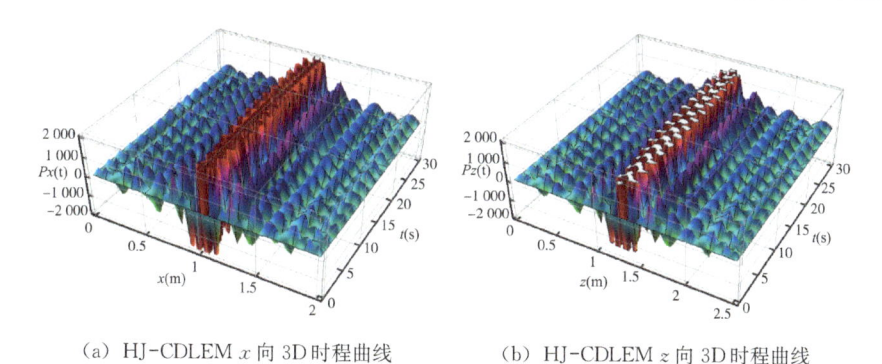

(a) HJ-CDLEM x 向 3D 时程曲线 (b) HJ-CDLEM z 向 3D 时程曲线

图 7.19 0.96 Hz HJ-CDLEM 3D 时程曲线

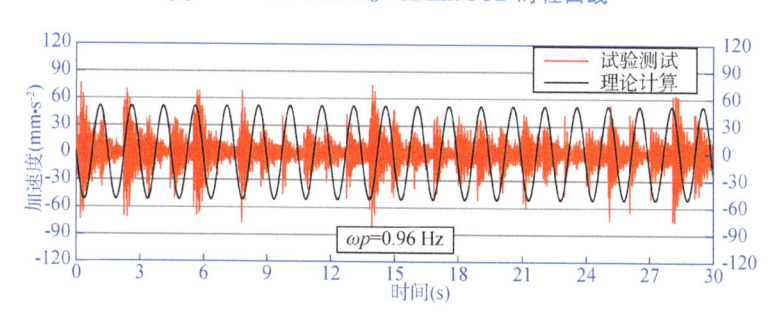

图 7.20 加速度响应对比分析(0.96 Hz)

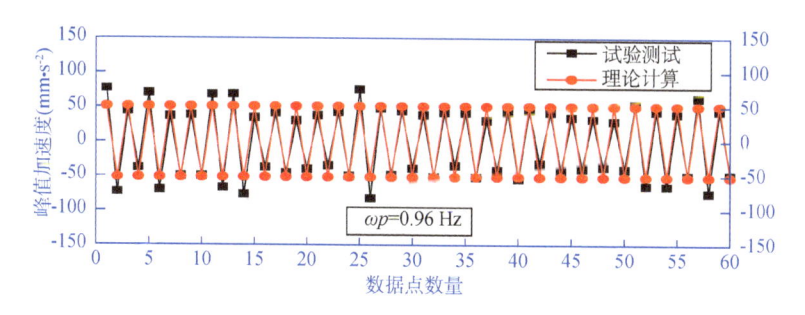

图 7.21 峰值加速度误差分析(0.96 Hz)

速度误差分析可得，两者振动规律吻合良好，振动幅值吻合度高。基于此，进行典型时刻加速度响应空间分布分析和典型位置加速度响应时空分布分析，如图 7.22～图 7.24 所示。

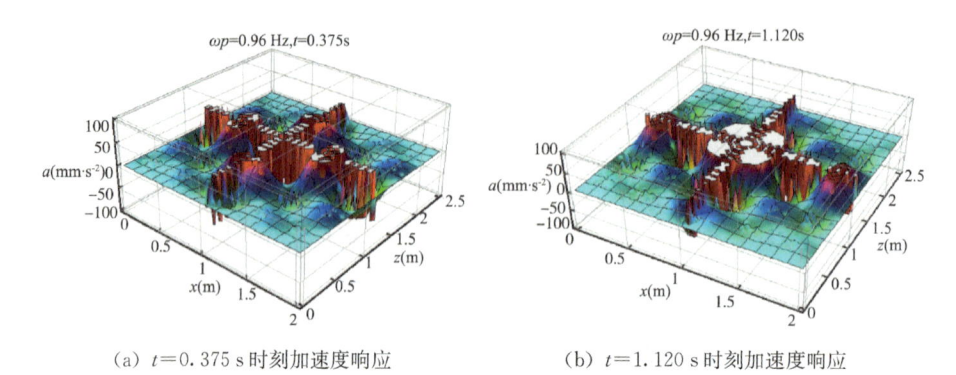

(a) $t=0.375$ s 时刻加速度响应　　(b) $t=1.120$ s 时刻加速度响应

图 7.22　典型时刻加速度响应空间分布（0.96 Hz）

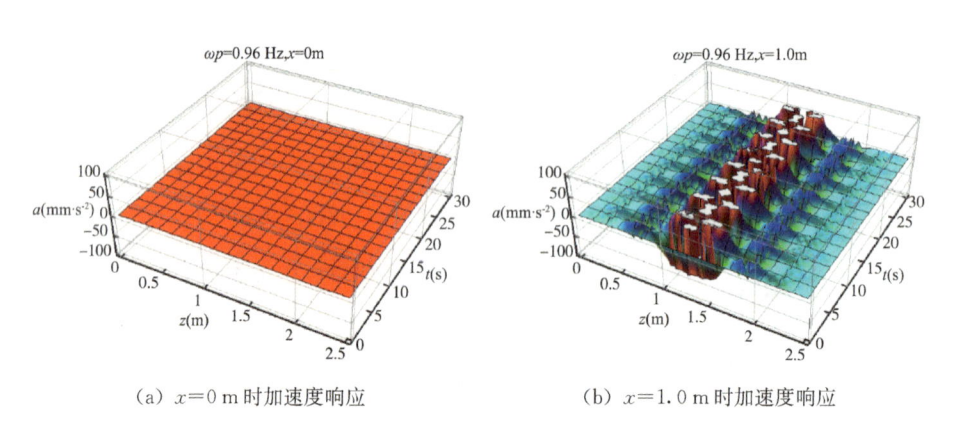

(a) $x=0$ m 时加速度响应　　(b) $x=1.0$ m 时加速度响应

图 7.23　典型位置加速度响应 z 向时空分布（0.96 Hz）

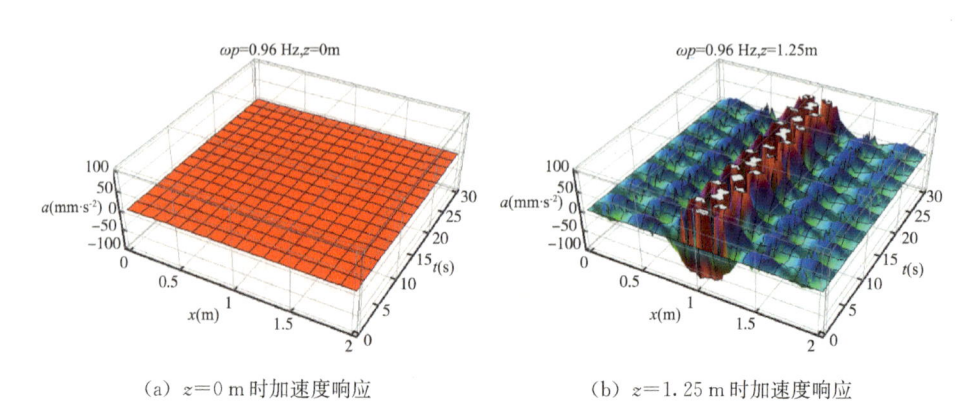

(a) $z=0$ m 时加速度响应　　(b) $z=1.25$ m 时加速度响应

图 7.24　典型位置加速度响应 x 向时空分布（0.96 Hz）

第 7 章　水电站厂房组合框架高性能组合楼板舒适度性态

由图 7.22 分析可知,当激励时刻为 0.375 s 时,峰值加速度集中在组合楼板中部位置(x_0, z_0)附近,达到+51.442 mm·s^{-2},达到波峰最大值。随后加速度响应向四边逐渐减弱,但减弱的程度各不相同,沿着组合楼板四个角处减弱程度更大,到达角处加速度值为 0 mm·s^{-2},而沿着 x 中轴和 z 中轴轴向加速度响应减弱程度较缓慢,并伴随有紊乱现象出现。当激励时刻为 1.120 s 时,峰值加速度分布与激励时刻 0.375 s 的规律相同,但是其值却变为 −51.442 mm·s^{-2},达到波谷最大值。随后加速度响应向边缘及四角呈现不同程度的减弱趋势。

由图 7.23(a)可知,当 $x=0$ m 时,加速度响应分布规律表现为 $a=0$ mm·s^{-2} 的均匀时空分布,经过分析,其原因在于:该处 $x=0$ m 的位置恰好为组合楼板自由边界部位,根据基本假定,自由边界处于能量发散端,当单人跳跃集中动荷载激励的能量传输给组合楼板,由作用点进一步传到其自由边界处,能量全部释放,所以导致 $a=0$ mm·s^{-2} 的情况出现。由图 7.23(b)可知,$x=1.0$ m 时的结构面正好与单人跳跃集中动荷载激励作用点在同一个面上,此时,作用效果最为激烈,故而加速度响应也最为强烈,随着 z 坐标值的不断变化,$x=1.0$ m 结构面上的加速度响应表现出不同分布特性。当 z 从 0 m 增加到 1.25 m 时,加速度响应也从 0 mm·s^{-2} 增加到 51.442 mm·s^{-2},激励作用效果达到最大。

由图 7.24(a)可知,当 $z=0$ m 时,即组合楼板边界处,加速度响应表现为 $a=0$ mm·s^{-2} 的均匀时空分布规律。由图 7.24(b)可知,$z=1.25$ m 时的位置与单人跳跃集中动荷载激励作用点重合,此时的激励作用最强烈,加速度响应达到最大值 51.442 mm·s^{-2}。在 z 从 $z=0$ m 到 $z=1.25$ m,再到 $z=0$ m 过程中,加速度响应先从最弱逐渐增强达到最大值,再逐渐减小到最弱,以此形成加速度响应在组合楼板中的传播分布特性。

(2) HJ-CDLEM-1.16 Hz 激励对比分析

HJ-CDLEM-1.16 Hz 对水电站厂房高性能组合楼板产生的激励时程曲线如图 7.25 所示,激励作用点为(x_0, z_0),激励次数 $N=30$,激励时长取为 25 s。图 7.25(a)表示单人跳跃动荷载激励作用于点 x_0 时沿着 x 向不同时刻 3D 激励效果,图 7.25(b)表示单人跳跃动荷载激励作用于点 z_0 时沿着 z 向不同时刻 3D 激励效果。将 x 向和 z 向激励进行耦合处理,处理后的激励作为榀二的整体激励模式。代入参数,由公式求得试验记录点(x_0, z_0)加速度响应,与榀二试验测试结果进行对比分析,如图 7.26 所示,峰值加速度误差分析如图 7.27 所示。由测试点加速度响应对比分析和峰值加速度误差分析可知,理论计算与试验测试吻合度高。基于对比分析结论,进行典型时刻加速度响应空间分布分析和典型位置加速度响应时空分布分析,如图 7.28~图 7.30 所示。

(a)"HJ-CDLEM"x向3D时程曲线　　　　　(b)"HJ-CDLEM"z向3D时程曲线

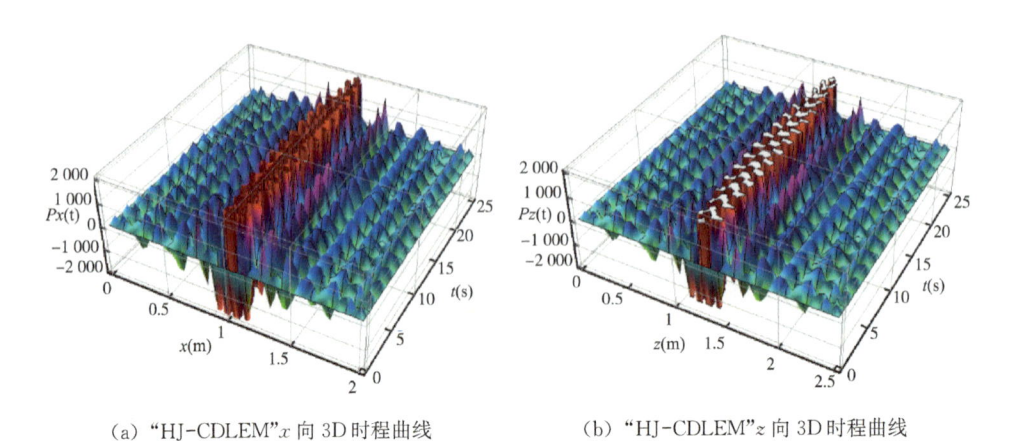

图 7.25　1.16 Hz HJ-CDLEM 3D 时程曲线

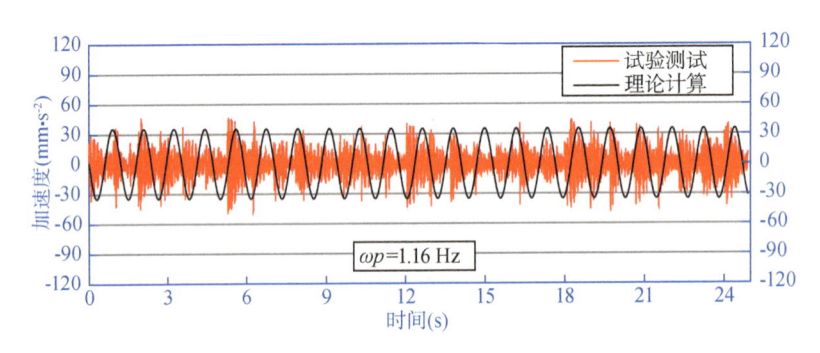

图 7.26　加速度响应对比分析(1.16 Hz)

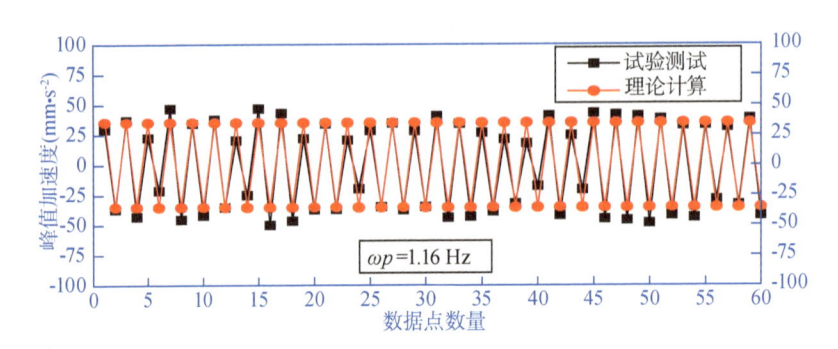

图 7.27　峰值加速度误差分析(1.16 Hz)

第 7 章 水电站厂房组合框架高性能组合楼板舒适度性态

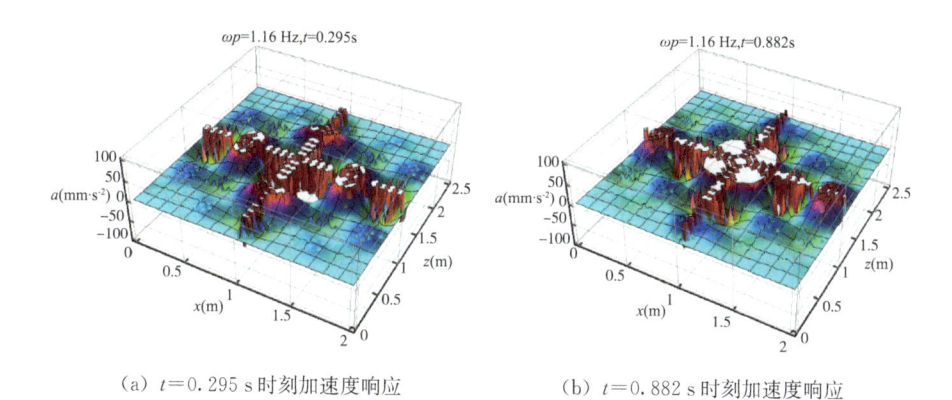

(a) $t=0.295$ s 时刻加速度响应　　(b) $t=0.882$ s 时刻加速度响应

图 7.28　典型时刻加速度响应空间分布(1.16 Hz)

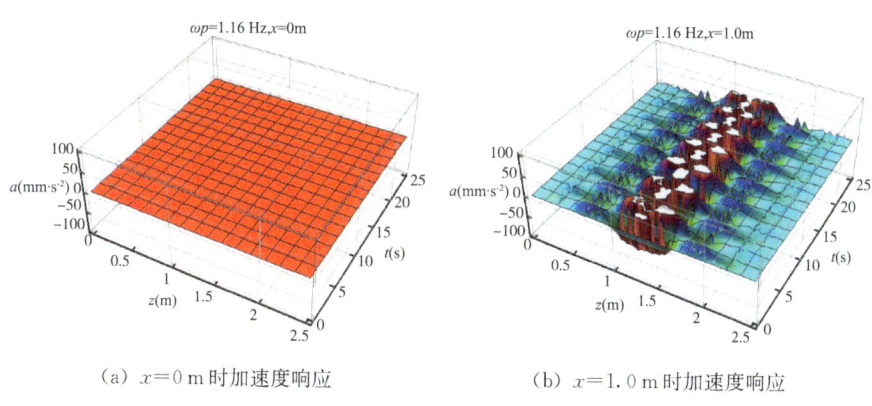

(a) $x=0$ m 时加速度响应　　(b) $x=1.0$ m 时加速度响应

图 7.29　典型位置加速度响应 z 向时空分布(1.16 Hz)

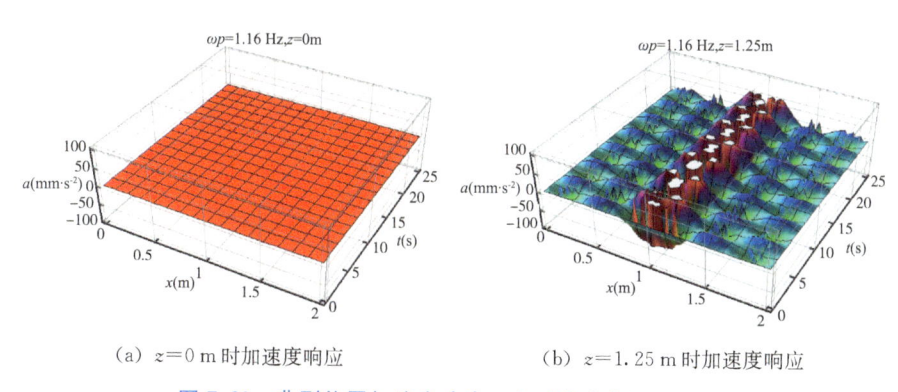

(a) $z=0$ m 时加速度响应　　(b) $z=1.25$ m 时加速度响应

图 7.30　典型位置加速度响应 x 向时空分布(1.16 Hz)

由图 7.28 分析得出,当激励时刻 $t=0.295$ s 时,峰值加速度为 +35.176 mm·s^{-2},形成波峰最大值,并集中分布在激励作用点(x_0,z_0)附近,随后加速度响应向四边逐渐减弱,到达四个角处加速度值变为 0 mm·s^{-2},而沿着 x 中轴

和 z 中轴轴向加速度响应减弱程度较缓慢,并有不同程度的紊乱现象出现。当激励时刻为 0.882 s 时,峰值加速度分布规律与激励时刻 0.295 s 的规律相同,其值为 -35.176 mm·s^{-2},形成波谷最大值。随后加速度响应向边缘及四角呈现不同程度的减弱趋势,与 $t=0.295$ s 时分布规律一致。

由图 7.29(a)可知,当 $x=0$ m 时,加速度响应表现为 $a=0$ mm·s^{-2} 的均匀时空分布,原因在于 $x=0$ m 处为约束端。由图 7.29(b)可知,$x=1.0$ m 时的结构面正好与单人跳跃集中动荷载激励作用点重合,激励作用效果达到最佳,加速度响应也最为激烈,随着 z 坐标值的不断变化,$x=1.0$ m 结构面上的加速度响应表现出不同分布特性。当 z 从 0 m 增加到 1.25 m 时,加速度响应也从 0 mm·s^{-2} 增加到 $+35.176$ mm·s^{-2},激励作用效果达到最大,当 z 进一步增加到 2.5 m 时,激励效果又从最佳逐渐减弱为零。

由图 7.30(a)可知,当 $z=0$ m 时,为组合楼板约束边界处,没有加速度响应出现。由图 7.30(b)可知,$z=1.25$ m 时位置的激励作用最强烈,加速度响应达到最大值 $+35.176$ mm·s^{-2}。在 z 从 $z=0$ m 到 $z=1.25$ m,再到 $z=0$ m 的过程中,加速度响应先从 0 mm·s^{-2} 增强达到 $+35.176$ mm·s^{-2},后又减小到 0 mm·s^{-2},以此形成加速度响应在组合楼板中的传播分布特性。伴随着时间 t 从 $t=0$ s 增长到 $t=25$ s,加速度响应出现周期性激励效果。

(3) HJ-CDLEM-1.41 Hz 激励对比分析

HJ-CDLEM-1.41 Hz 作用于对边简支对边自由的水电站厂房高性能组合楼板产生的激励时程曲线如图 7.31 所示,激励作用点仍然取为 (x_0, z_0),激励次数与楹一、楹二加速度响应分析保持一致,取 $N=30$,激励时长取为 20 s。根据前面 2 种激励模式下水电站厂房高性能组合楼板加速度响应分析,将单人跳跃动荷载激励作用于点 x_0 时和单人跳跃动荷载激励作用于点 z_0 时的 3D 激励效果进行叠加处理,处理后的激励作为楹三的整体激励模式作用于水电站厂房高

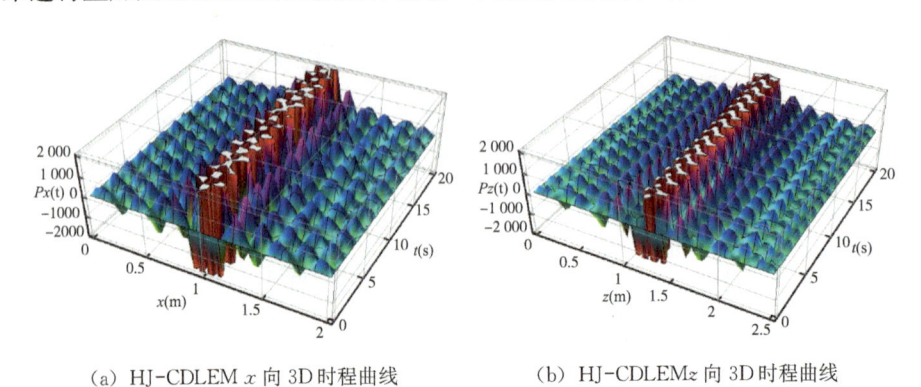

(a) HJ-CDLEM x 向 3D 时程曲线　　　　(b) HJ-CDLEM z 向 3D 时程曲线

图 7.31　1.41 Hz HJ-CDLEM 3D 时程曲线

第 7 章 水电站厂房组合框架高性能组合楼板舒适度性态

性能组合楼板。代入相关振动参量参数,由理论推导得到的加速度响应计算公式求得试验记录点(x_0,z_0)处的加速度响应时程曲线,与榀三试验测试结果进行对比分析,加速度响应时程对比曲线如图 7.32 所示,取峰值加速度进行误差分析,峰值加速度误差分析如图 7.33 所示。基于对比分析所得结论,进行典型时刻加速度响应空间分布分析和典型位置加速度响应时空分布分析,如图 7.34~图 7.36 所示。

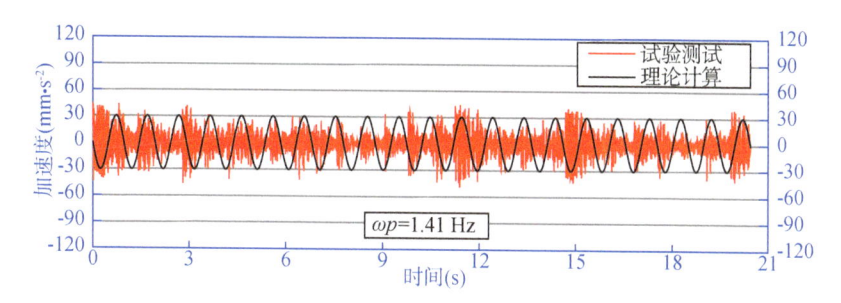

图 7.32 加速度响应对比分析(1.41 Hz)

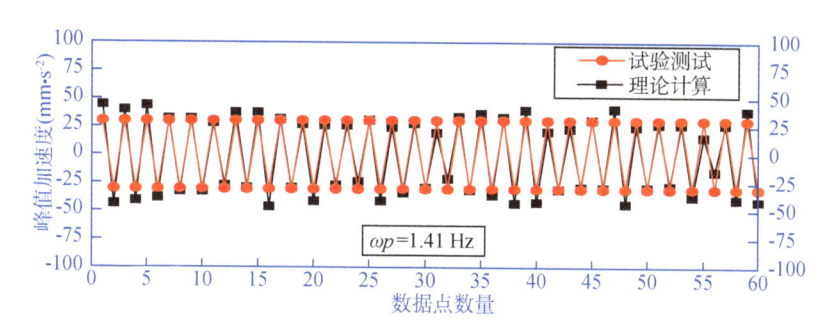

图 7.33 峰值加速度误差分析(1.41 Hz)

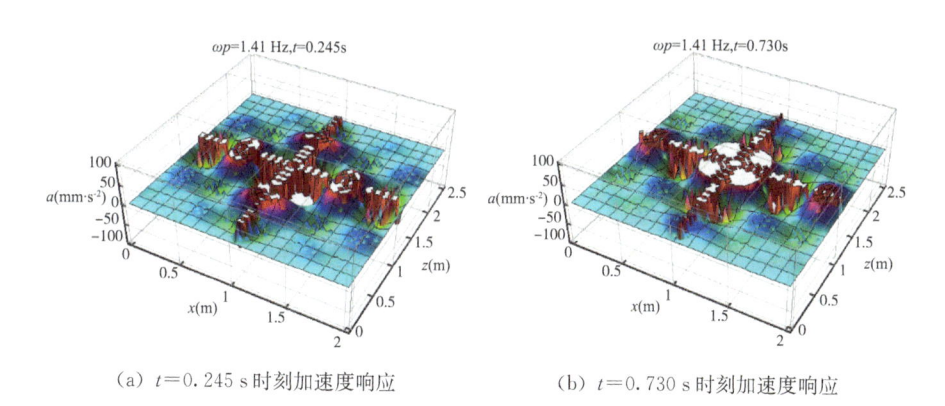

(a) t=0.245 s 时刻加速度响应　　(b) t=0.730 s 时刻加速度响应

图 7.34 典型时刻加速度响应空间分布(1.41 Hz)

(a) $x=0$ m 时加速度响应

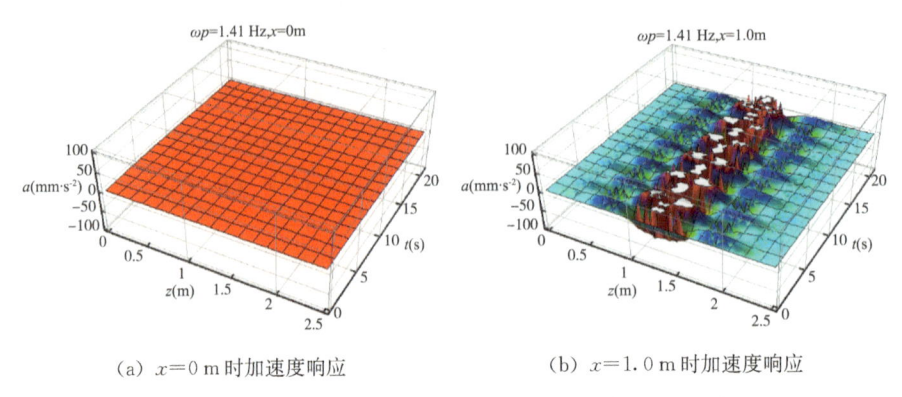

(b) $x=1.0$ m 时加速度响应

图 7.35 典型位置加速度响应 z 向时空分布(1.41 Hz)

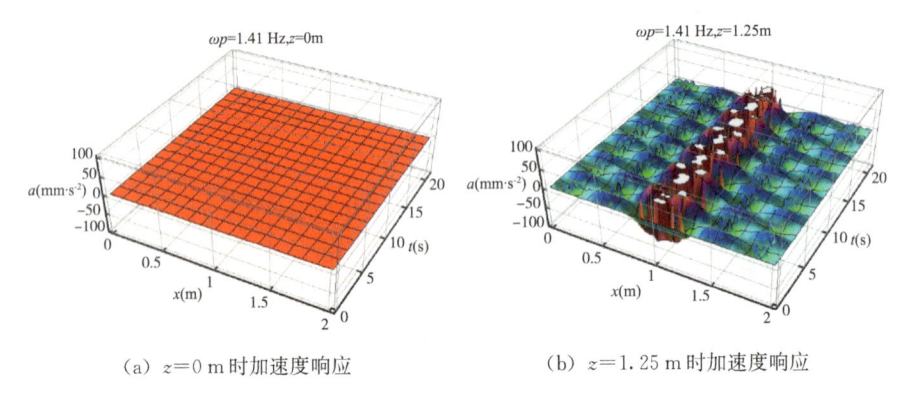

(a) $z=0$ m 时加速度响应

(b) $z=1.25$ m 时加速度响应

图 7.36 典型位置加速度响应 x 向时空分布(1.41 Hz)

由图 7.34 分析可知,当激励时刻 $t=0.245$ s 时,峰值加速度为 +30.338 mm·s^{-2},形成波峰最大值,并集中分布在激励作用点(x_0, z_0)处,随后加速度响应向四边逐渐减弱,到达四个角处加速度值变为 0 mm·s^{-2},沿 x 中轴和 z 中轴轴向加速度响应减弱程度较缓慢,并伴随不同程度的紊乱。当激励时刻为 0.730 s 时,峰值加速度分布规律与激励时刻 0.245 s 的规律相同,形成波谷最大值,其值为 -30.338 mm·s^{-2}。随后加速度响应向边缘及四角呈现不同程度的减弱趋势,与 $t=0.245$ s 时分布规律一致。

由图 7.35(a)分析可知,当 $x=0$ m 时,没有加速度响应存在。由图 7.35(b)可知,$x=1.0$ m 时,水电站厂房高性能组合楼板接收到的加速度响应最为激烈,随着 z 坐标值的不断变化,$x=1.0$ m 时,结构面上的加速度响应表现出具有空间差异性的分布特性。当 z 从 0 m 增加到 1.25 m 时,加速度响应也从 0 mm·s^{-2} 增加到 +30.338 mm·s^{-2},激励作用效果达到最大,当 z 进一步增加到 2.5 m 时,激励效果又从最佳减弱为零,其加速度响应分布、变化、发展规律与结构振动

第 7 章 水电站厂房组合框架高性能组合楼板舒适度性态

性态实际情况吻合。

由图 7.36(a)可知，$z=0$ m 为组合楼板边界处，加速度响应传播到此处能量耗散变为零。由图 7.36(b)可知，$z=1.25$ m 时，位置的激励作用最强烈，加速度响应达到最大值 $+30.338$ mm·s^{-2}。在 z 从 $z=0$ m 到 $z=1.25$ m，再到 $z=0$ m 的过程中，加速度响应先增强达到 $+30.338$ mm·s^{-2}，后又减到 0 mm·s^{-2}，形成加速度响应在组合楼板中的传播特性。伴随着时间 t 从 $t=0$ s 增长到 $t=20$ s，加速度响应出现周期性激励作用。

(4) HJ-CDLEM-2.34 Hz 激励对比分析

HJ-CDLEM-2.34 Hz 激励模式下对水电站厂房高性能组合楼板产生的激励时程曲线如图 7.37 所示，激励作用点取为组合楼板中点 (x_0, z_0)，激励次数 $N=30$，激励时长 $t=15$ s。图 7.37(a)表示单人跳跃动荷载激励作用于点 x_0 时沿着 x 向不同时刻 3D 激励效果，图 7.37(b)表示单人跳跃动荷载激励作用于点 z_0 时沿着 z 向不同时刻 3D 激励效果。同样将 x 向和 z 向激励进行叠加耦合处理，处理后的激励作为工况四的整体激励模式。代入表 7.4 中的振动参量参数，由公式求得试验记录点 (x_0, z_0) 处的加速度响应时程曲线，与工况四试验测试加速度响应进行对比分析，如图 7.38 所示，取试验峰值加速度与计算峰值加速度进行误差分析，如图 7.39 所示。由测试点加速度响应对比分析和峰值加速度误差分析可知，理论计算与试验测试吻合度高。基于此，进行 HJ-CDLEM-2.34 Hz 模式下的典型时刻加速度响应空间分布和典型位置加速度响应时空分布机理分析，如图 7.40~图 7.42 所示。

由图 7.40 得出，当激励时刻 $t=0.170$ s 时，峰值加速度为 $+25.249$ mm·s^{-2}，形成波峰最大值，集中分布在激励作用点 (x_0, z_0) 附近，随后加速度响应向四边减弱，沿着 x 中轴和 z 中轴轴向加速度响应减弱程度较缓慢，并伴随不同程度的紊乱现象。当激励时刻为 0.510 s 时，峰值加速度分布规律与激励时刻 0.170 s 的规律相同，其值为 -25.249 mm·s^{-2}，形成波谷最大值。

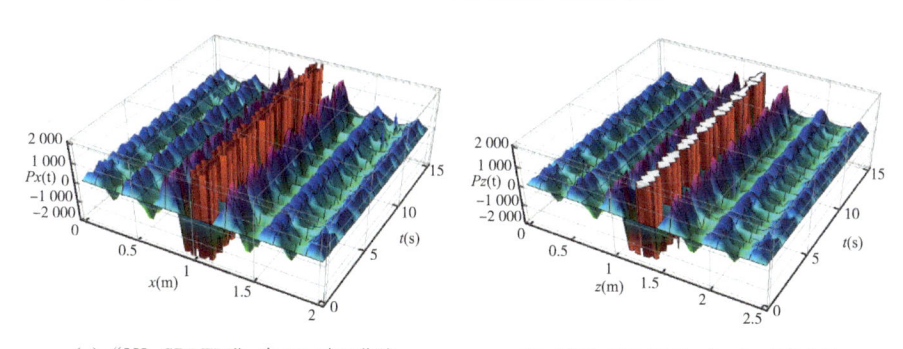

(a) "HJ-CDLEM" x 向 3D 时程曲线　　(b) "HJ-CDLEM" z 向 3D 时程曲线

图 7.37　2.34 Hz HJ-CDLEM 3D 时程曲线

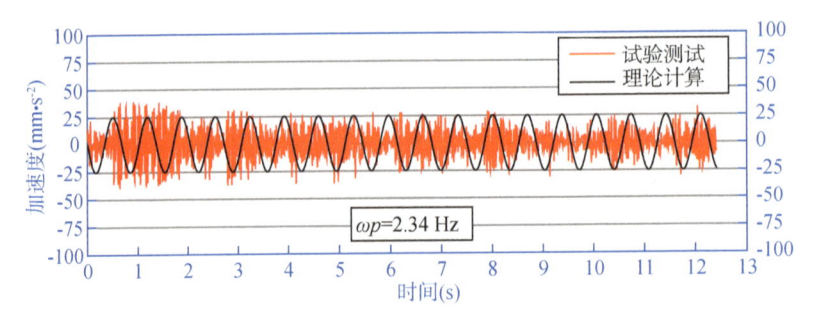

图7.38 加速度响应对比分析(2.34 Hz)

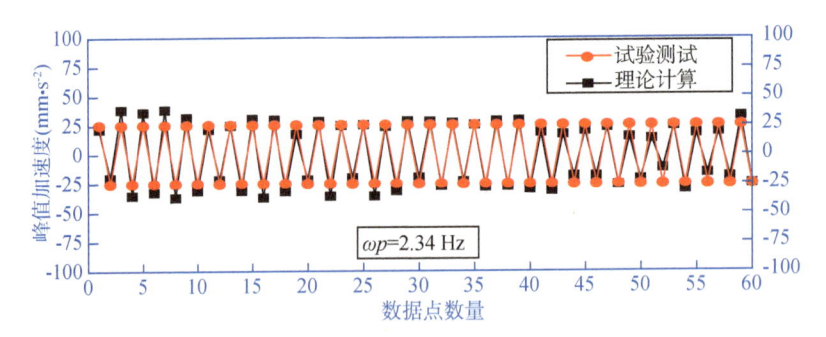

图7.39 峰值加速度误差分析(2.34 Hz)

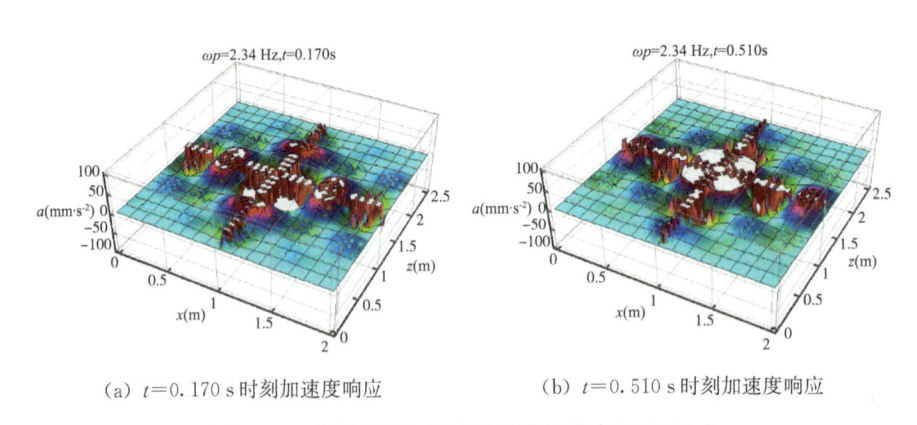

(a) $t=0.170$ s时刻加速度响应　　(b) $t=0.510$ s时刻加速度响应

图7.40 典型时刻加速度响应空间分布(2.34 Hz)

由图7.41(a)分析可知,当 $x=0$ m时,加速度响应表现为 $a=0$ mm·s^{-2} 的均匀时空分布。由图7.41(b)可知,$x=1.0$ m时为单人跳跃集中动荷载激励作用点位置,激励作用最强烈,水电站厂房高性能组合楼板形成的加速度响应也最为激烈,随着 z 坐标值的不断变化,$x=1.0$ m时,结构面上的加速度响应表现出差异性分布特性。当 z 从 0 m 增加到 1.25 m 时,加速度响应也从 0 mm·s^{-2} 增加到+25.249 mm·s^{-2},激励作用效果达到最大,当 z 进一步增加到 2.5 m 时,激励效果又从最佳逐渐减弱为零。

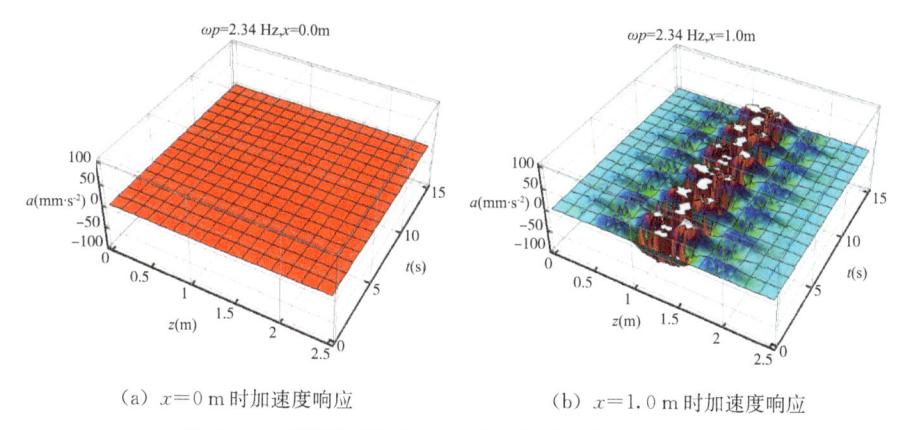

(a) $x=0$ m 时加速度响应

(b) $x=1.0$ m 时加速度响应

图 7.41 典型位置加速度响应 z 向时空分布(2.34 Hz)

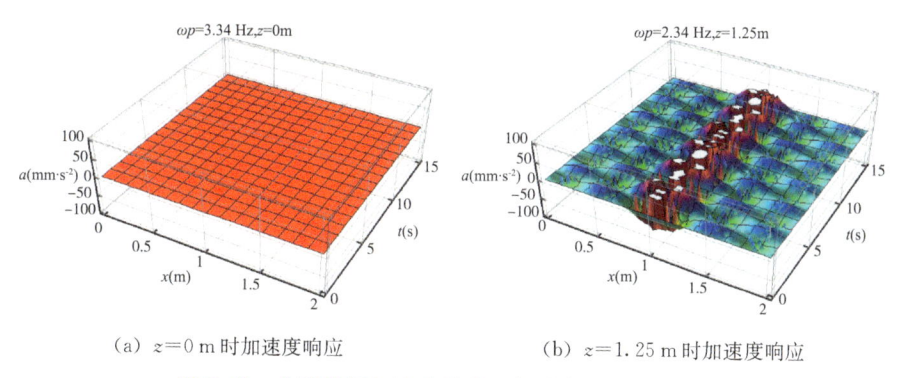

(a) $z=0$ m 时加速度响应

(b) $z=1.25$ m 时加速度响应

图 7.42 典型位置加速度响应 x 向时空分布(2.34 Hz)

通过图 7.42(a)分析可知,$z=0$ m 为组合楼板边界处,加速度响应为零。由图 7.42(b)可知,$z=1.25$ m 时,位置的激励作用最强烈,加速度响应达到最大值+25.249 mm·s^{-2}。在 z 从 $z=0$ m 到 $z=1.25$ m,再到 $z=0$ m 的过程中,加速度响应先增强达到幅值 25.249 mm·s^{-2},后又减到 0 mm·s^{-2},形成加速度响应在组合楼板中的传播特性。

7.3.2 水电站厂房高性能组合楼板性能敏感参数评估

基于 4 种激励模式(0.96 Hz、1.16 Hz、1.41 Hz、2.34 Hz)下的水电站厂房高性能组合楼板对比分析所得结论,通过优化组合楼板中混凝土材料特性,分别设置 2 个等级的普通性能混凝土楼板、2 个等级的高性能混凝土楼板、2 个等级的超高性能混凝土楼板,进行组合楼板高性能敏感参数分析与评估,所需高性能评估参数见表 7.5,组合楼板高性能性态分析参数见表 7.6。

表 7.5 组合楼板高性能评估敏感参数

性能等级	强度等级	密度 $\rho(\text{kg}\cdot\text{m}^{-3})$	弹性模量 $E_{cs}(\text{GPa})$	泊松比 ν_{cs}	抗弯刚度 $D^*(\text{N}\cdot\text{m})$	单位面积质量分布 $\overline{m}^*(\text{kg}\cdot\text{m}^{-2})$
普通性能	C15	2 400	22.00	0.20	1.392 2E+6	2.160E+2
	C40	2 430	32.50	0.22	2.056 6E+6	2.187E+2
高性能	C60	2 450	36.00	0.20	2.278 1E+6	2.205E+2
	C80	2 490	39.00	0.20	2.467 9E+6	2.241E+2
超高性能	C100	2 500	43.08	0.19	2.715 1E+6	2.250E+2
	C150	2 500	49.53	0.14	3.069 1E+6	2.250E+2

注:表中参数按照文献[154-158]取值。

表 7.6 组合楼板高性能评估分析参数

性能等级		C15	C40	C60	C80	C100	C150
振动参量参数	ω_1	1.256 6	1.256 6	1.256 6	1.256 6	1.256 6	1.256 6
	ω_{11}	126.777	153.809	160.511	165.718	173.470	184.431
	ϑ_{111}	0.648 21	0.002 08	0.001 47	0.001 96	0.001 82	0.000 86
	ϑ_{211}	1.891 73	1.777 16	1.777 14	1.777 15	1.777 15	1.777 11
	η_{111}	0.466 08	0.219 90	0.199 42	0.200 02	0.190 02	0.140 00
	η_{211}	2.066 08	2.066 90	1.780 02	1.799 42	1.810 02	1.860 00
	φ_{11}	2.887 37	0.017 79	0.013 87	0.018 62	0.018 32	0.012 04
J_{11p}	0.96 Hz	3.468E+06	5.169E+06	5.677E+06	6.150E+06	6.767E+06	7.649E+06
	1.16 Hz	3.465E+06	5.168E+06	5.674E+06	6.148E+06	6.764E+06	7.647E+06
	1.41 Hz	3.463E+06	5.165E+06	5.672E+06	6.145E+06	6.761E+06	7.644E+06
	2.34 Hz	3.453E+06	5.155E+06	5.662E+06	6.135E+06	6.752E+06	7.634E+06

由表 7.5 和表 7.6 中参数代入高性能楼板振动理论推导公式,以 4 种 HJ-CDLEM 激励模式为主线,分别计算出由 6 种混凝土材料组成的组合楼板 1 个周期内的加速度响应时曲线,进行高性能性态对比分析,并选取各自加速度峰值作为敏感参数,进一步进行不同混凝土等级下组合楼板的加速度峰值敏感参数对比,以探究组合楼板高性能性态。4 种激励模式下组合楼板高性能性态对比分析如图 7.43~图 7.46 所示。

第7章 水电站厂房组合框架高性能组合楼板舒适度性态

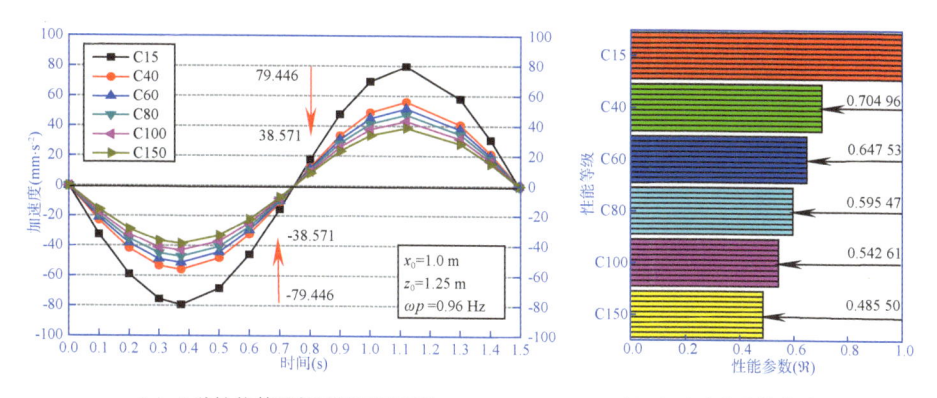

(a) 6种性能等级加速度响应对比 (b) 加速度峰值性能参数对比

图7.43 组合楼板高性能性态对比分析(0.96 Hz)

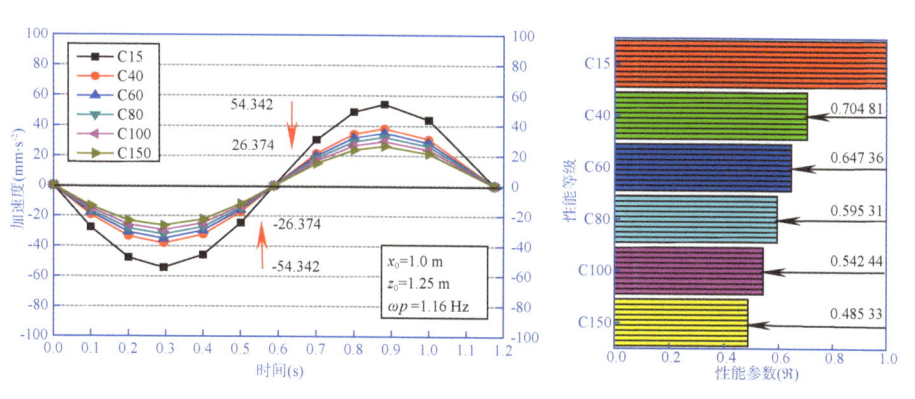

(a) 6种性能等级加速度响应对比 (b) 加速度峰值性能参数对比

图7.44 组合楼板高性能性态对比分析(1.16 Hz)

(a) 6种性能等级加速度响应对比 (b) 加速度峰值性能参数对比

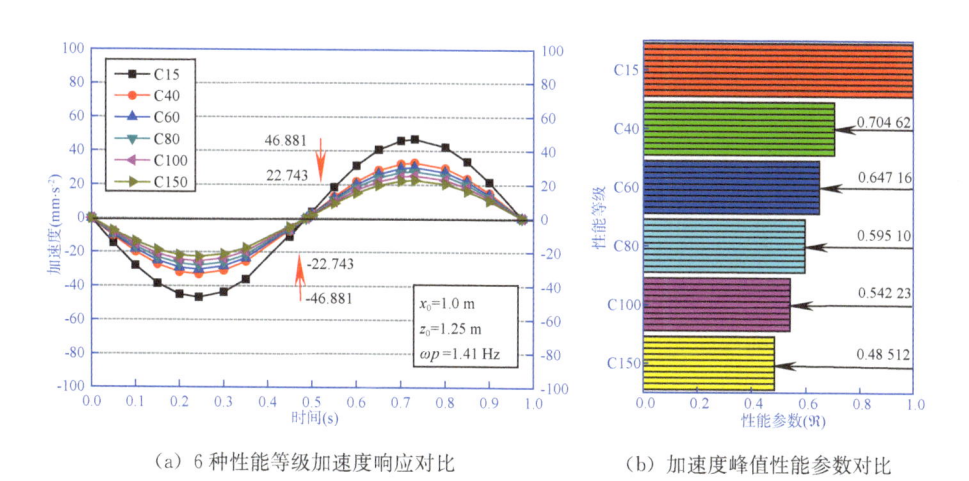

图7.45 组合楼板高性能性态对比分析(1.41 Hz)

(a) 6种性能等级加速度响应对比　　(b) 加速度峰值性能参数对比

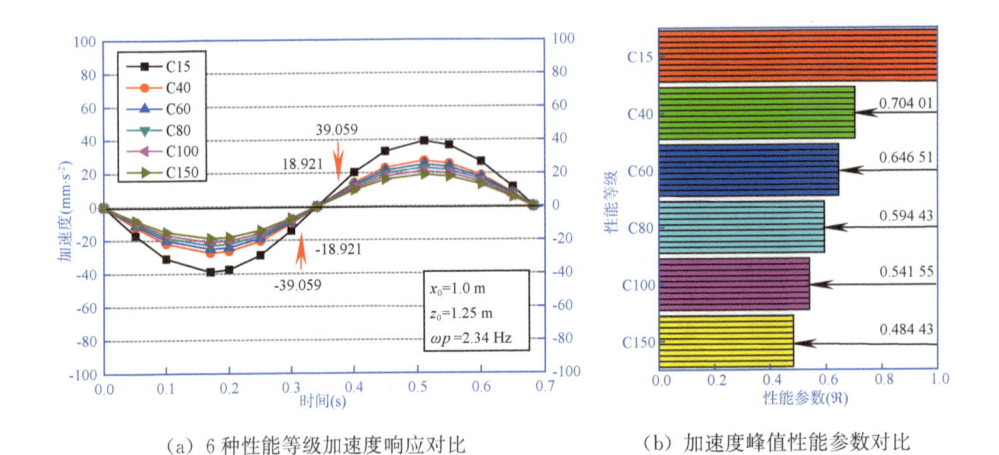

图 7.46　组合楼板高性能性态对比分析(2.34 Hz)

当激励模式 HJ-CDLEM-1.16 Hz 作用时,6 种不同性能等级的组合楼板中心处加速度响应在一个周期内($T=1.176$ s)的时程曲线对比如图 7.44(a)所示。与 0.96 Hz 激励模式类似,随着组合楼板中混凝土性能等级的提高,其中心处加速度响应幅值逐渐减小,由 54.342 mm·s^{-2}减小到 26.374 mm·s^{-2}。选取 6 种性能等级下的加速度峰值进行再次对比,如图 7.44(b)所示,C40、C60、C80、C100、C150 等级组合楼板中心处加速度响应分别是 C15 等级组合楼板中心处加速度响应的 0.704 81、0.647 36、0.595 31、0.542 44、0.485 33,通过 1.16 Hz 激励作用模式说明高性能混凝土在组合楼板结构中具有明显优势。

图 7.45(a)为 HJ-CDLEM-1.41 Hz 激励模式下 6 种不同性能等级的组合楼板中心处加速度响应在一个周期内($T=0.974$ s)的时程曲线对比分析。分析表明:随着混凝土组合楼板性能的优化,其组合楼板中心处加速度响应幅值由 46.881 mm·s^{-2}逐渐变为 22.743 mm·s^{-2}。如图 7.45(b),以 C15 等级组合楼板为分析基量,C40、C60、C80、C100、C150 等级组合楼板中心处加速度响应分别是 C15 等级组合楼板中心处加速度响应的 0.704 62、0.647 16、0.595 10、0.542 23、0.485 12,再次说明高性能混凝土在组合楼板结构中能体现出优良特性。

当激励模式变为 HJ-CDLEM-2.34 Hz 作用时,此时作用周期变为 $T=0.682$ s,6 种不同性能等级的组合楼板中心处加速度响应时程曲线对比如图 7.46(a)所示。随着组合楼板中混凝土性能等级的提高,其加速度响应幅值逐渐减小,由 39.059 mm·s^{-2}减小到 18.921 mm·s^{-2}。6 种性能等级下加速度峰值进行再次对比,如图 7.46(b)所示。通过进一步对比表明,C40、C60、C80、C100、C150 等级组合楼板中心处加速度响应分别是 C15 等级组合楼板中心处加速度响应的 0.704 01、0.646 51、0.594 43、0.541 55、0.484 43,通过 2.34 Hz 激励作用

第 7 章 水电站厂房组合框架高性能组合楼板舒适度性态

模式又一次说明高性能混凝土在组合楼板中所发挥出的特性。

为了排除偶然性,深入分析水电站厂房高性能组合楼板所具有的性态特征,分别选择普通混凝土 C15 和 C40 两种性能等级作为参考基量,进行组合楼板高性能加速度响应性态对比分析,如图 7.47 所示。

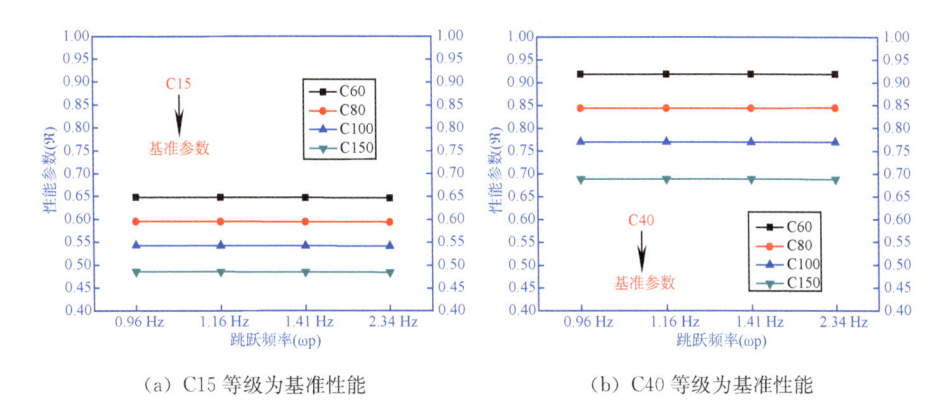

(a) C15 等级为基准性能

(b) C40 等级为基准性能

图 7.47 组合楼板高性能加速度响应性态对比分析

由图 7.47(a)表明,以 C15 性能作为基础,伴随着单人跳跃集中动荷载激励频率的增加(由 0.96 Hz 增加到 2.34 Hz),组合楼板所表现出的加速度响应性态保持在同一水平。通过激励频率的对比分析,排除了由于偶然误差导致的水电站厂房高性能组合楼板性态评估的偏差。伴随着组合楼板中混凝土性能的提升,其加速度响应性态展现出明显的差异。由图 7.47(b)表明,以 C40 性能作为基础,C60、C80、C100、C150 所表现出的组合楼板加速度响应性态与图 7.47(a)所得结论完全一致,进一步验证了本次模型分析的正确性和完备性,为水电站厂房高性能组合楼板的加速度响应性态评估提供了理论支撑,也为水电站厂房高性能组合楼板的舒适度性态评估奠定了基础。

7.3.3 水电站厂房高性能组合楼板舒适度性态参数评估

人致结构振动的舒适度性态评估的关键在于其评价指标。目前,舒适度性态评估指标一般基于结构的加速度响应来进行,而基于加速度均方根的评价方法被广大研究人员所采用,并且被写入"ISO 标准""BS 标准"等规范中。因此,本次水电站厂房高性能组合楼板舒适度性态评估采用"ISO 标准""BS 标准",以及国际振动舒适度研究典型成果(Meister 评价指标),通过类比进行分析。

"ISO 2631:1997"标准采用最大瞬态振动值($MTVV$)来进行舒适度评估,其表达式为:

$$MTVV = \max\{a_1(t_0), a_2(t_0), a_3(t_0), \cdots, a_m(t_0)\} \quad (7.41)$$

式中：$a_m(t_0) = \sqrt{\int_{t_0}^{t} [a_m(t)]^2 dt}$。

其最大瞬态振动值与舒适程度关系见表7.7。

表7.7 最大瞬态振动值与舒适程度关系表

MTVV (mm·s^{-2})	<315	315~630	500~1 000	800~1 600	1 250~2 500	>2 000
舒适程度	没有不舒适	稍有不舒适	比较不舒适	不舒适	非常不舒适	极不舒适

"BS 6472：2008"标准采用振动计量（VDV）来进行舒适度评估，其表达式为：

$$VDV = \sqrt[4]{\int_0^T [a(t)]^2 dt} \tag{7.42}$$

振动计量与舒适程度关系见表7.8。

表7.8 振动计量与舒适程度关系表

单位：mm·s^{-2}

环境	比较不抱怨	抱怨	非常抱怨
住宅	100	200	400
办公室	200~400	400~800	800~1 600
车间	800	1 600	3 200

通过4种激励模式（0.96 Hz、1.16 Hz、1.41 Hz、2.34 Hz），进行不同性能等级的组合楼板舒适度性态对比分析。与组合楼板高性能性态评估类似，通过优化组合楼板中混凝土材料特性，提升其混凝土性能等级，设置普通性能、高性能、超高性能3种等级，进行组合楼板舒适度性态评估敏感参数分析，4种激励模式下的组合楼板舒适度性态评估见表7.9~表7.12，舒适度对比如图7.48所示。

表7.9 HJ-CDLEM-0.96 Hz 组合楼板舒适度性态评估

性能等级		ISO标准		BS标准		Meister评价指标	
		MTVV (mm·s^{-2})	舒适程度	VDV (mm·s^{-2})	舒适程度	峰值加速度 (mm·s^{-2})	舒适程度
普通性能	C15	68.66	没有不舒适	8.29	比较不抱怨	79.446	强烈感觉
	C40	48.41	没有不舒适	6.96	比较不抱怨	56.007	强烈感觉
高性能	C60	44.46	没有不舒适	6.67	比较不抱怨	51.443	强烈感觉
	C80	40.89	没有不舒适	6.39	比较不抱怨	47.308	强烈感觉

第 7 章 水电站厂房组合框架高性能组合楼板舒适度性态

续表

性能等级		ISO 标准		BS 标准		Meister 评价指标	
		$MTVV$ (mm·s^{-2})	舒适程度	VDV (mm·s^{-2})	舒适程度	峰值加速度 (mm·s^{-2})	舒适程度
超高性能	C100	37.26	没有不舒适	6.10	比较不抱怨	43.108	强烈感觉
	C150	33.34	没有不舒适	5.77	比较不抱怨	38.571	强烈感觉
评估结论		能接受		能接受		能明显感觉	

表 7.10 HJ-CDLEM-1.16 Hz 组合楼板舒适度性态评估

性能等级		ISO 标准		BS 标准		Meister 评价指标	
		$MTVV$ (mm·s^{-2})	舒适程度	VDV (mm·s^{-2})	舒适程度	峰值加速度 (mm·s^{-2})	舒适程度
普通性能	C15	41.67	没有不舒适	6.46	比较不抱怨	54.342	强烈感觉
	C40	29.36	没有不舒适	5.42	比较不抱怨	38.301	强烈感觉
高性能	C60	26.98	没有不舒适	5.19	比较不抱怨	35.179	强烈感觉
	C80	24.81	没有不舒适	4.98	比较不抱怨	32.350	强烈感觉
超高性能	C100	22.60	没有不舒适	4.75	比较不抱怨	29.477	强烈感觉
	C150	20.22	没有不舒适	4.49	比较不抱怨	26.374	强烈感觉
评估结论		能接受		能接受		能明显感觉	

表 7.11 HJ-CDLEM-1.41 Hz 组合楼板舒适度性态评估

性能等级		ISO 标准		BS 标准		Meister 评价指标	
		$MTVV$ (mm·s^{-2})	舒适程度	VDV (mm·s^{-2})	舒适程度	峰值加速度 (mm·s^{-2})	舒适程度
普通性能	C15	32.72	没有不舒适	5.72	比较不抱怨	46.881	强烈感觉
	C40	23.05	没有不舒适	4.80	比较不抱怨	33.034	强烈感觉
高性能	C60	21.17	没有不舒适	4.60	比较不抱怨	30.339	强烈感觉
	C80	19.47	没有不舒适	4.41	比较不抱怨	27.899	强烈感觉
超高性能	C100	17.74	没有不舒适	4.21	比较不抱怨	25.420	强烈感觉
	C150	15.87	没有不舒适	3.98	比较不抱怨	22.743	强烈感觉
评估结论		能接受		能接受		能明显感觉	

表 7.12　HJ-CDLEM-2.34 Hz 组合楼板舒适度性态评估

性能等级		ISO 标准		BS 标准		Meister 评价指标	
		$MTVV$ $(\text{mm} \cdot \text{s}^{-2})$	舒适程度	VDV $(\text{mm} \cdot \text{s}^{-2})$	舒适程度	峰值加速度 $(\text{mm} \cdot \text{s}^{-2})$	舒适程度
普通性能	C15	22.81	没有不舒适	4.78	比较不抱怨	39.059	强烈感觉
	C40	16.06	没有不舒适	4.01	比较不抱怨	27.498	强烈感觉
高性能	C60	14.75	没有不舒适	3.84	比较不抱怨	25.252	强烈感觉
	C80	13.56	没有不舒适	3.68	比较不抱怨	23.218	强烈感觉
超高性能	C100	12.35	没有不舒适	3.51	比较不抱怨	21.152	强烈感觉
	C150	11.05	没有不舒适	3.32	比较不抱怨	18.921	一般感觉
评估结论		能接受		能接受		能明显感觉	

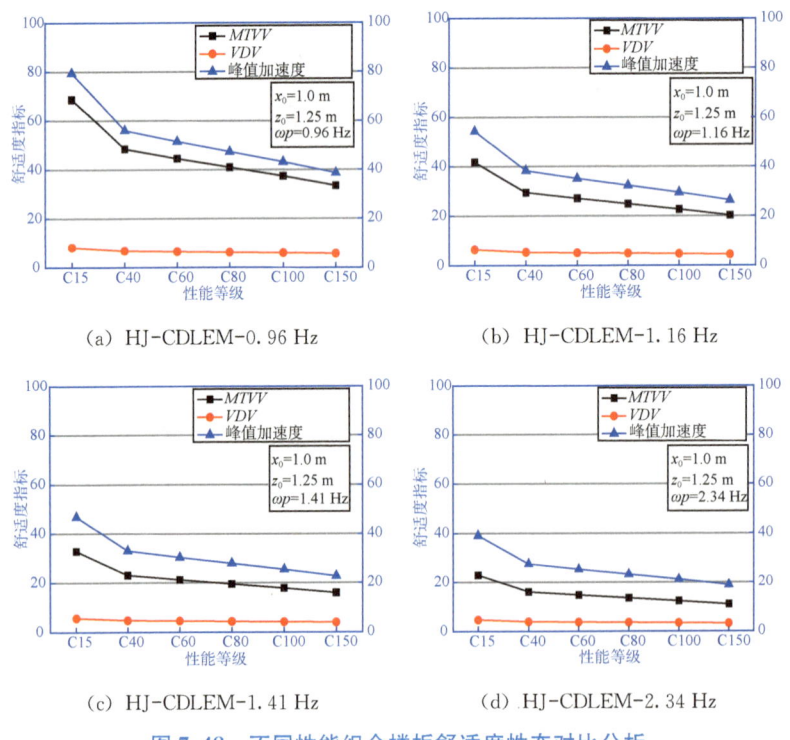

(a) HJ-CDLEM-0.96 Hz

(b) HJ-CDLEM-1.16 Hz

(c) HJ-CDLEM-1.41 Hz

(d) HJ-CDLEM-2.34 Hz

图 7.48　不同性能组合楼板舒适度性态对比分析

由表 7.9～表 7.12 可知,通过采用"ISO 标准""BS 标准""Meister 评价指标"对不同性能等级的组合楼板进行舒适度性态评估对比表明,所得舒适度评估结论一致,分别为"没有不舒适""比较不抱怨""强烈感觉"。采用"ISO 标准""BS 标准"

对组合楼板进行舒适度性态评估所得评估结论一致,即"能接受";而采用的"Meister评价指标"对组合楼板进行舒适度性态评估所得评估结论为"能明显感觉",所得评估结果稍有偏差,不足之处在于体现不出各种性能性态对组合楼板舒适度的影响的差异性。

因此,提取表7.9~表7.12中数据进一步进行对比,如图7.48所示。

由图7.48中(a)(b)(c)(d)4图对比分析表明,对于不同激励频率下的组合楼板,表现出相同舒适度性态规律。通过对比6种不同性能等级的组合楼板,随着混凝土性能等级的提升,峰值加速度和MTVV指标呈现出不断减小的趋势,在C40性能等级处出现拐点,之后保持线性关系,表明组合楼板随着混凝土性能等级的提升,呈现出越来越舒适的性态;而VDV指标伴随混凝土性能等级提升变化不大,对舒适度性态影响较小。

7.4 本章小结

本章基于国内外结构舒适度研究现状及其评价标准,建立了单人跳跃集中动荷载激励模型(HJ-CDLEM),得到了同时考虑时间效应和结构空间效应的水电站厂房高性能组合楼板舒适度性态评价指标,对水电站厂房组合框架结构中的装配式水电站厂房高性能组合楼板进行了高性能敏感参数分析和舒适度性态评估,揭示了激励作用在水电站厂房高性能组合楼板中的响应传播特性及空间分布特征。得到以下结论:

(1) 基于Bachmann"单人跳跃荷载模型"提出的修正半正弦平方模型,围绕提出的水电站厂房组合框架全结构模型中的水电站厂房高性能组合楼板,建立了单人跳跃集中动荷载激励模型(HJ-CDLEM),以此进行了深入的振动机理推导研究,得到了水电站厂房组合框架高性能组合楼板的舒适度性态评估的相关参数。

(2) 根据提出的HJ-CDLEM激励模型,通过现场试验测试与分析,鉴于反力频谱分析和统计分析方法,找到了跳跃点反力时程曲线和加速度响应时程曲线的关系,分别得到了4种不同工况下的跳跃频率参数指标(0.96 Hz、1.16 Hz、1.41 Hz、2.34 Hz)。

(3) 以跳跃频率参数和加速度响应参数为基础,进行了4种激励模式(0.96 Hz、1.16 Hz、1.41 Hz、2.34 Hz)下的水电站厂房高性能组合楼板对比分析,结果吻合良好。在此基础上,进一步研究了4种激励模式下组合楼板加速度时空分布特性和空间分布特性。榀一(0.96 Hz)研究表明:当激励时刻为0.375 s、1.120 s时,峰值加速度集中在组合楼板中部位置(x_0,z_0)附近,分别达到波峰最大值+51.442 mm·s^{-2}和波谷最大值−51.442 mm·s^{-2};榀二(1.16 Hz)研究表明:当激励时刻为 0.295 s、0.882 s 时,峰值加速度集中在组合楼板中部位置 (x_0,z_0) 附近,分别达到波峰最大值 $+35.175$ mm·s^{-2} 和波谷最大值 -35.176 mm·s^{-2};榀三(1.41 Hz)研究表明:当激励时刻为 0.245 s、0.730 s 时,峰值加速度集中在组合楼板中部位置(x_0,z_0)附近,分别达到波峰最大值 $+30.338$ mm·s^{-2} 和波谷最大值 -30.338 mm·s^{-2};榀三(2.34 Hz)研究表明:当激励时刻为 0.170 s、0.510 s 时,峰值加速度集中在组合楼板中部位置(x_0,z_0)附近,分别达到波峰最大值$+25.249$ mm·s^{-2} 和波谷最大值 -25.249 mm·s^{-2}。4 种工况研究表明,在 z 从 $z=0$ m 到 $z=1.25$ m,再到 $z=0$ m 的过程中,加速度响应先增强达到幅值,后又减到 0 mm·s^{-2},形成加速度响应在组合楼板中的传播特性。通过本次的跳跃激励响应研究,排除了偶然因素的影响,提高了研究精度,找到了水电站厂房组合框架高性能组合楼板关于结构性能敏感参数评价与舒适度性态评估的动力参数指标。

(4) 基于 4 种激励模式下水电站厂房组合框架高性能组合楼板关于结构性能敏感参数评价的动力参数指标进行类比研究,以普通性能、高性能、超高性能作为敏感参数,进行的组合楼板高性能敏感参数分析与评估表明:以 C15 性能和 C40 性能作为基础,伴随着跳跃频率由 0.96 Hz 增加到 2.34 Hz,水电站厂房高性能组合楼板,以及超高性能组合楼板所表现出的加速度响应性态保持在同一水平。通过敏感参数评估验证了高性能、超高性能组合楼板体现出的结构性能优势。

(5) 选择"ISO 标准""BS 标准""Meister 评价指标"3 种舒适度指标作为水电站厂房组合框架高性能组合楼板舒适度性态评估指标,通过类比分析表明,峰值加速度和 MTVV 指标随着混凝土性能等级的提升,体现出越来越舒适的性态;而 VDV 指标伴随混凝土性能等级提升变化不大,对舒适度性态影响较小。此次舒适度性态研究为高发频率、高烈度地震区水电站厂房等建筑物的使用性能、舒适度性能的改良提供了有力的理论依据与借鉴意义。

第8章

研究总结与展望

8.1 研究总结

本书基于我国水电站厂房主体结构所采用的结构构件状态及现有研究与应用不足之处,围绕提出的"水电站厂房组合框架全结构模型"展开,针对其薄弱之处,重点研究了水电站厂房组合框架结构的静力整体性能、高性能组合楼板激励响应特性、全结构模型的服役性态响应谱和抗震动力性能,以及高性能组合楼板的舒适度性态,研究实现了由构件层次上升到结构体系,由单元节点提升到框架整体,由结构的工作性能、安全性能提升到舒适性能探究的突破。取得的主要研究成果有:

(1) 提出了水电站厂房组合框架全结构模型,采用应力应变测试设备、非接触式 WinCE 远程测试手段及分布式光纤监测方法完成了静力整体性能研究。

基于《水电站厂房设计规范》(SL 266—2014)、《钢管混凝土结构技术规范》(GB 50936—2014)、《矩形钢管混凝土结构技术规程》(CECS 159:2004)等标准,以矩形钢管混凝土柱(CFRSTC)、圆形钢管混凝土柱(CFCSTC)、空心矩形钢管柱(HRSTC)和空心圆形钢管柱(HCSTC)为主要承载柱单元,以焊接式、铆接式牛腿模型为传力节点单元,并采用装配式桁车梁为主要承载梁单元,完成了水电站厂房三榀组合框架全结构模型的整体性能测试与分析。实现了由构件层次上升到结构体系,由单元节点提升到框架整体的突破,成功解决了水电站厂房由于大坝局部失稳、漫顶甚至垮塌等威胁厂房安全运行而又无法深入结构内部去预测其潜在的损伤、破坏危害的难题,并实现了对长距离结构的变形进行传感与提高分布式松套光纤的成活率,为水电站厂房结构的病害风险预测、结构性能安全评估提供了工程价值。

(2) 基于提出的水电站厂房组合框架全结构模型,完成了全过程静力整体性能分析。

通过优化核心混凝土本构模型,改进钢材双线性模型及二次塑流模型,考虑材料非线性和几何非线性双重作用的影响,实现了对水电站厂房组合框架全结构模型的整体特性的全过程反演分析,与试验研究相互印证,验证了本模型的适用性。成功解决了钢与混凝土相组合的组合节点、组合构件界面难以精准化、约束难以精确化的难题,实现了反演分析由构件层次上升到结构体系,由单元节点提升到框架整体的分析突破。

(3) 基于研发的空气调频激励系统,完成了水电站厂房三榀高性能组合楼板激励响应特性及榀-榀互相关分析。

通过研发空气调频激励系统,提出检测模块最优布置数学模型,以节流调频为反馈指标,设定 31 种(M1~M31)节流调频模式,设计系统试验,并进行频率-能量谱分析,得到节流调频模式与荷载激励频率对应的反馈参数。通过对水电站厂房三榀高性能组合楼板激励响应测试试验,得到了激励过程由瞬态阶段、稳态阶段和衰减阶段三个部分组成的结论。基于激励响应试验研究结果,进行榀-榀互相关分析表明:对于榀一和榀三,其瞬态过程中,加速度响应互相关性和位移响应互相关性规律非常一致,对于衰减过程,表现出显著的抛物线变化规律;对于榀二中瞬态过程,其加速度响应和位移响应互相关性规律为抛物线变化规律,对于衰减过程,表现出"椰头状"变化规律。通过对水电站厂房三榀高性能组合楼板激励响应特性的研究,建立了瞬态阶段、稳态阶段和衰减阶段的振动性能参数及反馈参数指标,提出了一套精确甄别组合板结构基频、主响应等特性参数的研究方法,为大型水电站水工建筑物中板结构以及组合楼板结构的基频的测试与识别提供了工程运用价值。

(4) 建立了多自由度组合框架反应谱耦合模型,完成了水电站厂房组合框架全结构模型的模态分析与服役性态响应谱分析。

依据《建筑抗震设计规范》(GB 50011—2010)和《水电工程水工建筑物抗震设计规范》(NB 35047—2015),在规范规定的地震影响系数曲线基础上,建立加速度人工反应谱模型,开发出加速度人工反应谱运行程序及其相关参数输出界面。根据我国设计基本地震加速度区划分布情况,建立 8 种分析工况,完成了水电站厂房组合框架整体结构的模态分析(OMA)和服役性态响应谱分析(RSA)。通过 OMA 分析,得到了前 6 阶自振频率分别为 7.733 Hz、8.435 Hz、10.291 Hz、10.751 Hz、19.215 Hz、19.292 Hz 的结论,并确定了 32.400 Hz 为最大自振频率。RSA 分析表明,对于"不同烈度多遇地震"情况,随着抗震设防烈度的增加,服役性态响应谱极大响应位移、极大响应应力均呈现稳定的倍数增长趋势;而对于"不同烈度罕遇地震"情况,服役性态响应谱极大响应位移、极大响应应力呈现出显著的非线性增长趋势。此次研究为水电站厂房组合框架全结构模型的服役性态响应谱动力特性分析提供了参数支持,进一步论证了水电站厂房组合框架全结构模型的服役性态响应谱动力特性。

(5) 基于开发出的"人工地震波生成程序包",完成了真实环境下水电站厂房组合框架全结构模型的抗震动力性能与组合效应影响分析。

根据《建筑抗震设计规范》(GB 50011—2010)中的反应谱公式,开发出"人工地震波生成程序包"及其运行界面,以"6度多遇地震"抗震设防烈度为真实环境输入参数,并与钢框架结构进行类比,对水电站厂房组合框架全结构模型进行自振特性分析,以及 x 方向响应特性、y 方向响应特性的抗震动力性能对比分析。分析表明:在进行抗震动力性能时程分析时,柱中钢与混凝土的组合作用对水电站厂房三榀组合框架的抗震性能影响显著,从工程角度来讲,导致设计偏于不安全的因素均应考虑在内,将钢-混凝土组合作用考虑在内的设计思路十分必要;必须合理考虑柱中钢与混凝土组合作用和楼板组合效应对二层组合楼板层间侧移对结构抗震性能的影响。通过完成的"6度多遇地震"真实环境下的水电站厂房组合框架全结构模型的抗震动力性能分析,为进一步完善水电站厂房主体结构的优化设计、性能提升提供了有力的参考与借鉴。

(6) 建立了 HJ-CDLEM 模型,完成了水电站厂房组合框架结构高性能组合楼板高性能敏感参数分析与舒适度性态评估。

参照国际上对结构振动舒适度的评价准则,提出单人跳跃集中动荷载激励模型(HJ-CDLEM),对水电站厂房装配式高性能组合楼板进行了振动机理推导分析,求解出同时考虑时间效应和结构空间效应的加速度解析表达式。在此基础上,设计组合楼板舒适度试验测试体系,开展试验研究,通过反力频谱分析和统计分析,得到 0.96 Hz、1.16 Hz、1.41 Hz、2.34 Hz 的 4 种跳跃频率,分别与理论推导进行了对比分析。通过 4 种工况的研究,详细探究了加速度响应在组合楼板中的传播特性,排除了偶然因素的存在,提高了研究精度。通过高性能敏感参数分析表明:伴随着跳跃频率由 0.96 Hz 增加到 2.34 Hz,高性能组合楼板,以及超高性能组合楼板所表现出的加速度响应性态保持在同一水平,通过敏感参数评估验证了高性能、超高性能组合楼板体现出的优势。舒适度性态评估表明:峰值加速度和 MTVV 指标随着混凝土性能等级的提升,体现出越来越舒适的性态;而 VDV 指标伴随混凝土性能等级提升变化不大,对舒适度性态影响较小。通过对水电站厂房组合框架结构高性能组合楼板的高性能敏感参数分析和舒适度性态评估,揭示了激励作用在高性能组合楼板中的响应传播特性及空间分布特征。

8.2 展望

水电站厂房组合框架结构是由混凝土、钢筋混凝土、钢材材料通过既定的组合模式组合而成的框架整体，区别于传统的钢筋混凝土以及钢结构，本书的研究主要解决了其静、动力作用下的力学行为、动力特性、受力机理中的一些关键性问题。伴随着我国水电事业的日益兴盛，技术标准与规程规范的不断完善，智能体系管理的不断提升，工程建设中对更精确、更直观、更全面的构建设计具有更佳迫切的需求，因此，作者认为还应该在下面几个方面推进进一步的研究工作：

（1）组合模式多样化，被组合单元的材料性能优化及结构性能提升。基于目前的圆形截面钢管混凝土柱、矩形截面钢管混凝土柱，开展多边形截面、纵向变截面组合柱的力学性能研究，并通过使用更加优良性能的材料，以及更加合理的结构布局，更加精确地评估该类组合柱的力学特性。

（2）组合节点形式多样化，进行智能减震节点设计。组合节点的受力性能、破坏模式直接关系到整体结构的安全，为了更系统地了解组合节点的受力性能及抗震行为，有必要对其进行智能化设计，提出智能减震节点模型，对其动力特性、抗震性能、抗灾变性能开展相关研究。

（3）水电站厂房组合框架结构抗倾覆等极端环境的研究。水电站厂房分为地下厂房和地面厂房两种，地下厂房居于山体内，地面厂房居于坝后，一旦出现山体塌陷、溃坝等极端环境，后果不堪设想，因此，有必要进行相关研究工作。

（4）大型复杂组合结构体系全过程分析模块的建立。为了改善现有分析程序对大型结构大规模计算所存在的计算耗时长、精度低等问题，在软件构建方面还有待于对材料本构模型、非线性分析模块、用户交互模式进行进一步完善。

（5）多场激励模式下高性能组合楼板舒适度性态的研究。建立电磁振动、机械振动、水力振动等多场动荷载激励模型，优化高性能材料及组合楼板组合模式，对其进行传播特性及空间分布特征研究，进一步深入探究由于楼板结构振动导致的舒适度性态问题。

参考文献

[1] 晏志勇,王斌,周建平,等.汶川地震灾区大中型水电工程震损调查与分析[M].北京:中国水利水电出版社,2009.

[2] 周建平.汶川地震灾区水电工程震损调查及其分析:纪念汶川地震一周年抗震减灾专题——汶川大地震工程震害调查分析与研究[C].北京:科学出版社,2009.

[3] 水电水利规划设计总院.汶川地震灾区大中型水电工程震损调查与初步分析报告[R].北京:水电水利规划设计总院,2009.

[4] 李福云,杨泽艳.汶川地震灾区大中型水电工程大坝震损分析[J].水力发电,2010,36(3):47-50.

[5] 练继建,王海军,秦亮.水电站厂房结构研究[M].北京:中国水利水电出版社,2007.

[6] 王泉龙.浅谈水轮机振动的研究[J].大电机技术,2011(S1):12-14.

[7] OHASHI H. Vibration and Oscillation of Hydraulic Machinery [M]. London: Routledge,1991.

[8] 魏述和,张燎军,闫毅志.基于流固耦合数值方法的尾水涡带诱发尾水管振动分析[J].水力发电,2009,35(5):90-92.

[9] 张存慧,马震岳,周述达,等.大型水电站厂房结构流固耦合分析[J].水力发电学报,2012,31(6):192-197.

[10] 马震岳,董毓新.水电站机组及厂房振动的研究与治理[M].北京:中国水利水电出版社,2004.

[11] 李承军.抽水蓄能机组压力脉动的测试与分析[J].水力发电,2011,37(5):53-55.

[12] 李炎.当前我国水电站(混流式机组)厂房结构振动的主要问题和研究现状[J].水利水运工程学报,2006(1):74-77.

[13] 中华人民共和国水利部.水电站厂房设计规范:SL266—2014[S].北京:中华水利水电出版社,2014.

[14] 沈可.水电站厂房结构振动研究[D].南宁:广西大学,2002.

[15] 沈可,张仲卿,梁政.岩滩水电站厂房水力振动计算[J].水电能源科学,2003,21(1):73-75.

[16] 孙万泉.水电站厂房结构振动分析及动态识别[D].大连:大连理工大学,2004.
[17] 陈婧,马震岳,戚海峰,等.宜兴抽水蓄能电站厂房结构水力振动反应分析[J].水力发电学报,2009,28(5):195-199+91.
[18] 张燎军,魏述和,陈东升.水电站厂房振动传递路径的仿真模拟及结构振动特性研究:第三届全国水工抗震防灾学术交流会论文集[C].北京:中国水利水电出版社,2011.
[19] 赵玮.烟岗电站厂房结构振动研究[J].水利规划与设计,2012(6):54-57.
[20] 张龑,练继建,刘昉,等.基于原型观测的厂顶溢流式水电站厂房结构振动特性研究[J].天津大学学报(自然科学与工程技术版),2015,48(7):584-590.
[21] 尚银磊,李德玉,欧阳金惠.大型水电站厂房振动问题研究综述[J].中国水利水电科学研究院学报,2016,14(1):48-52+59.
[22] 李志龙,张博.某水电站厂房结构固有频率及共振分析[J].四川水力发电,2016,35(5):116-122.
[23] 慕洪友,吴基昌.洪家渡水电站地面厂房设计[J].贵州水力发电,2002,16(3):30-32.
[24] 陈本龙,慕洪友,李清石,等.洪家渡水电站发电厂房设计回顾[J].贵州水力发电,2006,20(2):27-29.
[25] 卢羽平,张燎军,冉懋鸽.洪家渡水电站厂房矩形钢管混凝土叠合柱抗震分析[J].华北水利水电学院学报,2005,26(1):35-38.
[26] 覃丽钠,李明卫.矩形钢管混凝土柱在水电站厂房中的应用[J].贵州水力发电,2011,25(6):12-16.
[27] 张冬,张燎军,吴军中.某水电站厂房空心钢管混凝土排架柱动力损伤情况分析[J].水电能源科学,2013,31(12):102-105+146.
[28] 吴军中,张燎军,张晓莉.空心钢管混凝土组合柱抗震性能研究[J].水电能源科学,2013,31(2):116-119.
[29] 周烨.钢管混凝土柱在水电站厂房结构中的应用[D].长沙:长沙理工大学,2013.
[30] 方鹏飞.水电站厂房钢管混凝土排架结构对抗震性能的影响研究[J].技术与市场,2015,22(5):84-85.
[31] KRAHL N W, KARSAN D I. Axial strength of grouted pile-sleeve connections[J]. Journal of Structural Engineering,1985,111(4):889-905.
[32] LAMPORT W B, JIRSA J, YURA J. Strength and behavior of grouted pile-sleeve connections[J]. Journal of Structural Engineering,1991,117(8):2477-2498.
[33] ELNASHAI A S, ARITENANG W. Nonlinear modeling of weld-beaded composite tubular connections[J]. Engineering Structures,1991,13(1):34-42.
[34] 李惠,吴波,张洪涛,等.钢管高强混凝土叠合节点中核心部分的静力承载力研究[J].哈尔滨建筑大学学报,1998(2):1-6.
[35] 蔡健,杨春,苏恒强.对穿暗牛腿式钢管混凝土柱节点试验研究[J].华南理工大学学报(自然科学版),2000,28(5):105-109.
[36] 李学平,吕西林.方钢管混凝土柱外置式环梁节点的联结面抗剪研究[J].同济大学学报(自然科学版),2002,30(1):11-17.
[37] 张莉若,汤中发,王明贵.套筒式钢管混凝土梁柱节点试验研究[J].建筑结构,2005,35

(8):73-75+84.

[38] 赵媛媛,蒋首超. 灌浆套管节点技术研究概况[J]. 工业建筑,2009,39(S1):514-517.

[39] 李龙仲,张燎军,张汉云,等. 节点连接方式对钢管混凝土结构性能的影响研究[J]. 水电能源科学,2012,30(1):165-169.

[40] 任宏伟,陈建伟,苏幼坡,等. 钢管混凝土柱节点机械连接设计及其力学性能试验研究[J]. 世界地震工程,2013,29(4):119-125.

[41] 陈茜,梁斌,刘小敏. 新型异形钢管混凝土节点破坏机理[J]. 河南科技大学学报(自然科学版),2016,37(1):58-63.

[42] 中华人民共和国水利部. 水电站厂房设计规范:SL266—2014[S]. 北京:中国水利水电出版社,2014.

[43] 中华人民共和国住房和城乡建设部. 钢管混凝土结构技术规范:GB50936—2014[S]. 北京:中国建筑工业出版社,2014.

[44] 中国工程建设标准化协会. 矩形钢管混凝土结构技术规程:CECS 159:2004[S]. 北京:中国计划出版社,2004.

[45] 中国工程建设标准化协会. 组合楼板设计与施工规范:CECS 273:2010 [S]. 北京:中国计划出版社,2010.

[46] 刘晓,陈兵. 膨胀混凝土在钢管混凝土中的应用[J]. 混凝土,2006(7):52-54.

[47] 曹国辉,胡佳星,张锴,等. 钢管膨胀混凝土徐变系数简化模型[J]. 建筑结构学报,2015,36(6):151-157.

[48] 李东升,李宏男. 埋入式封装的光纤光栅传感器应变传递分析[J]. 力学学报,2005,37(4):435-441.

[49] ANSARI F, YUAN L B. Mechanics of bond and interface shear transfer in optical fiber sensors[J]. Journal of Engineering Mechanics,2014,124(4):385-394.

[50] 江见鲸. 钢筋混凝土结构非线性有限元分析[M]. 西安:陕西科学技术出版社,1994.

[51] 江见鲸,陆新征,叶列平. 混凝土结构有限元分析[M]. 北京:清华大学出版社,2005.

[52] 过镇海. 钢筋混凝土原理[M]. 北京:清华大学出版社,1999.

[53] 陈惠发. 土木工程材料的本构方程(第二卷 塑性与建模)[M]. 余天庆,王勋文,刘再华,译. 武汉:华中科技大学出版社,2001.

[54] 钟善桐. 钢管混凝土结构[M]. 北京:清华大学出版社,2003.

[55] 赵均海. 强度理论及其工程应用[M]. 北京:科学出版社,2003.

[56] 韩林海. 钢管混凝土结构[M]. 北京:科学出版社,2000.

[57] Standards Australia. Steel structures:AS4100—1998[S]. Australian,1998.

[58] UY B, BRADFORD M A. Elastic local buckling of concrete filled box columns[J]. Engineering Structures,1996,18(3):193-200.

[59] POPOVICS S. A numerical approach to the complete stress-strain curves for concrete[J]. Cement Concrete Research,1973,3(5):583-599.

[60] MANER J B, PRIESTLY M J N, PARK R. Theoretical stress-strain model for confined concrete[J]. Journal of Structural Engineering,1988,114(8):1804-1826.

[61] ESMAEILY A, XIAO Y. Behavior of reinforced concrete columns under variable axial

loads:Analysis[J]. Structural Journal,2005,102(5):736-744.

[62] ALOSTAZ Y M,SCHNEIDER S P. Analytical behavior of connections to concrete-filled steel tubes[J]. Journal of Constructional Steel Research,1996,40(2):95-127.

[63] XU L,TANGORRA F. Experimental investigation of lightweight residential floors supported by cold-formed steel C-shape joists[J]. Journal of Constructional Steel Research,2007,63(3):422-435.

[64] PARNELL R,DAVIS B W, XU L. Vibration performance of lightweight cold-formed steel floors[J]. Journal of Structural Engineering,2009,136(6):645-53.

[65] ZHANG S,XU L,QIN J W. Vibration of lightweight steel floor systems with occupants:modelling,formulation and dynamic properties[J]. Engineering Structures,2017(147):652-665.

[66] 冶金工业部建筑研究总院. 钢-混凝土组合楼盖结构设计与施工规范:Yb 9238—92[S]. 北京:冶金工业出版社,1992.

[67] 中冶建筑研究总院有限公司. 组合楼板设计与施工规范:CECS 273:2010[S]. 北京:中国计划出版社,2010.

[68] 中华人民共和国住房和城乡建设部. 高层民用建筑钢结构技术规程:JGJ99—2015[S]. 北京:中国建筑工业出版社,2016.

[69] 王静峰,王贾鑫,王冬花,等. 半刚性钢管混凝土框架抗震性能试验研究[J]. 建筑结构学报,2015,36(Z1):21-26+41.

[70] 王冬花,王静峰,李贝贝,等. 装配式钢管混凝土组合框架的抗震性能试验研究[J]. 土木工程学报,2017,50(8):20-28+48.

[71] 王文达,韩林海. 钢管混凝土框架实用荷载-位移恢复力模型研究[J]. 工程力学,2008,25(11):62-69.

[72] 吕西林,孟春光,田野. 消能减震高层方钢管混凝土框架结构振动台试验研究和弹塑性时程分析[J]. 地震工程与工程振动,2006,26(4):231-238.

[73] 韩林海,陶忠,王文达. 现代组合结构和混合结构——试验、理论和方法[M]. 北京:科学出版社,2009.

[74] 李斌,杨晓云,高春彦. 矩形钢管混凝土框架的拟静力试验研究[J]. 西安建筑科技大学学报(自然科学版),2015,47(3):321-326+346.

[75] 聂建国,黄远,樊健生. 考虑楼板组合作用的方钢管混凝土组合框架受力性能试验研究[J]. 建筑结构学报,2011,32(3):99-108.

[76] 宗周红,林东欣,房贞政,等. 两层钢管混凝土组合框架结构抗震性能试验研究[J]. 建筑结构学报,2002,23(2):27-35.

[77] 李丽媛. 虚拟激励法的工程应用及参数研究[D]. 大连:大连理工大学,2004.

[78] 李凤俊. 随机激励下的局部效应[D]. 大连:大连理工大学,2004.

[79] LIN S L,YANG J N,ZHOU L. Damage identification of a benchmark building for structural health monitoring[J]. Smart Materials and Structures,2005,14(3):162-169.

[80] 寇立夯,金峰. 基于HHT方法的结构模态参数识别[J]. 水利水电科技进展,2008,28(3):45-49.

[81] 胡聿贤.地震工程学[M].北京:地震出版社,1988.

[82] 沈聚敏,周锡元,高小旺,等.抗震工程学[M].北京:中国建筑工业出版社,2000.

[83] FISHER F A. Generation of earthquake response spectra for production equipment[J]. SPE Production Engineering,1988,3(3):292-298.

[84] SARA W F, BURCU V G. Considering uncertainty in earthquake response spectra: Proceedings of the Conference on Natural Disaster Reduction[C]. New York:1996.

[85] 徐龙军,谢礼立,胡进军.抗震设计谱的发展及相关问题综述[J].世界地震工程,2007,23(2):46-57.

[86] BIOT M A. A mechanical analyzer for prediction of earthquake stresses[J]Seismological Research Letters,1941,31(1):151-171.

[87] 刘恢先.论地震力:刘恢先地震工程学论文选集[C].北京:地震出版社,1992.

[88] CLOUGH R, PENSION J. Dynamics of structures[M]. New York:McGraw-Hill,1993.

[89] 陈达生.关于地面运动最大加速度与加速度反应谱的若干资料:地震工程研究报告集(第二集)[C].北京:科学出版社,1965.

[90] 周锡元.土质条件对建筑物所受地震荷载的影响:地震工程研究报告集(第二集)[C].北京:科学出版社,1965.

[91] 章在墉,居荣初.关于标准加速度反应谱问题:地震工程研究报告集(第二集)[C].北京:科学出版社,1965.

[92] 李英民,赖明,白绍良.基于三参数模型的双向水平地震动相关设计反应谱研究[J].世界地震工程,2002,18(4):5-10.

[93] 胡进军,谢礼立.地震动幅值沿深度变化研究[J].地震学报,2005,27(1):68-78+119.

[94] 孙锐,袁晓铭.砂土液化对设计反应谱和场地分类的影响[J].地震工程与工程振动,2003,23(5):46-52.

[95] 朱东生,虞庐松,陈兴冲.地震动强度对场地地震反应的影响[J].世界地震工程,2005,21(2):115-119.

[96] 龚思礼,王广军.中国建筑抗震设计规范发展回顾:中国工程抗震研究四十年[C].北京:地震出版社,1989.

[97] 中华人民共和国住房和城乡建设部.建筑抗震设计规范:GB 50011—2010[S].北京:中国建筑工业出版社,2010.

[98] 水电水利规划设计总院.水电工程水工建筑物抗震设计规范:NB 35047—2015[S].北京:中国电力出版社,2015.

[99] 林健,董琳.大型空间结构的动力学模型与控制[J].力学进展,1991,21(3):333-341.

[100] 胡少伟,苗同臣.结构振动理论及其应用[M].北京:中国建筑工业出版社,2005.

[101] HERRMANN W. Constitutive equation for the dynamic compaction of ductile porous materials[J]. Journal of Applied Physics,1969,40(6):2490-2499.

[102] WILLAM K J, WARNKE E P. Constitutive model for the triaxial behavior of concrete[J]. International Association for Bridge and Structural Engineering ISMES,1974(19):1-31.

[103] MALVAR L J, CRAWFORD J E, WESEVICH J W, et al. A plasticity concrete material model for DYNA3D[J]. International Journal of Impact Engineering, 1997, 19(9):

847-873.

［104］ WARREN T L，FOSSUM A F，FREW D J. Penetration into low-strength concrete：target characterization and simulations［J］. International Journal of Impact Engineering，2004，30(5)：477-503.

［105］ HARTMANN T，PIETZSCH A，GEBBEKEN N. A hydrocode material model for concrete［J］. International Journal of Protective Structures，2010，1(4)：443-468.

［106］ CEB. FIP model code 1990［S］. UK：Committee Euro-international Du Beton，1993.

［107］ GEBBEKEN N GREULICH S. A new material model for SFRC under high dynamic loadings：Proceedings of the 11th international symposium on interaction of the effects of munitions with structures (ISIEMS)［C］. Mannheim，Germany，2003.

［108］ TEDESCO J W，POWELL J C，ROSS C A，et al. A strain-rate-dependent concrete material model for ADINA［J］. Computers and Structures，1997，64(5)：1053-1067.

［109］ TEDESCO J W，ROSS C A. Strain-rate-dependent constitutive equations for concrete［J］. Journal of Pressure Vessel Technology-Transactions of the Asme，1998，120(4)：398-405.

［110］ 王光远.建筑结构的振动［M］.北京：科学出版社，1978.

［111］ 黄宗明.结构地震反应时程分析中的阻尼研究［D］.重庆：重大建筑大学，1995.

［112］ 李田.结构时程动力分析中的阻尼取值研究［J］.土木工程报，1997，30(3)：68-73.

［113］ 中华人民共和国建设部.型钢混凝土组合结构技术规程：JGJ 138—2001［S］.北京：中国建筑工业出版社，2001.

［114］ 傅志方，华宏星.模态分析理论与应用［M］.上海：上海交通大学出版社，2000.

［115］ 李德葆，陆秋海.实验模态分析及其应用［M］.北京：科学出版社，2001.

［116］ 郭永刚，张祁汉.三峡水电站厂房结构自振特性研究［J］.水力发电，2002(1)：13-15.

［117］ 许念勇.框架结构模态分析与损伤识别［D］.青岛：山东大学，2012.

［118］ 刘爱平，王永成.地震波的人工合成［J］.新材料新装饰，2014(2)：538-540.

［119］ 宋雅桐.人造地震波的研究［J］.南京工学院学报，1980，2(2)：80-89.

［120］ 陈永祁，刘锡荟，龚思礼.拟合标准反应谱的人工地震波［J］.建筑结构学报，1981(4)：34-43.

［121］ 陈永祁.人工地震波在结构抗震设计中的使用［J］.建筑结构学报，1982，3(6)：59-68.

［122］ 项海帆，陈国强.规范化的人工地震波［J］.同济大学学报，1985(4)：1-12.

［123］ 孙万泉，马震岳，赵凤遥.抽水蓄能电站振源特性分析研究［J］.水电能源科学，2003，21(4)：78-80.

［124］ 马震岳，董毓新.水电站机组及厂房振动的研究与治理［M］.北京：中国水利水电出版社，2004.

［125］ 李炎.当前我国水电站(混流式机组)厂房结构振动的主要问题和研究现状［J］.水利水运工程学报，2006(1)：74-77.

［126］ 中国水利水电科学研究院.水工建筑物抗震设计规范：DL 5073—2000［S］.北京：中国电力出版社，2001.

［127］ KERR S C，BISHOP N W M. Human induced loading on flexible staircases［J］.

Engineering Structures,2001(23):37-45.

[128] 刘军进,肖从真,潘宠平,等.跳跃和行走激励下的楼盖竖向振动反应分析[J].建筑结构,2008,38(11):108-110+73.

[129] 朱光汉,王正玲.传入人体的振动和环境振动的评价与标准[J].振动与冲击,1992(3):66-70.

[130] 何宗成,王柏生.大跨度人行天桥的振动影响测试与分析[J].振动与冲击,2006,25(4):138-141+161.

[131] CHEN Y. Finite element analysis for walking vibration problems for composite precast building floors using ADINA: modeling, simulation, and comparison[J]. Computers and Structures,1999,72(1-3):109-126.

[132] 何勇,金伟良,宋志刚.多跨人行桥振动均方根加速度响应谱法[J].浙江大学学报(工学版),2008,42(1):48-53.

[133] 韩小雷,陈学伟,毛贵牛,等.基于人群行走仿真的楼板振动分析方法及反应谱公式推导[J].建筑科学,2009,25(5):4-9.

[134] 谢伟平,洪文林,李霆.某体育馆楼板振动舒适度研究[J].噪声与振动控制,2010,30(2):80-83.

[135] WOLMUTH B,SUTTEES J. Crowd-related failure of bridges[J]. Civil Engineering,2003,156(3):116-123.

[136] BROWNJOHN J,PAVIC A. Vibration control of ultra-sensitive facilities[J]. Structures and Buildings,2006,159(5):295-306.

[137] 陈政清,华旭刚.人行桥的振动与动力设计[M].北京:人民交通出版社,2009.

[138] ALLEN D E,RAINER J H,PERNICA G. Vibration criteria for assembly occupancies[J]. Canadian Journal of Civil Engineering,1985,12(3):617-623.

[139] RAINER J H,PERNICA G,ALLEN D E. Dynamic loading and response of footbridges[J]. Canadian Journal of Civil Engineering,1988,15(1):66-71.

[140] KASPERSKI M. Men-induced dynamic excitation of stand structures:15th ASCE Engineering Mechanics Conference[C]. New York:Columbia University,2002.

[141] 陈隽,王玲,陈博,等.跳跃荷载动力特性与荷载模型实验研究[J].振动工程学报,2014,27(1):16-24.

[142] BACHMANN H. Durch Menschen verursachte dynamische Lasten und deren Auswirkungen auf Balkentragwerke[J]. Birkhäuser Basel,1988,31(11):77-91.

[143] 西拉德.板的理论和分析 经典法和数值法[M].陈太平,戈鹤翔,周孝贤,译.北京:中国铁道出版社,1984.

[144] 杨耀乾.薄壳理论[M].北京:中国铁道出版社,1981.

[145] 钟阳,张永山.四边固支弹性矩形薄板的自由振动[J].动力学与控制学报,2005,3(2):66-70.

[146] 鲍四元,邓子辰.哈密顿体系下矩形薄板自由振动的一般解[J].动力学与控制学报,2005,3(2):10-16.

[147] WARREN A G. Free and forced oscillations of thin bars,flexible discs and annuli[J].

PHIL. Mag.,1930(9):881-901.
[148] ANDERSON B W. Vibration of triangular cantilever plates by the Ritz method[J]. Journal of Applied Mechanics,1954,21(4):365-366.
[149] 王光远.建筑结构的振动[M].北京:科学出版社,1978.
[150] 曹志浩.矩阵特征值问题[M].上海:上海科技出版社,1980.
[151] 曹国雄.弹性矩形薄板的振动[M].北京:中国建筑工业出版社,1983.
[152] 中华人民共和国住房和城乡建设部.混凝土结构设计规范:GB 50010—2010[S].北京:中国建筑工业出版社,2010.
[153] 中华人民共和国住房和城乡建设部.钢结构设计标准:GB 50017—2017[S].北京:中国建筑工业出版社,2018.
[154] 中国土木工程学会高强与高性能混凝土委员会.高强混凝土结构技术规程:CECS 104∶99[S].北京:中国计划出版社,1999.
[155] 成厚昌.高性能混凝土的力学性能研究[J].重庆建筑大学学报,1999,21(3):74-77.
[156] 彭益斋.C60～C80 高强混凝土的力学性能[J].山西交通科技,2010(2):33-34.
[157] 蒲心诚,王冲,王志军,等.C100～C150 超高强高性能混凝土的强度及变形性能研究[J].混凝土,2002(10):3-7+33.
[158] 李冠豪.高性能混凝土弹性模量与泊松比试验分析[J].四川建材,2013,39(6):49-50.